工程测量

主　编　王启春
副主编　王瑞祥　林元茂
参　编　沈绍训

中国矿业大学出版社
·徐州·

内容提要

本书分为两篇。上篇为测绘基础篇，包括绪论、水准测量、角度测量、距离测量与全站仪的使用、控制测量、地形图测绘及其应用。下篇为工程测量篇，根据专业需要进行选学，包括建筑工程测量、道路与桥梁工程测量、隧道与地下工程测量、规划与市政工程测量、园林施工测量、地质工程测量、工程变形监测。

本教材可作为高职高专建筑工程技术、工程造价、道路与桥梁工程技术、地下与隧道工程技术、工程监理、市政工程技术、园林施工技术、水文与工程地质、地质灾害与防治技术等专业的工程测量课程教材，也可供相关专业的技术人员学习与参考。

图书在版编目(CIP)数据

工程测量 / 王启春主编. —徐州：中国矿业大学出版社，2020.8

ISBN 978-7-5646-4793-3

Ⅰ.①工… Ⅱ.①王… Ⅲ.①工程测量 Ⅳ.①TB22

中国版本图书馆 CIP 数据核字(2020)第144034号

书　　名　工程测量
主　　编　王启春
责任编辑　何晓明
出版发行　中国矿业大学出版社有限责任公司
　　　　　　(江苏省徐州市解放南路　邮编 221008)
营销热线　(0516)83884103　83885105
出版服务　(0516)83995789　83884920
网　　址　http://www.cumtp.com　**E-mail**:cumtpvip@cumtp.com
印　　刷　江苏淮阴新华印务有限公司
开　　本　787 mm×1092 mm　1/16　**印张** 16.75　**字数** 420 千字
版次印次　2020 年 8 月第 1 版　2020 年 8 月第 1 次印刷
定　　价　39.80 元
(图书出现印装质量问题，本社负责调换)

前　言

新型、有高科技含量的仪器设备和测量技术的迅速发展，极大地促进了工程测量技术的进步，丰富了课程内容，相应的课程教材需要及时地更新，缩减或淘汰陈旧的方法和技术。本书分为两篇。上篇为测绘基础篇，包括绪论、水准测量、角度测量、距离测量与全站仪的使用、控制测量、地形图测绘及其应用。下篇为工程测量篇，根据专业需要进行选学，包括建筑工程测量、道路与桥梁工程测量、隧道与地下工程测量、规划与市政工程测量、园林施工测量、地质工程测量、工程变形监测。

本书充分考虑高等职业教育的教学要求与工程测量生产实际情况，采用"项目-任务"模式，每个任务均有"知识要点"和"技能目标"。基础知识以"必需、够用"为度，在满足相应课程教学目标的前提下尽可能降低教材的难度，删繁就简；突出实用技能的培养，所讲内容尽可能贴近工程测量生产实际情况，体现高等职业教育的特色。

本书由王启春任主编，王瑞祥、林元茂任副主编，沈绍训参编。具体分工如下：项目一至项目五、项目七、项目八、项目九、项目十三由王启春（重庆工程职业技术学院）编写；项目六由林元茂（重庆工程职业技术学院）编写；项目十、项目十一由王瑞祥（云南能源职业技术学院）编写；项目十二由沈绍训（云南地质工程勘察设计研究院）编写。王启春对书稿进行了统校工作。

在本书的编写过程中，重庆工程职业技术学院李天和教授对本书进行了认真审阅，从内容到框架提出了许多宝贵的意见和建议，对本书的质量提升起到促进作用。在编写过程中，编者参阅了大量的文献，引用了同类著作与文献的部分资料，在此谨向有关文献作者表示衷心的感谢！

由于编者水平有限，书中难免有疏漏之处，敬请广大读者批评指正。

编　者

2020 年 3 月

目 录

上篇 测绘基础

下篇　工程测量

上篇　测绘基础

项目一　绪　论

任务一　测绘学的概念及其发展

知识要点

测绘学的概念；测绘学的任务；测绘学科的发展。

技能目标

了解测绘学的概念、测绘学的任务、测绘学科的发展。

一、测绘学的基本概念

传统的测绘学是以地球为研究对象，对地球进行测定和描绘的科学。传统测绘是利用测量仪器和工具测定地球表面的自然形态、森林植被、土壤、湖泊和人类为了生产、生活所建造的各种人工设施的形状、大小、空间位置及其属性等，然后根据观测到的长度和角度，通过地图制图的方法将地面的自然形态和人工设施等绘制成地图。一般情况下，测绘工作是在较小区域内（100 km^2）进行的，并将地面当成平面，故在进行测量计算和制图时不考虑地球曲率对长度和角度的影响。但是地球表面是一曲面，并不是平面，尤其当代测绘科学技术的应用领域不断扩大，测绘工作的范围也不限于较小的区域，可以是一个地区、一个国家，乃至全球。在这种情况下，测绘工作和测绘学所要研究的问题就不是像上面所说的那样简单了，测绘工作除了要考虑地球的曲率外，还要考虑地球的重力场等，测绘工作也变得复杂得多。此时，测绘学不仅研究地球表面的自然形态和人工设施的几何信息的获取和表述问题，而且还要把地球作为一个整体，研究获取和表述其几何信息之外的物理信息，如地球重力场的信息以及这些信息随时间的变化。随着科学技术的发展和社会的进步，测绘学的研究对象不仅是地球表面，还需要将其研究范围扩大到地球外层空间的各种自然和人造实体。因此，现代测绘学概念是：研究地理信息的获取、处理、描述和应用的学科。其内容包括研究、描述地球的形状、大小、重力场、地表形态及它们随时间的各种变化，测定地面、地下和空间各种物体的几何形态、空间位置并确定其属性，根据这些信息编制全球或一个国家或一个地区不同比例的地图和各种专题地图，建立相关地理信息系统。

二、测绘学的分类

测绘学是测量与绘图的总称，它所涉及的技术领域按照研究内容和测量手段的不同，分为许多分支学科。

（1）大地测量学：是研究地球的大小、形状和重力场，测定地球表面上广大地区的点位和地球整体及局部运动的理论与技术的学科。

(2) 地形测量学：是研究如何将地球表面较小区域内的地物（自然地物和人工地物）和地貌（地球表面高低起伏的形态）等测绘成地形图的基本理论、技术和方法的学科。

(3) 摄影测量学：是利用航空或航天器对地面摄影或遥感，以获得地物和地貌的影像或光谱，然后再对这些信息进行处理、量测、判释和研究，以确定被测物体的形状、大小和位置，并判断其性质，将地表形态和人工设施的影像信息用模拟的、解析的或数字的方式转变成各种比例尺的地形原图或形成地理数据库，并用图形、图像和数字形式来表达测绘成果的基本理论和方法的一门学科。

(4) 工程测量学：是研究工程建设和自然资源开发在规划设计、施工放样和运营管理各阶段中进行测量工作的理论、技术和方法的科学，是直接为国民经济建设和国防建设服务的，且紧密与生产实践相结合的学科，是测绘学中最活跃的一个分支学科，所以又称为实用测量学或应用测量学。

(5) 海洋测量学：是研究测绘海岸、水体表面及海底和河底自然与人工形态及其变化状况的理论、技术和方法的学科。

(6) 制图学：是以地图信息传输为中心，探讨地图的编制及其制作的理论、工艺技术及其应用的一门综合性学科。

三、测绘学的任务

根据测绘学的研究内容和分类，测绘学的主要任务可以表述为：

(1) 确定地球的形状和大小，在已知地球形状、大小及其重力场的基础上，建立统一的坐标和高程系统，精准地测定地面点的平面位置和高程。

(2) 利用现代测量手段对地球表面和外层空间的各种自然和人造物体的几何、物理和人文信息及其时间变化进行采集、量测，再通过计算机和网络进行存储、分析、显示、分发和利用。

(3) 进行国民经济建设和国防建设所需要的测绘工作，以推动生产与科技的发展。

四、测绘学的发展

1. 测绘学的发展概况

测绘学是人类在生产实践中不断发展而形成的一门学科，它起源于社会的生产需要，随着社会的进步而发展，有着悠久的历史。据《史记》记载，早在夏禹治水时，劳动人民就已发明了“准、绳、规、矩”等测量工具。春秋战国时期发明的司南，经过两千多年的发展，直到现在还被广泛地应用着。春秋时期法家的代表人物管仲在其所著的《管子》一书中，收集有我国早期的地图 27 幅，对地图的作用已有了论述。战国时期李冰父子主持修建的都江堰这一伟大的工程，必须在大量测量工作的基础上才能完成。1973 年，长沙马王堆三号汉墓中出土的《地形图》《城邑图》《驻军图》，是目前发现的我国最早的局部地区地形图。西晋裴秀在《禹贡地域图》一书的序言中阐明的“制图六体”，提出了绘制地图的六项原则，这是世界上最早的地形图测量和地图绘制的规范；《禹贡地域图》也是世界上最早的历史图集（18 幅）。唐代开元年间，张遂和南宫说等人在河南开封等地组织测量了长约 300 km 子午线弧长，确定了地球的形状和大小，这是世界上最早的子午线弧长测量。宋代沈括绘制了《天下州县图》，首创“二十四至”方位表示法，突破了前人“四至八到”的定位方法，而且在他所著的《梦溪笔谈》中记载了磁偏角现象，这比哥伦布发现磁偏角要早 400 年左右。公元 13 世纪和 18 世纪初，我国曾进行过大规模的大地测量工作。18 世纪初还根据大地测量成果，编制了全国地图。我们的祖先在地图绘制理论、绘制材料等方面成果辉煌，对测量和世界文化的发展做出了卓越的贡献。

世界其他各国测绘科学技术的发展主要始于 17 世纪初叶。在这个时期，测绘科学在理论、技术和仪器等方面都有了长足的进步。17 世纪初望远镜的发明，是测绘科学发展史上一次较大的变革，奠定了现代测绘仪器的基础。1617 年，三角测量方法开始得到应用。1730 年左右，英国的西森首先研制了测量水平角和竖直角的仪器，后经改进成型，促进了三角测量的发展，使三角测量成为建立各种等级测量控制网的主要方法。在这一时期里，欧洲又陆续出现小平板仪、大平板仪及水准仪，地形测量和以实测资料为基础的地图制图工作也相应得到了发展。1859 年，法国的洛斯达首创地面摄影测量法。随后，相继出现了立体坐标量测仪、地面立体测图仪等仪器。由于航空技术的发展，1915 年出现了自动连续航空摄影机，因而可以将航摄像片在立体测图仪器上加工成地形图。这个时期测绘理论有了重大突破：在地图制图方面，有德国的墨托卡提出了“正形圆柱投影”、法国的卡西尼提出了“横圆柱投影”、法国的兰伯特提出了“正形圆锥投影”等理论，这些理论奠定了现代地图制图理论的基础。在测量计算方面，1806 年和 1809 年法国的勒让德和德国的高斯分别提出了“最小二乘法准则”和“平均海水面概念”，为测量平差计算奠定了科学基础。自 20 世纪 50 年代以来，不少新的科学技术如电子学、信息论、激光技术、电子计算机、空间科学技术等的飞速发展，又推动了测绘科技的进步。自 1947 年研究利用光波进行测距，到 20 世纪 60 年代中期红外光、激光测距仪也相继问世；自 20 世纪 40 年代自动安平水准仪问世，到 1968 年又生产出电子经纬仪。此后，电子速测仪、激光水准仪、电子水准仪相继问世，实现了观测记录自动化，测角、测距和计算一体化。以照片、遥感图像为处理对象的数据处理系统，已完全实现摄影遥感成图自动化。

1957 年，苏联成功发射了第一颗人造地球卫星，开创了人类航天时代的新纪元。自 1966 年开始，一些国家进行了人造卫星大地测量，随后，许多现代定位技术应运而生，其中最具代表性的是美国的全球定位系统（Global Positioning System，简称 GPS），GPS 具有全天候、高精度、定位速度快、布点灵活和操作方便等特点。目前，经典的平面控制测量正逐渐被 GPS 测量技术所取代。自 20 世纪 60 年代以来，近代光学、电子技术、人造卫星、航天技术的迅猛发展，为测量科学技术开辟了广阔的前景。如今测量学已由地面测量发展到卫星空间测量，测量对象也由地球表面扩展到太空星球，由静态测量发展到动态跟踪测量。计算机技术在测量中的广泛应用，使测量工作正朝着自动化和数学化方向发展。

中华人民共和国成立后，我国的测绘事业也进入了崭新的发展阶段。1950 年，中央人民政府人民革命军事委员会作战部测绘局成立。1956 年国家测绘总局成立，并相继创办了中国人民解放军测绘学院和武汉测绘学院。中国科学院成立了测量与地球物理研究所，煤炭、冶金、地质、石油、水利、铁道、海洋等部门的大专院校相继设立测量系或测量专业。几十年来，我国测绘事业发展很快，在全国范围内建立了国家大地网、国家水准网、国家基本重力网和卫星多普勒网，并对国家大地网进行了整体平差，建立了我国“1980 国家大地坐标系”（该坐标系的大地原点设在我国陕西省泾阳县永乐镇，位于西安市西北方向约 60 km，故又称“1980 西安坐标系”）和“1985 国家高程基准”；在测绘仪器生产方面，从无到有，现在不仅能生产各种常规测绘仪器，而且还能生产现代化精密测绘仪器，如电磁波测距仪、自动安平水准仪、电子经纬仪、全站仪、GPS接收机等。

我国测量工作者在宝成铁路、葛洲坝水利枢纽、长江大桥、南极长城站、大型工矿企业建设、北京正负电子对撞机等工程中做出了卓越贡献。1992年，我国完成了GPS大地网的布测工作，大地测量工作者利用全球卫星定位系统建立了全国A级和B级大地网，并完成了西沙和南沙群岛与大陆的联测。随着国民经济建设的飞速发展，大型工程建设、超高层建筑物与构筑物建设、大坝变形监测以及自动化生产线和超高精度的设备安装等越来越多，对工程测量工作者来说是极好的实践机会，也是极大的挑战。许多工程测量科技人员发挥了自己的聪明才智，以创造性的劳动，大胆地进行技术革新和科技攻关，解决了各种技术难题，为各项大型和精密工程建设提供了可靠的测绘技术保障，出色地完成了各项工程测量任务。

北京正负电子对撞机国家实验室是我国高能物理的国家重点实验室，工程复杂，质量要求高，工程控制网的点位精度要求达到±0.01 mm，设备安装精度要求优于±0.2 mm。武汉大学、总参第一测绘大队、中国地震局、北京城建勘测设计研究院等单位的测绘科技工作者，经过精心测绘，特别是武汉大学潘正风教授等专家创造性地采用波带板激光准直系统用于加速器的管位安装测定，精度均满足工程的要求，确保了工程的质量。

近些年来，长江流域出现许多座新大桥，如上海杨浦大桥、武汉长江二桥等。这些桥都是大跨度的斜拉桥，技术复杂，精度要求高。如上海杨浦大桥，长602 m，一跨过江，两座主墩塔高202 m，主塔设计要求其纵向相对误差为1/60 000，横向误差为±6 mm。上海测绘院等测绘单位，经过精心设计和测量，桥墩点放样精度做到了：南北主桥墩间纵向相对精度为1/170 000，横向偏差南主桥墩为±2.2 mm、北主桥墩为±3.9 mm，优于设计的精度要求，保证了大桥高质量地建成通车。

上海东方明珠电视塔、北京中央电视塔、天津电视塔、深圳帝王大厦、广州国际大厦等超高建筑物或构筑物在全国不断涌现，表明我国建筑设计、施工水平已达到国际先进水平，也表明为设计、施工提供测绘保障的工程测量也达到先进水平。如上海东方明珠电视塔高454 m，塔身垂准测定与天线安装测量都达到很高精度，塔身垂准测量偏差为±2.5 mm，塔长114 m、自重大于300 t的电视塔钢桅杆天线安装垂准测量偏差为±9 mm；广州国际大厦为63层，主楼建筑物高200.08 m，经过工程测量工作者的努力，各层中心偏差均在0～9 mm，保证了大厦的建筑质量。

大亚湾核电站、秦山核电站的建设与设备安装测量中，精密工程测量在核电站建设中起了重要保证作用。大亚湾核电站和秦山核电站工程测量网精度分别为±2 mm、±4 mm，电站主厂房为直径36 m、高73 m、内部结构相当复杂的密封圆柱体，其内环形控制网的实测精度为±0.1 mm。

中华人民共和国成立后，我国工程测量科技进步很大，发展很快，取得了显著成绩；但是发展还很不平衡，尚跟不上国民经济建设发展和社会进步的需要。摆在我们面前的任务是：大力促进工程测量技术方法与手段的更新换代，积极推动新技术的推广与应用，充分利用GPS、摄影测量、RS、GIS、“3S”集成及地面测量等先进技术和设备，把传统的手工测量向电子化、数字化、自动化方向发展；同时加强相关学科的研究，不断拓宽工程测量服务新领域，开创工程测量发展新局面，为推动我国工程测量科技进步而努力奋斗。

2. 测绘学的现代发展

随着空间技术、计算机技术和信息技术以及通信技术的发展，测绘学这一古老的学科在这些新技术的支撑和推动下，出现了以“3S”为代表的现代测绘科学技术，使测绘学科从理论到测量手段均发生了根本性的变化。

(1) 全球定位系统

全球定位系统(GPS)是美国军方在 1973 年开始发展的新一代卫星导航和定位军事系统，由分布在 6 个轨道上的(21+3)颗卫星组成，在 1983 年左右开始用于解决大地测量问题。它的基本定位原理是依据用户和 4 颗卫星之间的伪距测量，根据卫星在适当参考框架中的已知坐标确定用户接收机天线的坐标。信号由卫星发出，基本观测值是由卫星天线到接收机天线信号的传播时间间隔，然后用信号传播速度将信号传播时间换算成距离。根据原理可知，只要同步观测 3 颗卫星即可交会出测站的三维坐标。

自 20 世纪 80 年代以来，随着 GPS 技术的出现和不断发展完善，测绘定位技术发生了革命性的变革，为工程测量提供了崭新的技术手段和方法。长期以来，以测角、测距、测高差为主体的常规地面定位技术，正在逐步被一次性确定三维坐标的高速度、高效率、高精度的 GPS 技术所代替，同时定位范围已从陆地和近海扩展到海洋和宇宙空间；定位方法已从静态扩展到动态；定位服务领域已从导航和测绘领域扩展到国民经济建设的广阔领域。

在我国，GPS 技术的应用已深入到各个领域，国家大地网、城市控制网、工程控制网的建立与改造已普遍地应用 GPS 技术，在石油勘探、高速公路、通信线路、地下铁路、隧道贯通、建筑变形、大坝监测、山体滑坡、地震的形变监测、海岛或海域测量等方面也已广泛地使用 GPS 技术。随着 DGPS 差分定位技术和 RTK 实时差分定位系统的发展及美国 AS 技术的解除，单点定位精度不断提高，GPS 技术在导航、运载工具实时监控、石油物探点定位、地质勘察剖面测量、碎部点的测绘与放样等领域将有广泛的应用前景。

20 世纪后期，我国开始探索适合国情的卫星导航系统发展道路，逐步形成了“三步走”发展战略：2000 年年底，建成北斗一号系统，向我国提供服务；2012 年年底，建成北斗二号系统，向亚太地区提供服务；2020 年前后建成北斗全球系统，向全球提供服务。2035 年前还将建设完善更加泛在、更加融合、更加智能的综合时空体系。

北斗卫星导航系统(BDS)是中国着眼于国家安全和经济社会发展需要，自主建设、独立运行的卫星导航系统，是为全球用户提供全天候、全天时、高精度的定位、导航和授时服务的国家重要空间基础设施。随着北斗系统建设和服务能力的发展，相关产品已广泛应用于交通运输、海洋渔业、水文监测、气象预报、测绘地理信息、森林防火、通信系统、电力调度、救灾减灾、应急搜救等领域，逐步渗透到社会生产和人们生活的方方面面，为全球经济和社会发展注入新的活力。

(2) 摄影测量与遥感技术

摄影测量学是利用光学摄影机摄取的像片，确定和研究被摄物体的形状、大小、位置、性质及其相互关系的一门科学和技术。它包括的内容有：获取被摄物体的影像，研究单张和多张像片影像处理的理论、方法、设备和技术，以及将所测得的成果如何以图解形式或数字形式表示出来。

遥感技术(Remote Sensing，简称 RS)是不接触物体本身，用传感器采集目标物的电磁波信息，经处理、分析后，识别目标物，揭示其几何、物理性质和相互联系及其变化规律的现代科学技术。一切物体，由于其种类及环境条件不同，因而具有反射或辐射不同波长的电磁波的特性。遥感技术就是利用物体的这种电磁波特性，通过观测电磁波，从而判读和分析地表的目标及现象，达到识别物体及物体所在的环境条件的技术。

摄影测量与遥感技术的主要特点是在像片上进行量测和解译，无须接触被摄物体本身，因而很少受自然和地理条件的限制。像片及其他各种类型影像均是客观物体或目标的瞬间真实反映，人们可以从中获得所研究物体的大量几何信息和物理信息。

现代航天技术和电子计算机技术的飞速发展，使得摄影测量的学科领域更加广泛，可以说，只要物体能够被摄成影像，都可以使用摄影测量技术，以解决某一方面的问题。这些被摄物体可以是固体的、液体的，也可以是气体的；可以是静态的，也可以是动态的；可以是微小的(细胞)，也可以是巨大的(宇宙星体)。这些灵活性使得摄影测量成为多方面应用的一种测量手段和数据采集与分析的方法。

影像是客观物体或目标的真实反映，其信息丰富、形态逼真，可以从中提取所研究物体大量的几何信息与物理信息，因此，摄影测量可以广泛应用于各个方面。按照应用对象的不同，摄影测量可分为地形摄影测量与非地形摄影测量。地形摄影测量的主要任务是测绘各种比例尺的地形图及城镇、农业、林业、地质、交通、工程、资源与规划等部门需要的各种专题图，建立地形数据库，为各种地理信息系统提供三维的基础数据。非地形摄影测量用于工业、建筑、考古、医学、生物、体育、变形观测、事故调查、公安侦破与军事侦察等各方面。其对象与任务千差万别，但其主要方法与地形摄影测量一样，即由二维影像重建三维模型，在重建的三维模型上提取所需的各种信息。

(3) 地理信息系统

地理信息系统(Geographic Information System，简称 GIS)是在计算机软件和硬件支持下，把各种地理信息按照空间分布及属性以一定的格式输入、存储、检索、更新、显示、制图和综合分析应用的技术系统。它将计算机技术与空间地理分布数据相结合，通过一系列空间操作和分析方法，为地球科学、环境科学和工程设计，乃至政府行政职能和企业经营提供对规划、管理和决策有用的信息，并回答用户提出的有关问题。

“3S”集成技术，是 GPS、RS、GIS 技术的发展，是当前国内外测绘技术的发展趋势。在“3S”技术的集成中，GPS 主要用于实时、快速地提供目标的空间位置；RS 用于实时、快速地提供大面积地表物体及其环境的几何与物理信息，以及它们的各种变化；GIS 则是对多种来源时空数据的综合处理分析和应用的平台。

在测量数据采集和数据处理的逐步自动化、数字化条件下，测量工作者如何更好地使用和管理好长期积累或收集的大量测绘信息，更好地为经济建设和国防建设服务呢？其最有效的方法是利用数据库技术或 GIS 技术建立数据库或信息系统，例如城市或工程控制网数据库、管线数据库、矿山测量数据库、大坝变形观测数据库、地形图数据库、城市基础地理信息系统等，其目的是把大量的测量数据或信息进行科学的存储，以便于检索、分析、分发和利用，以实现管理和服务的科学化、现代化。

我国经济建设飞速发展，有力地推动了 GIS 技术的应用与发展，GIS 技术已成为当前新技术应用的热点之一。20 世纪 90 年代初，我国一些城市测绘单位或城建规划部门就开始引进美国的 ArcGIS 及澳大利亚 GenaMap 等先进 GIS 软件，进行二次开发，建立了有关的数据库或信息系统。北京市测绘设计研究院和上海市测绘院率先利用 GIS 技术建立了“北京市基础地理信息系统”和“上海城市建设信息系统”。在有关院校、中科院研究所的支持下，深圳、海口等城市也较早地建立了城市基础地理信息系统，广州、天津、武汉、重庆、南京、郑州、大连、厦门、中山、常州、十堰等城市也先后建立了城市基础地理信息系统、城市土地管理信息系统、城市规划管理系统以及各种专业数据库，有力地推动和促进了城市规划建设与经济发展。我国有关高等院校和科研部门也积极进行GIS技术的应用研究，研制具有我国特色的GIS软件，其中北京林业大学、中国地质大学、武汉大学、北京大学等研制的GIS软件具有较高水平，获得了当时的国家科委等主管部门的好评，结束了我国没有自己GIS软件的历史，标志着我国GIS技术研究与应用进入新阶段。目前，武汉大学的GeoStar和中国地质大学（武汉）的MapGIS软件在测绘部门具有很好的应用前景。

任务二　地球的形状与大小

知识要点

铅垂线、大地水准面、旋转椭球面的概念；地球自然表面、大地水准面、旋转椭球面之间的关系。

技能目标

掌握铅垂线、大地水准面、旋转椭球面的概念；掌握地球自然表面、大地水准面、旋转椭球面之间的关系。

测量工作的任务是确定地面点的空间位置，其主要工作是在地球自然表面进行的，地球的自然表面是不规则的，高低起伏，相差悬殊。目前已知，最高的珠穆朗玛峰高达8 844.43 m（裸高，即地质高度，根据2005年测得的数据），最低的马里亚纳海沟深达11 034 m。尽管有这样大的高低起伏，但相对于平均半径为6 371 km的地球来说仍可忽略不计。

一、铅垂线

地球上的任一物体，因受地球引力影响而不会脱离地球，同时地球又在不停地自转，使物体受到离心力的作用。也就是说，一个物体实际上所受到的力是地球引力与离心力的合力，这个合力就是重力（图1-1）。

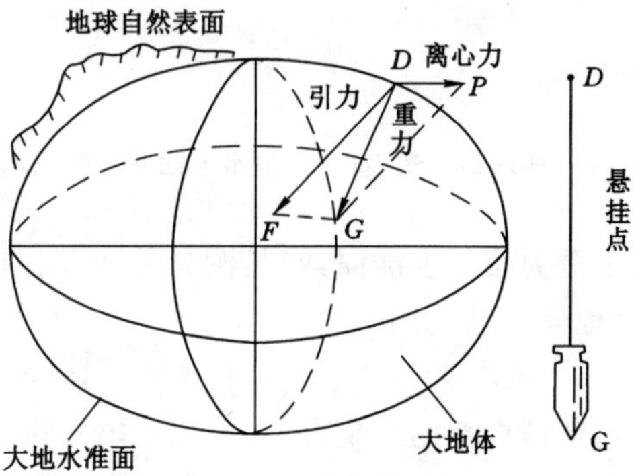

图1-1　重力与铅垂线

重力的方向线称为铅垂线。铅垂线是测绘外业工作的基准线。

取得重力方向的一般方法，是用细绳悬挂一个垂球 G(图 1-1)，细绳即为悬挂点 D 的重力方向，通常称它为垂线或铅垂线方向。

二、大地水准面

地球的自然表面形状十分复杂，不便于用数学式来表达。地球表面的总面积约为 5.1 亿 km^2，其中，海洋面积约为 3.61 亿 km^2，约占 71%；陆地面积约为 1.49 亿 km^2，约占 29%，因此可把海水面所包围的地球形体看作地球的形状。也就是设想有一个静止的平均海水面，向陆地延伸而形成一个封闭的曲面。由于海水有潮汐，时高时低，所以取平均海水面作为地球形状和大小的标准。

相对密度相同的静止海水面称为水准面。水准面是一个重力场的等位面。由物理学知道，等位面处处与产生等位能的力的方向垂直，也就是说，水准面是一个任何一点的切面都与该点重力方向垂直的连续曲面。与水准面相切的平面称为水平面。

水准面有无数多个，其中与平均海水面吻合并向大陆、岛屿内延伸而形成的闭合曲面，称为大地水准面，如图 1-2(a)、(b)所示。

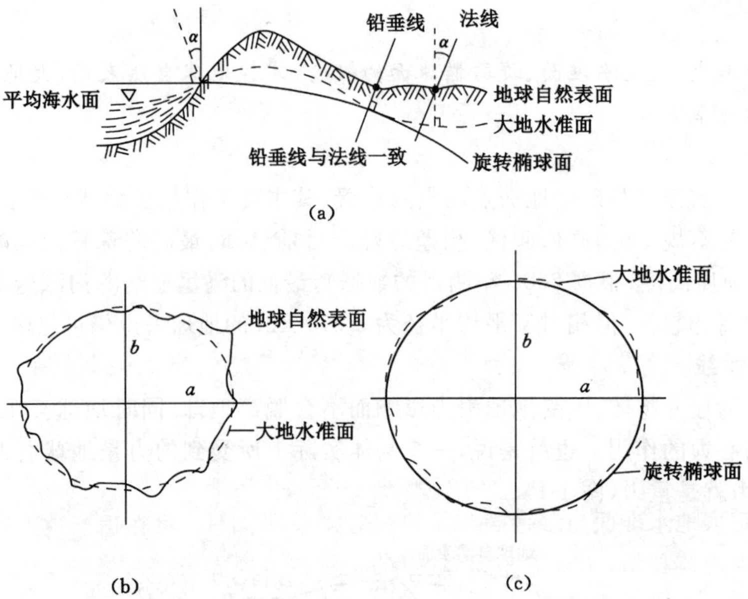

图 1-2　地球的自然表面、大地水准面和旋转椭球面

大地水准面是一个特定重力位的水准面，它是测量外业工作的基准面。由大地水准面所包围的地球形体，称为大地体。

三、旋转椭球面

由于地球引力的大小与地球内部的质量有关，而地球内部的质量分布又不均匀，这就引起地面上各点的铅垂线方向产生不规则的变化，因此大地水准面实际上是一个不规则曲面，我们无法在这个曲面上进行测量数据处理。

为此，从实用角度出发，用一个非常接近于大地水准面而又可用数学式表示的几何形体来代替地球的形状作为测量计算工作的基准面。这个几何形体是以一个椭圆绕其短轴旋转而成的，将该形体作为地球的参考形状和大小，一般称其外表面为参考椭球面（旋转椭球面），如图 1-2(c)所示。若对参考椭球面的数学公式加入地球重力异常变化参数的改正，便得到大地水准面近似的数学表达式。

在实际工作中，参考椭球面是测量内业计算的基准面，大地水准面是测量外业工作的基准面。以大地水准面作为测量外业工作的基准面有以下两方面原因：其一是当对测量成果的要求不十分严格时，不必改正到参考椭球面上；其二是在实际工作中，我们可以非常容易地得到水准面和铅垂线。

用大地水准面作为测量的基准面可大大简化操作和计算工作，因而水准面和铅垂线便成为一般性（外业）测量工作的基准面和基准线。

旋转椭球体是绕椭圆的短轴 NS 旋转而成的（图 1-3），也就是说，包含旋转轴 NS 的平面与椭球面相截的线是一个椭圆，而垂直于旋转轴的平面与椭球面相截的线是一个圆。椭球体的基本元素是：长半轴 a 和短半轴 b。

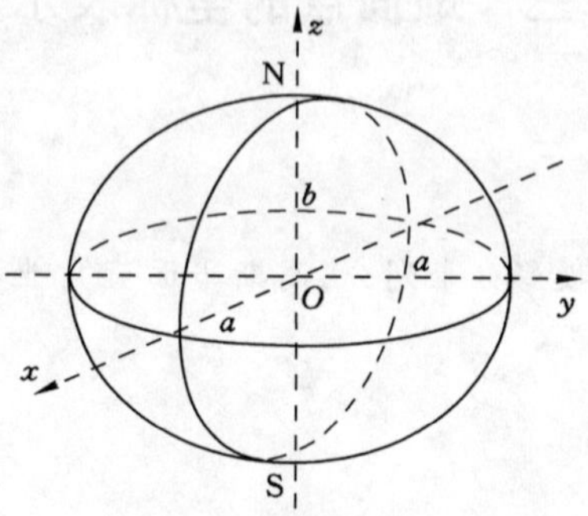

图 1-3 旋转椭球体

旋转椭球面是一个数字表面，在直角坐标系 $O\text{-}xyz$ 中（图 1-3），其标准方程为：

$$\frac{x^2}{a^2}+\frac{y^2}{a^2}+\frac{z^2}{b^2}=1 \tag{1-1}$$

为了确定大地水准面与参考椭球面的相对关系（图 1-4），可在适当地点选择一点 P，设想椭球体和大地体相切，切点 P'位于 P 点的铅垂线方向上，这时，椭球面上 P'的法线与该点对大地水准面的铅垂线相重合，这项确定椭球体与大地体之间相互关系并固定下来的工作，称为参考椭球体的定位。P 点称为大地原点。

我国目前所采用的参考椭球体为 1980 年国家大地测量参考系，其原点在陕西省泾阳县永乐镇，称为国家大地原点，其椭球体基本元素 $a=6\ 378\ 140$ m、$b=6\ 356\ 755$ m。由于参考椭球体的扁率很小，在普通测量中可把地球作为圆球看待，其半径为：

$$R=\frac{1}{3}(a+a+b)=6\ 371\ (\text{km})$$

式中，R 可视为参考椭球体的平均半径，或称为地球的平均半径。

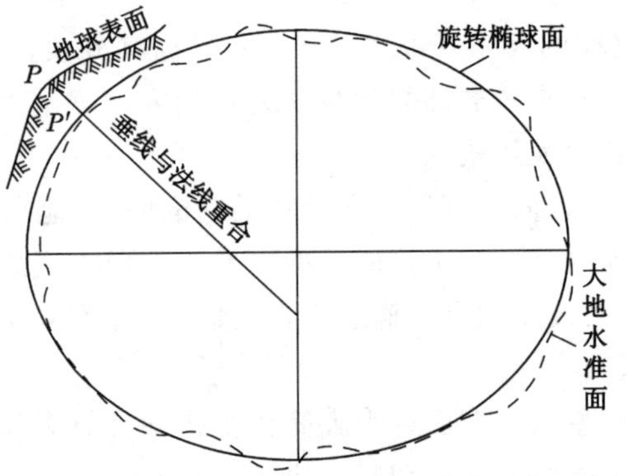

图 1-4　参考椭球体的定位

任务三　地面点的坐标表示方法

知识要点

地理坐标系的构建；高斯投影分带划分；高斯平面直角坐标系的构建；独立直角坐标系的构建。

技能目标

掌握地理坐标系的表示方法；了解高斯投影的投影方法；掌握高斯投影分带的划分、中央子午线与带号之间的关系；掌握高斯平面直角坐标系的表示方法。

测量工作的基本任务是确定地面点的空间位置，地面上的物体大多具有空间形状，如丘陵、山地、河谷、洼地等。为了研究空间物体的位置，数学上采用投影的方法加以处理。一个点在空间的位置，需要三个量来确定。在测量工作中，这三个量通常用该点在基准面（参考椭球面）上的投影位置和该点沿投影方向到基准面（一般实用上是大地水准面）的距离来表示。

如将地面上的点 A、B、C、D、E（图 1-5）沿铅垂线方向投影到大地水准面上，得到 a、b、c、d、e 投影位置；地面点 A、B、C、D、E 的空间位置就可用 a、b、c、d、e 的投影位置在大地水准面上的坐标及铅垂距离 $H_A, H_B, \cdots, H_E$ 来表示。

地面点的坐标，根据实际情况，可选用下列三种坐标系统中的某一种来确定。

一、地理坐标系

地理坐标系属球面坐标系，根据基准面的不同，又分为大地地理坐标系和天文地理坐标系。地理坐标系中，地面点在球面上的位置是用经纬度表示的，称为地理坐标。

在图 1-6 中，NS 为椭球的旋转轴，N 表示北极，S 表示南极。通过椭球旋转轴的平面称为子午面，而其中通过英国伦敦原格林尼治天文台的子午面称为起始子午面或首子午面。

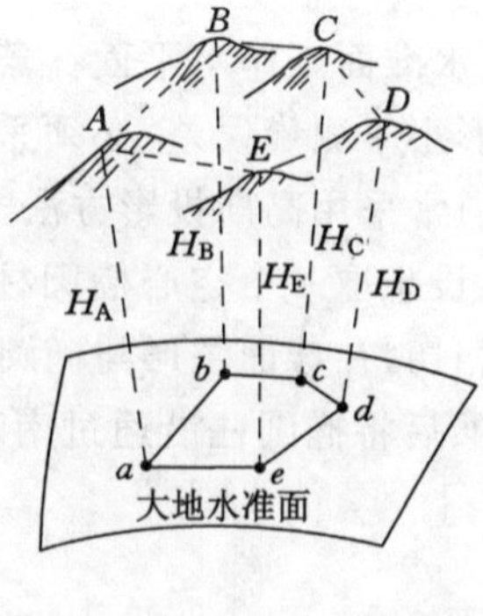

图 1-5　地面点在大地水准面上的投影

子午面与椭球面的交线称为子午圈，也称子午线。通过椭球中心且与椭球旋转轴正交的平面称为赤道面，它与椭球面相截所得曲线称为赤道。其他与椭球旋转轴正交但不通过球心的平面与椭球面相截所得交线称为纬圈或平行圈。起始子午面和赤道面，是在椭球面上确定某一点投影位置的两个基本平面，也是确定地理坐标的基准面。

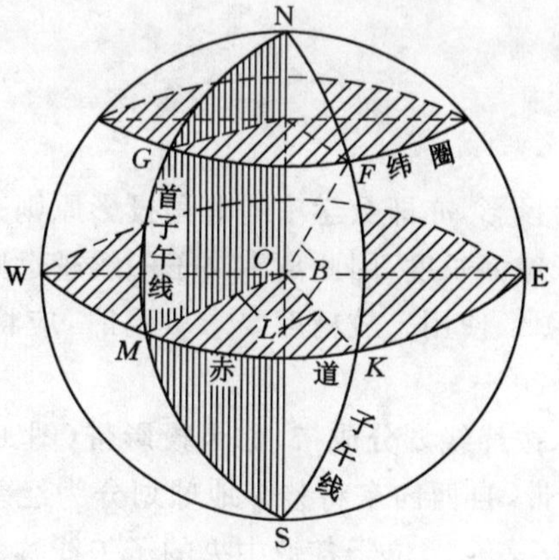

图 1-6　地理坐标

大地坐标系是采用大地经度 L 和大地纬度 B 来描述点的空间位置的。所谓某点的大地经度，就是通过该点（如图 1-6 中的 F 点）的子午面与起始子午面的夹角；某点的大地纬度，就是通过该点（F 点）的椭球面法线与赤道平面的交角。大地经度 L 和大地纬度 B 统称为大地坐标。由此可见，大地经度与大地纬度是以法线为依据的，也就是说，以参考椭球面作为基准面（图 1-6）。

在原格林尼治以东的点从起始子午面向东计，由 0°到 180°，称为东经；在原格林尼治以西的点则从起始子午面向西计，由 0°到 180°，称为西经（实际上东经 180°与西经 180°是同一个子午面）。我国各地的经度都是东经。不论大地纬度 B 或天文纬度 φ，都从赤道面起算。在赤道以北的点的纬度由赤道面向北计，由 0°到 90°，称为北纬；在赤道以南的点的纬度由赤道面向南计，由 0°到 90°，称为南纬。我国疆域全部在赤道以北，各地的纬度都是北纬。

二、高斯平面直角坐标系

当测区的范围较大时，不能把水准面当作水平面。若把地球椭球面上的图形展绘到平面上来，必然产生变形，为使其变形小于测量误差，必须采用适当的投影方法来解决这个问题，投影方法有多种，测绘工作中通常采用高斯投影方法。

高斯投影原理[图 1-7(a)]为：设想取一个空心椭圆柱，横套在地球椭球外面，使地球椭球上某一中央子午线与椭圆柱面相切，在球面图形与椭圆柱面上的图形保持等角的条件下，将整个 6°带投影到椭圆柱面上。然后将椭圆柱沿通过南北极的母线切开并展成平面，便得到 6°带在平面上的影像[图 1-7(b)]。

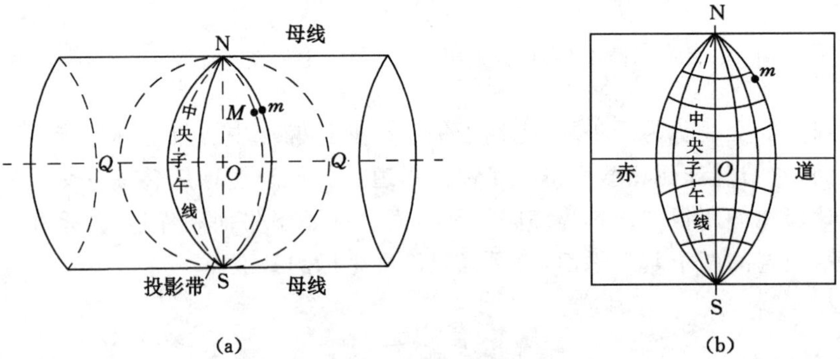

图 1-7　高斯投影

高斯投影的实质是正形投影，亦即数学中的等角投影原则。这种投影要产生长度变形，即投影在平面上的长度大于球面长度，因此离中央子午线越远则变形越大，变形过大将影响所测地形图的精度，也影响图纸使用。故精度要求较高时，应将投影带变窄，以限制投影带边缘位置长度变形。

高斯投影方法是将地球按经线划分成带，称为投影带(图 1-8)。投影带从首子午线起，每 6°经差划为一带，称为 6°带，自西向东将整个地球划分为经差相等的 60 个带。带号从起始子午线开始，用阿拉伯数字表示。位于各带中央的子午线称为该带的中央子午线(或称轴子午线)，第一个 6°带的中央子午线的经度为 3°，任意一个带的中央子午线的经度 L_6，按式(1-2)计算：

$$L_6 = 6N - 3 \tag{1-2}$$

式中，N 为 6°带的带号，我国境内 6°带最西的一带为 13 带，最东的一带为 23 带。

采用 3°带投影时，从东经 1°30′起，每经差 3°划分一带，全球划分为 120 个带[图 1-8(b)]，每带中央子午线的经度 L_3 用式(1-3)进行计算：

$$L_3 = 3n \tag{1-3}$$

式中，n 为 3°带的带号，我国境内 3°带最西的一带为 24 带，最东的一带为 45 带。

投影后中央子午线与赤道为互相垂直的直线，将中央子午线作为坐标纵轴 x，赤道作为坐标横轴 y，两轴的交点作为坐标原点，便建立起高斯平面直角坐标系统[如 1-9(a)]。这种坐标既是平面直角坐标，又与大地坐标经纬度发生联系，故可将球面上的点位用平面直角坐标来表示。在坐标系内，规定 x 轴向北为正，y 轴向东为正。我国位于北半球，因而 x 坐标值均为正，y 坐标则有正有负。在图 1-9(a)中，$y_A = +148\ 680.54$ m，$y_B =$

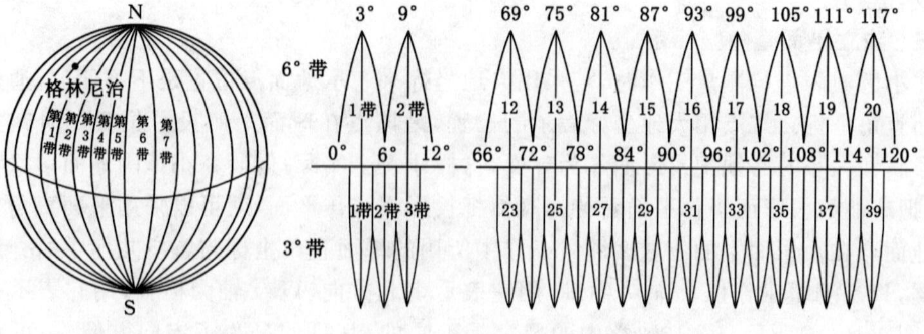

(a) (b)

图 1-8 分带

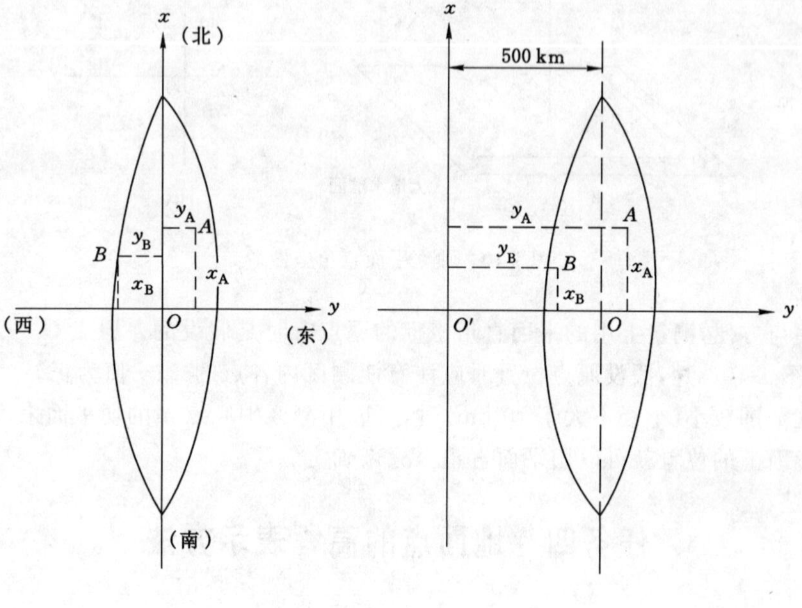

(a) (b)

图 1-9 高斯平面直角坐标

−134 240.69 m。为避免横坐标出现负值，考虑 6°带中央子午线到边界线最远不超过 334 km(在赤道上)，故规定将每带的坐标纵轴向西平移 500 km，这样便可以避免横坐标出现负数。在图 1-9(b)中，坐标纵轴西移后，y_A = 500 000 m + 148 680.54 m = 648 680.54 m，y_B = 500 000 m +(−134 240.69 m) = 365 759.31 m。

为了根据横坐标值能确定该点位于哪一个 6°带内，则在横坐标值前冠以带的编号。例如 A 点位于 20 带内，则其横坐标值 y_A 为 20 648 680.54 m，我们把这种在 y 坐标值上加了 500 km 和带号后的横坐标值称为坐标的通用值，没有加 500 km 和带号的原横坐标值称为自然值。

一般情况下，从测绘资料管理部门收集来的坐标资料多为通用值，有时为了使用方便要换算成自然值。

三、独立平面直角坐标系

在小区域内进行测量工作时，若采用大地坐标来表示地面点位置是不方便的，通常是采用平面直角坐标。某点用大地坐标表示的位置，是该点在球面上的投影位置。研究大范围地面形状和大小时必须把投影面作为球面，这样才符合实际；但研究小范围地面形状和大小时，常把球面的投影面当作平面看待。既然把投影面当作平面，就可以采用平面直角坐标来表示地面点在投影面上的位置。测量工作中所用的平面直角坐标与解析几何中所介绍的基本相同，只是测量工作以 x 轴为纵轴，用它表示南北方向，以 y 轴为横轴，用它表示东西方向，如图 1-10(b)所示。这与数学中的规定是不同的，其目的是为了定向方便，并可将数学中的公式直接应用到测绘计算中，而不需做任何变更。

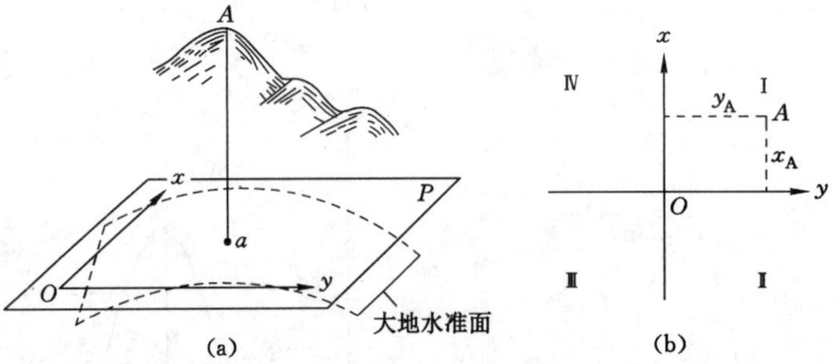

图 1-10　独立平面直角坐标系

为实用与方便，测量上用的平面直角坐标的原点有时是假设的。原点 O 一般选在测区的西南角[图 1-10(a)]，假设原点位置时应注意使测区内各点的 x、y 值为正。

当测区范围较小(半径不大于 10 km)时，可以用测区中心点 a 的切平面来代替曲面，地面点在投影面上的位置就可以用平面直角坐标来确定。

任务四　地面点的高程表示方法

知识要点

高程、高差的概念；地面点高程的表示方法。

技能目标

掌握高程、高差的概念以及地面点高程的表示方法。

一、高程

地面点到大地水准面的铅垂距离，称为该点的绝对高程，简称高程或称海拔。

在一般测量工作中都以大地水准面作为基准面，因而某点到基准面的高度是指某点沿铅垂线方向到大地水准面的距离，通常称它为绝对高程或海拔，简称高程。在图 1-11 中，符号 H 代表高程，图中 H_A 及 H_B 都是绝对高程。如果是距任意一个水准面的距离，则称为相对高程，也称为假定高程，如图 1-11 中的 H_A' 及 H_B'。目前，我国采用"1985 国家高程基准"，即我国的绝对高程以青岛验潮站 1952 年到 1979 年的验潮数据确定的黄海平均海水面高为准，并在验潮站附近建立水准原点，其高程为 72.260 m(原 1956 年高程基准为72.289 m)。全国布置的国家高程控制点——水准点，都以这个水准原点为准(在利用旧的高程测量成果时，要注意高程基准的统一和换算)。

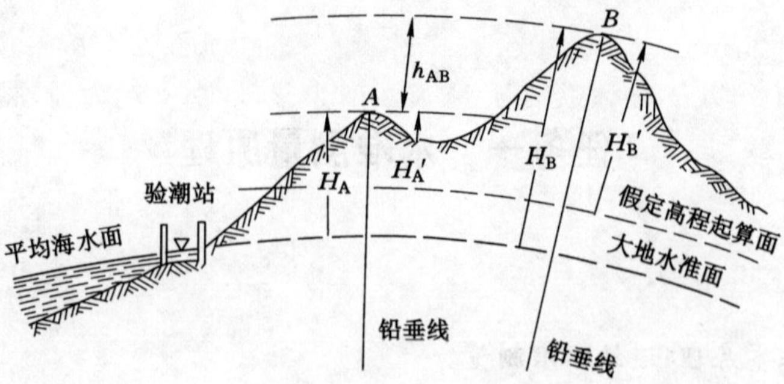

图 1-11　高程和高差

当个别地区引用绝对高程有困难时，可采用假定高程系统，即采用任意假定的水准面作为起算高程的基准面。图 1-11 中地面点到某一假定水准面的铅垂距离，称为假定高程。例如，A 点的假定高程为 H_A'，B 点的假定高程为 H_B'。

二、高差

同一高程系统中两个地面点间的高程之差称为高差。地面点 A 与 B 之间的高差为 h_{BA} 为：

$$h_{BA}=H_A-H_B=H_A'-H_B' \tag{1-4}$$

由此可见，两点间的高差与高程起算面无关。

思考与练习

1. 测绘学的基本任务是什么？对所学的专业起什么作用？

2. 什么叫水平面？什么叫水准面？什么叫大地水准面？它们之间有何区别？

3. 什么叫绝对高程(海拔)？什么叫相对高程？什么叫高差？

4. 表示地面点平面坐标有哪几种坐标系统？各有什么用途？

5. 测量学中的平面直角坐标系和数学上的平面直角坐标系有何不同？为何这样规定？

6. 某市的大地经度为 125°19′，试计算它所在 6°带和 3°带的带号和其中央子午线的经度。

7. 我国控制点的坐标：x＝3 102 467.280 m，y＝19 367 622.380 m，该点位于第几带？该带中央子午线经度是多少？该点在中央子午线的哪一侧？该点距中央子午线和赤道的距离为多少？

8. 测得一地面点的相对高程为 428.546 m，已知该相对高程的假定水准面的绝对高程为 42.589 m，试计算该点的绝对高程。

项目二 水准测量

任务一 水准测量原理

知识要点

水准测量的基本原理；连续水准测量。

技能目标

掌握水准测量的基本原理；了解连续水准测量的作业过程。

一、水准测量的基本原理

水准测量是利用水准仪获得水平视线，并借助水准尺来测定地面两点间的高差。

如图 2-1 所示，设地面上有 A、B 两点，已知 A 点的高程为 H_A，为求得 B 点的高程 H_B，先应测定出 A、B 两点间的高差 h_{AB}。测定 h_{AB} 时，可在 A、B 两点上各竖立一根标尺，这种专用的尺子称为水准尺。在 A、B 两点之间安置一台能提供水平视线的水准仪。利用水准仪能提供水平视线的特性，分别在 A、B 两点的标尺上读数 a、b，则两点间的高差为：

$$h_{AB}=a-b \tag{2-1}$$

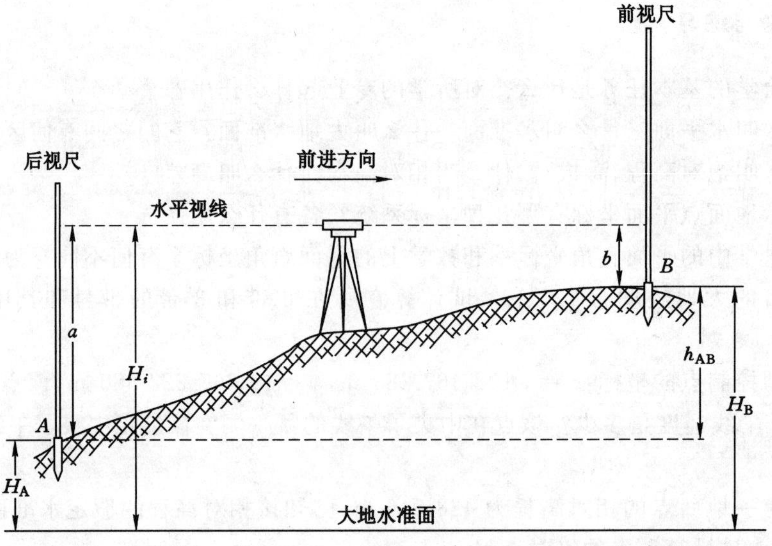

图 2-1 水准测量的原理

按测量前进方向，水准仪后面的点（如 A 点）称为后视点，后视点上竖立的标尺称为后视尺，后视尺上的读数 a 称为后视读数；水准仪前面的点（如 B 点）称为前视点，前视点上的标尺称为前视尺，前视尺上的读数称为前视读数。A、B 两点间的高差就等于后视读数减去前视读数。高差 h_{AB} 有正负之分，当 $a>b$ 时，h_{AB} 为正，这说明 B 点高于 A 点；当 $a<b$ 时，h_{AB} 为负，说明 B 点低于 A 点。无论 h_{AB} 正负，式(2-1)始终成立。

有了高差，根据已知点的高程 H_A 和测定的高差 h_{AB}，就可以算出 B 点的高程：

$$H_B = H_A + h_{AB} = H_A + (a - b) \tag{2-2}$$

另外，还可以通过视线高法求未知点的高程。

视线高 $H_i = H_A + a$，则有：

$$H_B = H_i - b \tag{2-3}$$

当水准仪安置在一个地方，根据一个已知高程点测定多个未知点时，应用式(2-3)比较方便。

二、连续水准测量

如果 A、B 两点间的距离较近，且高差较小，则安置一次仪器就可以测得两点间的高差 h_{AB}。但是当两点间较远或高差较大时，则不可能安置一次仪器就能测得两点间的高差。此时，在水准路线中加设若干临时的立尺点，称为转点，依次连续安置水准仪测定相邻点间的高差，最后取各个高差的代数和，可得到始、终两点间的高差，这种方法称为连续水准测量。

如图 2-2 所示，在 A、B 两个水准点之间，距离或高差大，可以依次设置 4 个临时性的转点，连续地在相邻两点间安置水准仪和在点上竖水准尺，依次测定相邻点间的高差为：

$$h_1 = a_1 - b_1$$

$$h_2 = a_2 - b_2$$

$$\vdots$$

$$h_5 = a_5 - b_5$$

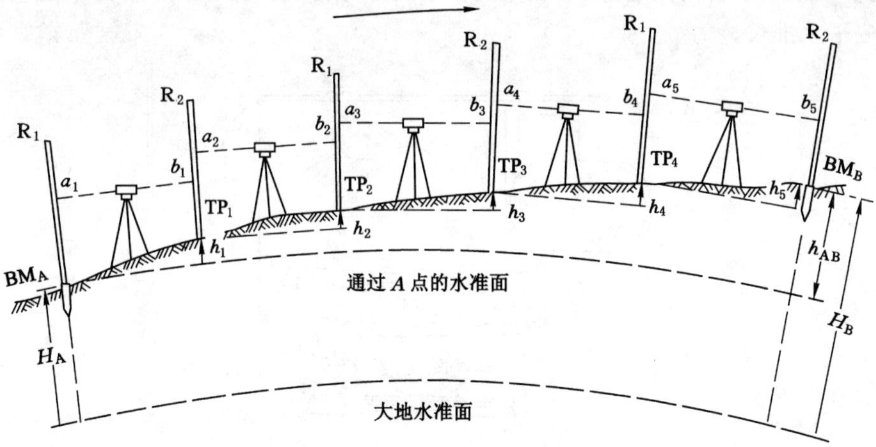

图 2-2　连续水准测量

由此可得下式为：

$$h_{AB}=\sum_{i}^{n}h_i=\sum_{i}^{n}(a_i-b_i) \tag{2-4}$$

式中，n 为安置水准仪的测站数。

由此可见，两水准点之间设置若干转点，起着高程传递的作用。为了保证高程传递的准确性，在设置两相邻测站过程中，必须使转点保持稳定（高程不变）。

任务二　水准测量的仪器及其使用

知识要点

自动安平水准仪的构造；自动安平水准仪的操作。

技能目标

了解自动安平水准仪的构造；熟悉自动安平水准仪的操作过程。

水准测量所使用的仪器为水准仪，工具为水准尺和尺垫。

水准仪按精度分，有 $DS_{0.5}$、DS_1、DS_3、DS_{10} 等不同精度等级。“D”和“S”分别是“大地”和“水准仪”的汉语拼音的第一个字母。其下标数字 0.5、1、3、10 表示仪器的精度，即每千米往、返测高差中数的偶然中误差（毫米数）。数字越小，精度越高。一般多使用 DS_3 型水准仪进行水准测量，每千米往、返测高差中数的偶然中误差为±3 mm。以下着重介绍这一类型的仪器。

一、自动安平水准仪的构造

根据水准测量的原理，水准仪的主要作用是提供一条水平视线，并能照准水准尺进行读数。因此，水准仪主要由望远镜、水准器及基座三部分构成。图 2-3 所示为中国生产的 DS_3 型自动安平水准仪。

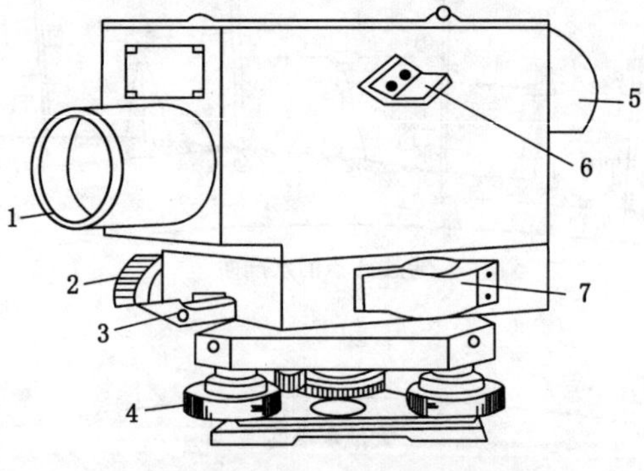

1—物镜；2—水平微动螺旋；3—制动螺旋；4—脚螺旋；5—目镜；6—反光镜；7—圆水准器。

图 2-3　DS_3 型自动安平水准仪

望远镜是构成水平视线、瞄准目标并对水准尺进行读数的主要部件,主要由物镜、目镜、调焦透镜、十字丝分划板等组成。

水准器是用来整平仪器、指示视准轴是否水平,供操作人员判断水准仪是否置平的重要部件,自动安平水准仪的水准器只有圆水准器。

基座的作用是支承仪器上部并与三脚架连接。基座位于仪器的下部,主要由轴座、脚螺旋、底板和三角压板构成。仪器上部通过竖轴插入轴座内旋转,由基座承托。脚螺旋用于调节圆水准器气泡的居中。底板通过连接螺旋与三脚架连接。

二、水准尺和尺垫

1. 水准尺

水准尺是水准测量时使用的标尺。其质量好坏直接影响水准测量的精度。水准尺需用伸缩性小、不易变形的优质材料制成,如优质木材、玻璃钢、铝合金等。常用的水准尺有塔尺和双面尺两种,如图 2-4 所示。

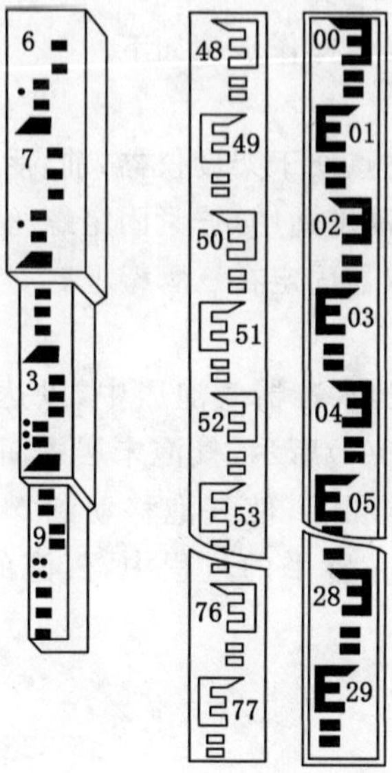

(a) (b)

图 2-4 水准尺

(1) 塔尺

如图 2-4(a)所示,塔尺仅用于等外水准测量。一般由两节或三节套接而成,其长度有 3 m 和 5 m 两种。塔尺可以伸缩,尺的底部为零点。尺上黑白格相间,每格宽度为 1 cm,有的为 0.5 cm,每米和分米处皆注有数字。数字有正字和倒字两种。数字上加红点表示米数。

(2) 双面尺

如图 2-4(b)所示,双面尺多用于三、四等水准测量,其长度为 3 m,两根尺为一对。尺的两面均有刻划,一面为红白相间,称红面尺;另一面为黑白相间,称黑面尺(也称主尺),两面的最小刻划均为 1 cm,并在分米处注字。两根尺的黑面均由零开始;而红面一根尺由 4.687 m 开始至 7.687 m,另一根由 4.787 m 开始至 7.787 m。其目的是为了避免观测时的读数错误,以便校核读数；同时用红、黑面读数求得高差，可进行测站检核计算。

2. 尺垫

尺垫是在转点处放置水准尺用的。如图 2-5 所示，尺垫用生铁铸成，一般为三角形，中间有一凸起的半球体，下方有三个支脚。使用时将支脚牢固地踩入土中，以防下沉。上方凸起的半球形顶点作为竖立水准尺和标志转点之用。

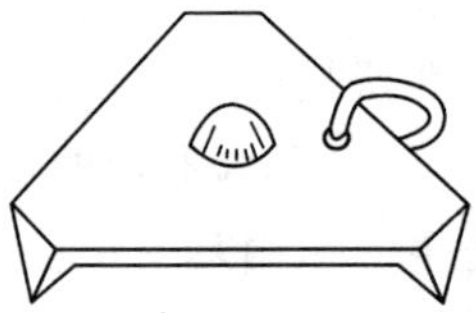

图 2-5 尺垫

三、自动安平水准仪的操作

所谓一测站测量工作，是指安置一次仪器所进行的测量工作。自动安平水准仪用补偿器取代附合水准器，只需用圆水准器进行粗略整平，就可获得水平视线读数。这不仅加快了水准测量的速度，而且对于微小的振动、仪器的不规则下沉、风力和温度变化等外界影响引起的视线微小倾斜，可以迅速得到调整，从而提高精度。因此，自动安平水准仪具有速度快、精度高等优点，现阶段水准仪大多采用自动补偿装置。

自动安平水准仪操作简便，具体操作步骤如下。

1. 安置仪器

首先应选好测站点，要求测站点便于架设仪器，前、后视距大致相等；打开三脚架，松开架腿的固定螺丝，调节架腿长短，高度适中，拧紧固定螺丝；使架头大致水平，用脚踩实架腿。然后取出水准仪，用连接螺旋将仪器固定在三脚架上。

2. 粗略整平

观测时，首先利用脚螺旋使圆水准器气泡居中，以达到仪器竖轴基本铅直、视准轴水平的目的。基本方法是：如图 2-6(a)所示，气泡未居中而位于 a 处，则先按图上箭头所指的方向用两手相对转动脚螺旋①和②，使气泡移动到 b 的位置，如图 2-6(b)所示。再转动脚螺旋③，则可使气泡居中。在整平的过程中，气泡的移动方向与左手大拇指转动的方向一致。

图 2-6 圆水准器整平

3. 检查补偿装置正确性

仪器补偿范围有限，为了检查补偿装置工作是否正常，有的自动安平水准仪安装了一个与补偿装置相连的检查按钮，通过这个按钮，我们可以检查补偿装置的正确性。但现在很多仪器没有检查装置，这就要求经常检查圆水准器的正确性及圆水准器的整平情况。

4. 瞄准读数

(1) 瞄准水准尺

瞄准就是使望远镜对准水准尺，清晰地看到目标和十字丝成像，以便准确地进行水准尺读数。

首先进行目镜调焦，把望远镜对向明亮的背景，转动目镜调焦螺旋，使十字丝清晰。松开制动螺旋，转动望远镜，利用镜筒上的照门和准星连线对准水准尺，再拧紧制动螺旋。然后转动物镜的调焦螺旋，使水准尺成像清晰。再转动微动螺旋，使十字丝的纵丝对准水准尺像。

瞄准时应注意消除视差。当眼睛在目镜端上、下微微移动时，若发现十字丝和水准尺成像有相对移动现象，则说明有视差存在。所谓视差，就是当目镜、物镜对光不够精细时，目标的影像不在十字丝平面上(图 2-7)，以致两者不能被同时看清。视差的存在会影响读数的正确性，必须检查并加以消除。消除视差的方法是：仔细地进行目镜调焦和物镜调焦，直至眼睛上、下移动时读数不变为止。

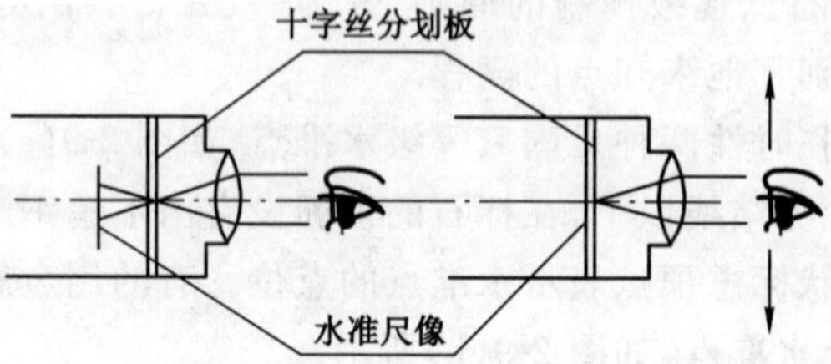

图 2-7 视差现象

(2) 读数

读数时要按由小到大的方向，读取米、分米、厘米、毫米四位数字，最后一位毫米为估读数。如图 2-8 所示，尺面读数为 1.337 m，但习惯上不读小数点，只念“1337”四位数，即以毫米为单位。

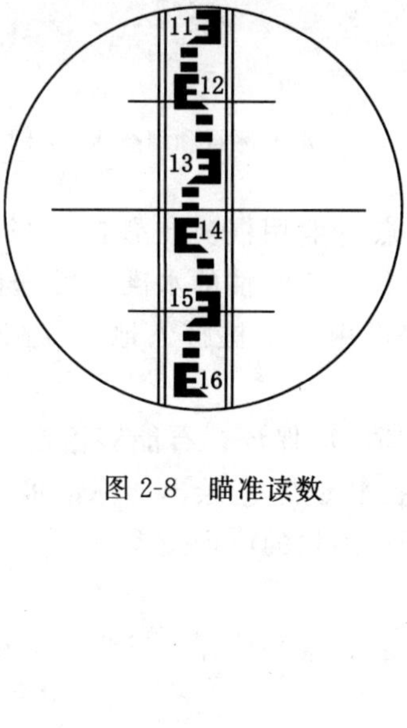

图 2-8 瞄准读数

任务三　水准测量的外业观测与内业计算

知识要点

水准路线的布设形式;普通水准测量的外业观测方法以及内业计算方法。

技能目标

掌握水准路线的布设形式;掌握普通水准测量的外业观测流程以及注意事项;掌握普通水准测量的内业计算与成果检核方法。

一、埋设水准点

水准测量的主要目的是测出一系列点的高程。通常称这些点为水准点(Bench Mark),简记为BM。采用分级布设、逐级控制的原则,分为一、二、三、四等水准测量。水准测量通常是从已知水准点引测到其他未知点的高程。

水准点有永久性和临时性两种。国家等级水准点,如图2-9(a)所示,一般用石料或钢筋混凝土制成,深埋到地面冻结线以下,在标石的顶面设有由不锈钢或其他不易锈蚀的材料制成的半球状标志。半球状标志顶点表示水准点的点位。有的用金属标志埋设于基础稳固的建筑物墙脚下,称为墙上水准点,如图2-9(b)所示。

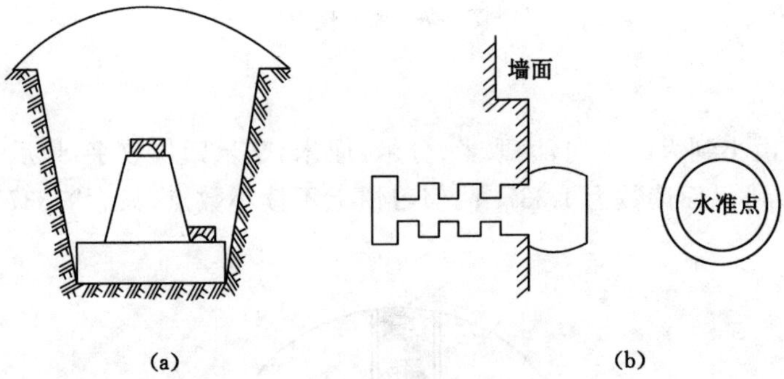

图2-9　水准标石和墙脚水准标志

建筑工地上的永久性水准点一般用混凝土预制而成,顶面嵌入半球形的金属标志[图2-10(a)]表示该水准点的点位。临时性的水准点可选在地面凸出的坚硬岩石或房屋勒脚、台阶上,用红漆做标记;也可用大木桩打入地下,桩顶上钉一半球形钉子作为标志[图2-10(b)]。

选择埋设水准点的具体地点时,应保证标石能够稳定、安全、长期保存,而且又便于使用。埋设水准点后,为了便于寻找水准点,应绘出能标记水准点位置的草图(称点之记),图上要注明水准点的编号以及与周围地物的位置关系。

二、水准路线

在水准测量中,为了避免观测、记录和计算中发生人为粗差,并保证测量成果能达到一

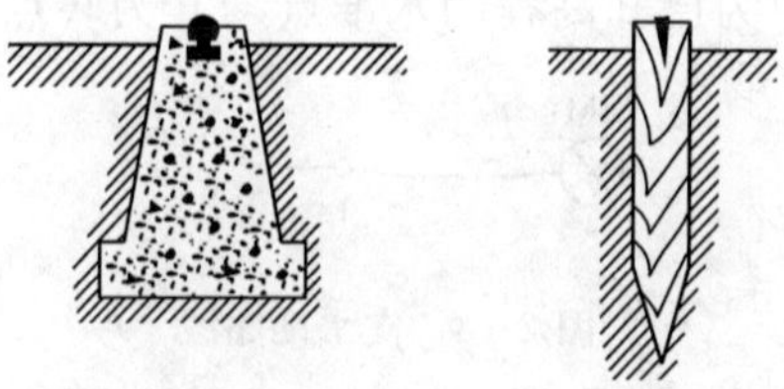

图 2-10 工地上的永久性和临时性水准点

定的精度要求，必须布设某种形式的水准路线，利用一定的条件来检核所测结果的正确性。在一般的工程测量中，水准路线主要有如下三种形式。

1. 闭合水准路线

如图 2-11 所示，从水准点 BM_3 出发，沿待定高程点 1、2、3、4 进行水准测量，最后回到原始出发点 BM_3 的路线，称为闭合水准路线。从理论上讲，闭合水准路线上各点之间的高差代数和应等于零。

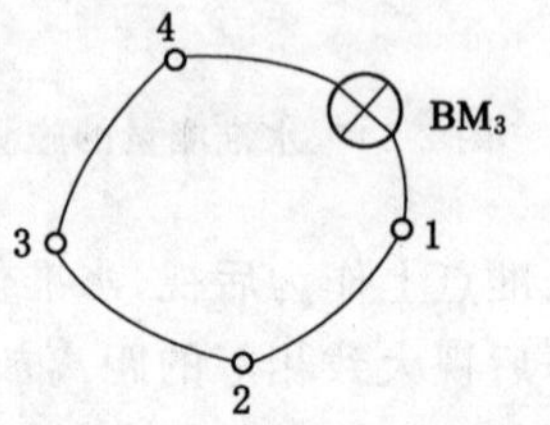

图 2-11 闭合水准路线

2. 附合水准路线

如图 2-12 所示，从水准点 BM_1 出发，沿各个待定高程点 1、2、3 进行水准测量，最后附合到另一水准点 BM_2 的路线，称为附合水准路线。从理论上讲，附合水准路线上各点间高差的代数和应等于始、终两个水准点的高程之差。

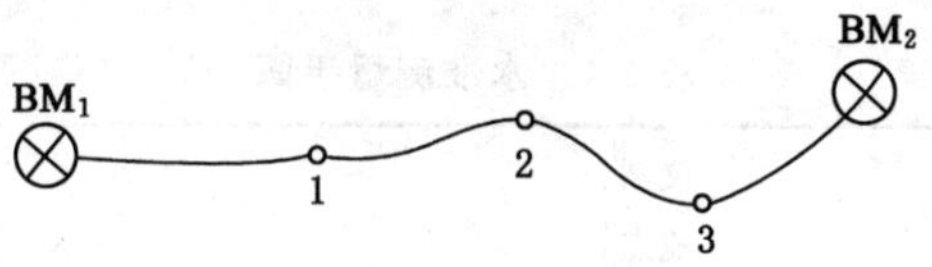

图 2-12 附合水准路线

3. 支水准路线

如图 2-13 所示，从一已知水准点 BM_1 出发，沿待定高程点 1、2 进行水准测量，既不闭合又不附合，这种水准路线称为支水准路线。支水准路线要进行往、返观测，以资检核。

三、观测记录及计算

1. 没有测站检核的普通水准测量

水准点埋设完毕，即可按拟定的水准路线进行水准测量。现以图 2-14 为例，介绍水准测量的具体做法。图中 BM_A 为已知高程的水准点，TP 为转点，B 为拟测量高程的水准点。

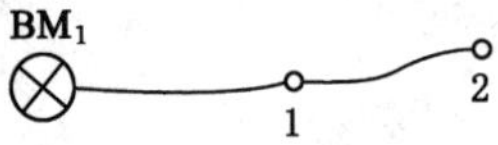

图 2-13　支水准路线

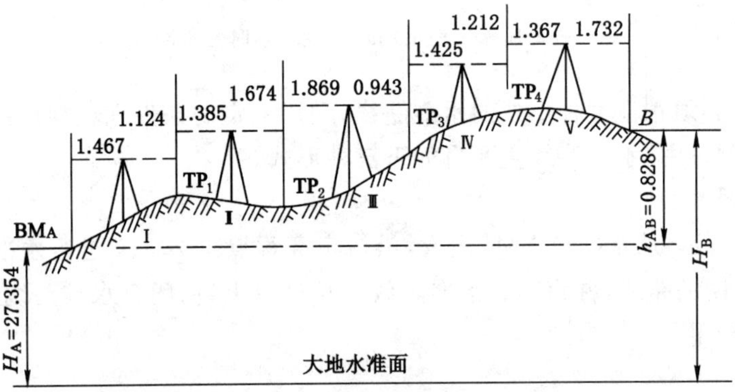

图 2-14　水准测量的施测

将水准尺立于已知高程的水准点上作为后视，水准仪置于施测路线附近合适的位置，在施测路线的前进方向上取仪器至后视大致相等的距离放置尺垫，在尺垫上竖立水准尺作为前视。观测员将仪器用圆水准器气泡置中之后瞄准后视标尺，检查补偿装置，并用中丝读后视读数至毫米。转动望远镜瞄准前视标尺，再用中丝读前视读数。记录员根据观测员的读数在手簿中记下相应的数字，并立即计算高差。以上为第一测站的全部工作。

第一站结束之后，记录员通知后标尺员向前转移，并将仪器迁至第二测站。此时，第一测站的前视点便成为第二测站的后视点。依第一测站相同的工作程序进行第二测站的工作，依次沿水准路线方向施测，直至全部路线观测完为止。

观测记录与计算见表 2-1。

表 2-1　水准测量手簿

日期：　　　　仪器：　　　　观测：

天气：　　　　地点：　　　　记录：

测站	点号	后视读数/m	前视读数/m	高差/m	高程/m	备注
1	BM_A	1.467		+0.343	27.354	已知
	TP_1		1.124			
2	TP_1	1.385		−0.289		
	TP_2		1.674			
3	TP_2	1.869		+0.926		
	TP_3		0.943			

表 2-1(续)

日期：	仪器：	观测：
天气：	地点：	记录：

测站	点号	后视读数/m	前视读数/m	高差/m	高程/m	备注
4	TP_3	1.425		+0.213		
	TP_4		1.212			
5	TP_4	1.367		−0.365		
	B		1.732		28.182	
计算检核		$\sum a=7.513$	$\sum b=6.685$	$\sum h=+0.828$	28.182 −27.354	
		$\sum a-\sum b=7.513-6.685=+0.828$			+0.828	

对于记录表中每一页所计算的高差和高程要进行计算检核，即后视读数总和减去前视读数总和、高差总和及 B 点高程与 A 点高程之差值，这三个数字应当相等，否则计算有误。例如表 2-1中：

$$\sum a-\sum b=7.513-6.685=+0.828$$

$$\sum h=+0.828$$

$$H_B-H_A=28.182-27.354=+0.828$$

说明计算正确。

上述方法没有进行测站检核，在测站的观测粗差不能及时发现，只有当整个附合线路或闭合线路测完并完成计算后，才能知道测量成果是否正确。如果出现错误，则需全部返工重测。因此，实际测量时并不常采用这种测量方法。

2. 有测站检核的普通水准测量

为了确保每站观测高差的正确性，提高水准测量的精度，水准测量必须进行测站检核。所谓的测站检核，就是每一站进行的检核。根据不同的测站检核方法，水准测量分为两次仪器高法和双面尺法。

在四等及等外以上的水准测量中，为了提高测量精度，往往还要观测测站到前、后尺之间的视距。当前、后距离大致相当时，测量精度就较高。如果工程对测量精度要求不高，可以不测前、后视距，直接测定高差即可，这样可以减少一些工作量。下面主要介绍两次仪器高法。

在同一测站上用两次不同的仪器高测定两次高差，即第一次高差测完后，重新安置仪器，要求两次仪器高相差超过 10 cm，再次测量高差，若两次所测高差之差不超过规定(对于等外测量不超过 6 mm)，取两次测量高差的平均值作为本测站的最后高差，否则需重测。

如果用两次仪器高法进行四等及等外水准测量，其测量步骤如下：

(1) 将水准仪大致安置在前、后视中间，整平仪器，使圆水准器气泡居中。

(2) 望远镜照准后视水准尺，转动微倾螺旋，使附合水准器气泡符合后读取上、中、下丝读数。

(3) 望远镜照准前视水准尺，转动微倾螺旋，使附合水准器气泡附合后读取上、中、下丝读数。

(4) 将仪器升高或降低至少 10 cm，重新安置仪器。

(5) 望远镜照准后视水准尺，转动微倾螺旋，使附合水准器气泡附合后读取中丝读数。

(6) 望远镜照准前视水准尺，转动微倾螺旋，使附合水准器气泡附合后读取中丝读数。

测量记录与计算方式见表 2-2。

表 2-2　两次仪器高法水准测量记录手簿

观测：　　　　　　　　　　　　　　　　　　　　　　　　　　　记录：

测站		视距/m	后视读数/mm	前视读数/mm	高差/mm	高差中数/m	高程/mm	备注
1	*A*	56	1890 1992		0745 0741	+0.743	43.578	
	1	54		1145 1251				
2	1	72	2515 2401		1102 1100	+1.101		
	2	75		1413 1301				
3	29	8	2001 2114		0850 0854	+0.852		
	3	96		1151 1260				
4	3	41	1012 1142		−0601 −0603	−0.602		
	4	43		1613 1745				
5	4	79	1318 1421		−0906 −0904	−0.905		
	B	77		2224 2325			44.767	
计算校核		691	17806	15428		$\sum h=+1.189$	+1.189	
		$\sum h=\frac{1}{2}(17.806-15.428)=+1.189$						

表 2-2 是两次仪器高法水准测量的记录格式。表中每一站有两个前视读数和两个后视读数，各算得两个高差值。对于四等水准测量，其差值不得大于 5 mm。为了校核一测段全部计算有无错误，先用后视读数总和减去前视总和，得总高差（$\sum h=+1.189$ m)，然后再求所有高差中数的代数和($\sum h=1.189$ m)，用两种方法计算的总高差结果应相同。

四、成果检核与成果处理

1. 成果检核

测站检核只能检核一个测站上是否存在错误或误差超限，不能发现仪器误差、估读误差、转点位置变动、外界条件影响等导致的错误或误差超限。这些误差的影响虽然在一个测站上反映不明显，但随着测站数的增多，就会使误差积累，影响整个路线成果的精度。因此为了正确评定一条水准路线的测量成果精度，应该进行整个水准路线的成果检核。检核的方法是：将路线的观测高差值与路线的理论高差值相比较，用其差值的大小来评定路线成果的精度是否合格。

观测高差值与理论高差值之差，称为高差闭合差，用 f_h 表示，即 $f_h \sum h_{测} - \sum h_{理}$。若高差闭合差值在允许限差之内，表示路线观测结果精度合格，否则应返工重测。进行成果检核时，高差闭合差的计算因水准路线形式的不同而略有不同。

(1) 附合水准路线：　　$f_h = \sum h - (H_{终} - H_{始})$

(2) 闭合水准路线：　　$f_h = \sum h$

(3) 支水准路线：　　$f_h = |h_{往}| - |h_{返}|$

2. 成果处理

普通水准测量的成果处理就是当外业观测的高差闭合差在允许范围内时，所进行的高差闭合差调整。高差闭合差调整原则是以水准路线的测段站数或测段长度成正比，将闭合差反号分配到各测段上，并进行实测高差的改正计算。

(1) 按测站数进行高差闭合差的调整，测段高差的改正数 V_i 为：

$$V_i = \frac{-f_h}{\sum n} \cdot n_i \tag{2-5}$$

式中　$\sum n$——水准路线各测段的测站数总和；

n_i——某一测段的测站数。

(2) 按测段长度进行高差闭合差调整，测段高差的改正数 V_i 为：

$$V_i = \frac{-f_h}{\sum L} \cdot L_i \tag{2-6}$$

式中　$\sum L$——水准路线各测段的测站长度总和；

L_i——某一测段的测站长度。

技能训练 1　水准仪操作和水准测量

1. 实习目的

了解水准仪的构造，掌握水准仪的操作方法；学会水准测量的操作步骤，掌握普通水准测量的方法和技术要求；施测一闭合水准线路，并计算其闭合差。

2. 仪器工具

(1) 由测量仪器室借领：DS_3 型自动安平水准仪 1 台、水准尺 2 根、尺垫 2 个。

(2) 自备：铅笔(两支 HB)、记录板 1 块、记录纸数张。

3. 实习步骤

(1) 由实习指导教师进行直观教学，讲解水准仪各部件的名称及作用。

(2) 练习水准仪的操作，具体步骤：安置仪器→粗略整平→检查补偿装置正确性→瞄准→读数。

(3) 以小组为单位施测一闭合水准路线，其长度至少安置5～6站仪器。

(4) 人员分工：4人一组，2人司尺，1人记录，1人观测，每测一站后轮换工作。

(5) 在每一站上的操作步骤应为：仪器安置在前、后两标尺的中间位置，整平仪器；目镜对光；照准后视标尺；物镜对光；消除视差；检查补偿装置正确性；瞄准并读取中丝读数；记录员将读数记入表中。读完后视读数后，打开制动螺旋，瞄准前视标尺，按照同样的方法用中丝读取前视读数。记录员应在搬站前计算出本站所测高差之值。

(6) 按上一步骤的方法依次完成本闭合水准线路的水准测量。

(7) 记录员在进行记录时，一定要回读观测者的读数，经默认后方可记入记录表中。

(8) 观测结束后，应立即算出高差闭合差 $f_h = \sum h_i$，$f_{允} = \pm 40\sqrt{L}$ (mm)或 $f_{允} = \pm 12\sqrt{n}$ (mm)，其中 L 和 n 分别为路线长(以km为单位)和测站数。当 $f_h < f_{允}$ 时观测成果合格，否则应重测。

4. 基本要求

(1) 安置仪器时三脚架的三个脚螺旋应旋紧，三个脚腿不能分得太开，并将仪器中心连接螺旋拧紧，以防止摔坏仪器。

(2) DS_3 型水准仪为精密光学仪器，在使用过程中要按操作规程作业，并正确使用每个螺旋。转动各螺旋时要稳、轻、慢，不能用力太大。螺旋旋到头时切勿再继续旋转，否则将脱扣。

(3) 不要随便将标尺靠在树上、墙上、电线杆上，以防止标尺滑倒摔断。标尺可平放在地面上，但决不允许把标尺当坐垫或用来抬东西，也不允许坐在仪器箱上。标尺由前视尺转为后视尺时，绝对不能碰动尺垫或弄错转点位置。

(4) 仪器应安置在前、后尺的中间位置，以此减小测量误差。

(5) 扶尺者应面向仪器，双手将尺扶直，前司尺人员应选好立尺点。

(6) 中丝读数一律记四位数，从米至毫米的位上都要有数，并以毫米为单位。如0560、1200，分别表示0.56 m和1.2 m。

(7) 记录者用铅笔按规定格式做好记录，不允许用钢笔、圆珠笔做记录，记录要工整；严禁涂改、转抄原始记录。

(8) 由于刚开始测量时，观测者的测量速度较慢，故要求同学们要有耐心，做到互谅互助，齐心协力完成本次技能训练。

5. 上交资料

每人上交合格记录成果一份。

技能训练2　等外闭合水准路线测量

1. 实习目的

(1) 学会在实地如何选择测站和转点，完成一个闭合水准路线的布设。

(2) 掌握等外水准测量的外业观测方法。

(3) 掌握水准测量的闭合差调整及求出待定点高程。

2. 仪器工具

每组自动安平水准仪 1 台、水准尺 2 根、尺垫 2 个。

3. 实习任务

(1) 实验小组由 6 人组成。

(2) 每组完成一条闭合水准路线的观测任务。

(3) 根据已知点高程及各测站的观测高差,计算水准路线的高差闭合差,并检查是否超限。对闭合差进行调整,求出待定点的高程。计算记录在实验报告中。

4. 实习要点及步骤

(1) 要点:水准仪要安置在离前、后视点距离大致相等处,用中丝读取水准尺上的读数至毫米。

(2) 步骤:根据假定已知点高程,按等外水准精度要求施测,求待定点高程。

5. 注意事项

(1) 在每次读数之前,要消除视差。

(2) 在已知点和待定点上不能放置尺垫,但转点必须用尺垫;在仪器迁站时,前视点的尺垫不能移动。

6. 实习记录(表 2-3)

表 2-3 普通水准测量记录表

日期:______年____月____日　　天气:________　　仪器型号:________组号:________

观测者:____________　　记录者:________　　立尺者:____________

测点	水准尺读数/m		高差 h/mm	高差中数/mm	高程/m
	后视 a/mm	前视 b/mm			
$\sum$					
计算校核	$\sum a-\sum b=$			$\sum h=$	

思考与练习

1. 用水准仪测定 A、B 两点间高差，已知 A 点高程为 $H_A=12.369$ m，A 尺上读数为 1 432 mm，B 尺上读数为 1 086 mm，求 A、B 两点间高差 h_{AB}，B 点高程 H_B。绘图说明。

2. 水准仪上圆水准器和水准管的作用有什么不同？

3. 何谓视差？产生视差的原因是什么？视差应如何消除？

4. 水准测量中为什么要求前、后视距相等？

5. 水准测量中设置转点有何作用？在转点立尺时为什么要放置尺垫？何点不能放置尺垫？

6. 已知 $H_A=46.215$ m，$H_B=45.330$ m，计算与调整图 2-15 所示附合水准路线的闭合差。

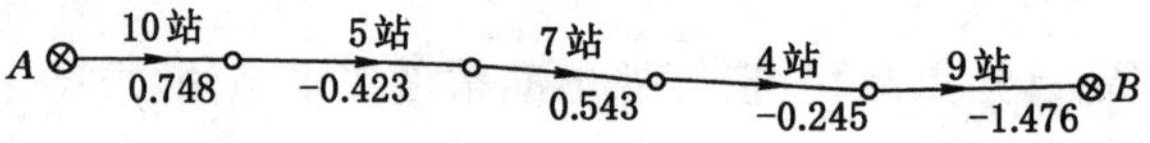

图 2-15　题 6 图

7. 完成水准测量成果表(表 2-4)，并求 B 点的高差。

表 2-4　水准测量成果表

点号	后视读数/m	前视读数/m	高差/m	高程/m
A	1.664			44.313
1	0.746	1.224		
2	0.574	1.524		
3	1.654	1.345		
B		2.221		

项目三 角度测量

任务一 角度测量原理

知识要点

水平角观测的基本原理；竖直角观测的基本原理。

技能目标

掌握水平角观测、竖直角观测的基本原理。

在确定地面点的位置时，常常要进行角度测量。角度测量分为水平角测量与竖直角测量。水平角测量用于求算点的平面位置，竖直角测量用于测定高差或者将斜距化算为水平距离。

一、水平角观测原理

如图 3-1 所示，设 A、B、C 为地面上任意三点，将三点沿铅垂线方向投影到水平面 H 上，得到相应的三个投影点 A'、B'、C'，则水平线 $B'A'$ 与 $B'C'$ 的夹角 β 即为地面 BA 与 BC 两方向线间的水平角。由此可见，地面上任意两直线间的水平角度为通过该两条直线所作的铅垂面间的二面角（或者说，任意两条直线间的水平角就是该两条直线在水平面上投影的夹角）。

为了测定水平角值，可在角顶的铅垂线上安置一架全站仪，仪器必须有一个能水平放置的刻度圆盘——水平度盘，度盘上有顺时针方向的 0°～360°的刻度，度盘的中心能放置在 B 点的铅垂线上。另外，全站仪还必须有一个能瞄准远方目标的望远镜，望远镜不但可以在水平面内转动，而且还能在铅垂面内旋转。通过望远镜分别瞄准高低不同的目标 A 和 C，其在水平度盘上相应的读数为 a 和 c，则水平角 β 即为两个读数之差，即 $\beta=c-a$。

二、竖直角观测原理

竖直角是同一竖直面内视线与水平线的夹角 α（又称垂直角），其角值为 0°～±90°。视线与向上的铅垂线的夹角称为天顶距 z，角值为 0°～180°。

目标视线在水平线以上的竖直角称为仰角，角值为正；目标视线在水平线以下的称为俯角，角值为负，如图 3-2 所示，为了测定竖直角，全站仪还必须在铅垂面内装有一个刻度盘——垂直度盘（简称竖盘）。

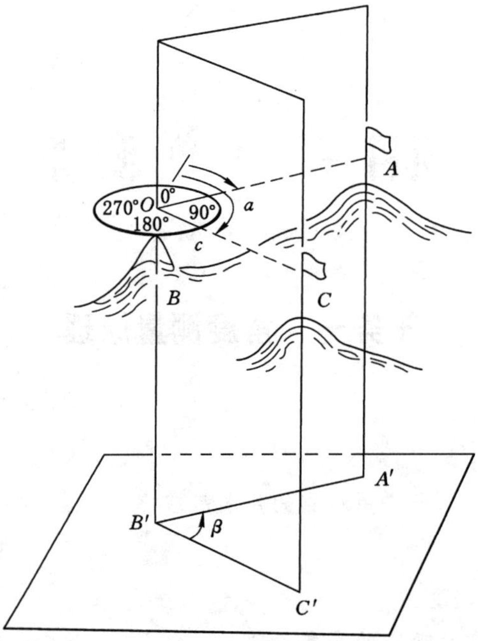

图 3-1　水平角测量原理

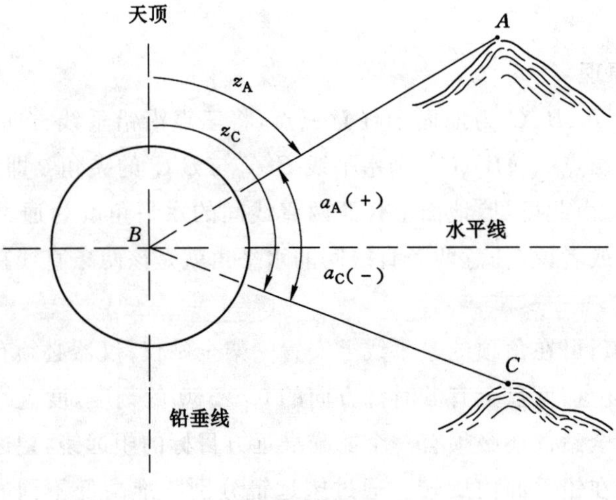

图 3-2　竖直角测量原理

竖直角与水平角一样，其角值也是度盘上两个方向读数之差。不同的是竖直角的两个方向中必有一个是水平方向。任何类型的全站仪，制作上都要求在视线水平的竖盘读数应为某一固定值（0°、90°、180°、270°四个值中的一个）。因此，在观测竖直角时，只要观测目标点一个方向并读取竖直度盘读数便可算得该目标点的竖直角，而不必观测水平方向。

任务二 经纬仪的使用

知识要点

光学经纬仪结构及读数；光学经纬仪的使用。

技能目标

掌握经纬仪的结构以及相应部件的功能；掌握经纬仪的安置、瞄准以及读数方法。

一、光学经纬仪的结构及读数

1. 光学经纬仪的结构

图 3-3 所示为 DJ_6 型光学经纬仪（南京光学仪器厂产品）的外形及外部各构件名称。

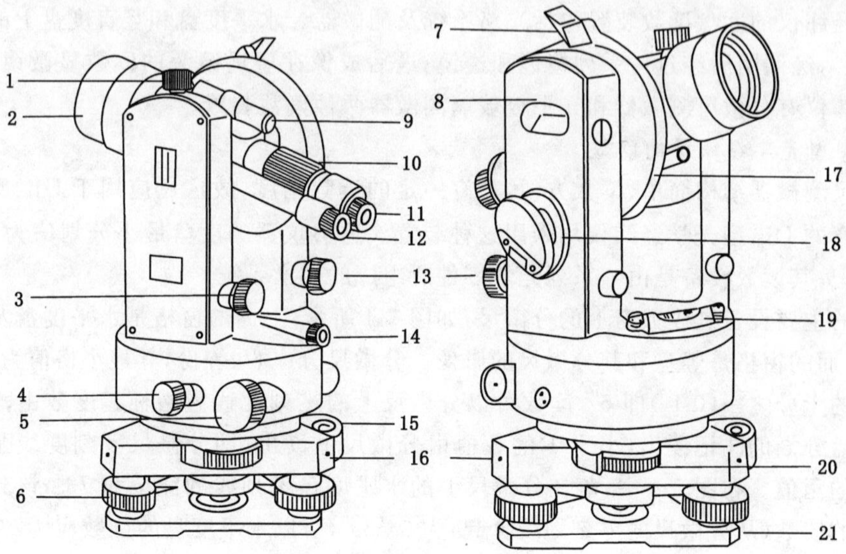

1—望远镜制动螺旋；2—望远镜物镜；3—望远镜微动螺旋；4—水平制动螺旋；5—水平微动螺旋；
6—脚螺旋；7—反光镜；8—竖盘水准管；9—瞄准器；10—物镜调焦环；11—望远镜目镜；
12—度盘读数镜；13—竖盘水准管微动螺旋；14—光学对中器；15—圆水准器；16—基座；
17—垂直度盘；18—度盘照明镜；19—水平度盘水准管；20—水平度盘位置变换轮；21—基座底板。

图 3-3 DJ_6 型光学经纬仪

(1) 基座部分

基座用于支撑整个仪器，并借助中心螺旋使经纬仪和角架结合。基座上有三个角螺旋，用来整平仪器，方法是首先根据基座上的圆水准器粗平，然后根据找准部上的水准管精平。轴座连接螺旋拧紧后，可将照准部固定在基座上，使用仪器时，切勿松动该螺旋，以免因照准部与基座分离而脱落。

（2）照准部部分

照准部的构件最多，其中有管水准器、光学对中器、支架、横轴、竖直度盘、望远镜、望远镜制动螺旋、望远镜微动螺旋、度盘读数显微镜等。

照准部的旋转轴插在竖轴轴套内旋转，其几何中心称为竖轴。照准部在水平方向转动，瞄准目标时，由水平制动螺旋和水平微动螺旋来控制。

望远镜的旋转轴为横轴，瞄准目标时，由望远镜制动螺旋和望远镜微动螺旋来控制。由于望远镜在竖直平面内转动，所以又称竖直制动螺旋和竖直微动螺旋。

（3）度盘部分

经纬仪的水平度盘和竖直度盘均由光学玻璃制成。水平度盘安装在纵轴轴套外围，其上面有 0°～360°的顺时针分划注记，用来测水平角。水平度盘不随照准部一起转动，但是可以通过转动水平度盘变换轮使其变动一个位置（在复测经纬仪上，水平度盘和照准部之间的连接是由复测器控制的）。竖直度盘以横轴为中心并与横轴固连，随望远镜一起在竖直面内转动，其上面也有 0°～360°的顺时针或逆时针刻划注记。

（4）度盘读数装置及读数方法

光学经纬仪的度盘读数装置包括光路系统及测微器。水平度盘和竖直度盘上的分划线（度盘刻度），经照明后经过一系列棱镜和透镜，最后成像在望远镜旁的读数显微镜内。DJ_6 型光学经纬仪有分微尺测微器和光平板玻璃测微器两种读数装置。

2. DJ_6 型光学经纬仪的读数

分微尺测微器结构简单、读数方便，具有一定的读数精度，故广泛应用于 DJ_6 型光学经纬仪。国产的 DJ_6 型光学经纬仪均采用这种装置。这类仪器的度盘最小分划值为 1°，顺时针方向注记，其读数设备是由一系列光学零件所组成的光学系统。

读数的主要设备是读数窗上的分微尺，如图 3-4 所示，上面的窗格是水平度盘及分微尺的影像，下面的窗格是竖盘和其分微尺的影像。分微尺分成 60 等份，其最小格值为 1′，可估读到格值的十分之一（0.1′）即 6″，读数时以分微尺上的零刻度线为指标。度数由落在分微尺上的度盘分划的注记读出，小于 1°的数值由分微尺上读出，即分微尺零刻度线至该度盘刻度线间的角值。在图 3-4 中，落在分微尺上的水平度盘刻划线的注记为 73°，该刻划线在分微尺上的读数（从分微尺的零刻划线算起）为 04′30″，所以水平度盘的读数应为73°04′30″。同理，竖直度盘的读数为 87°06′18″。

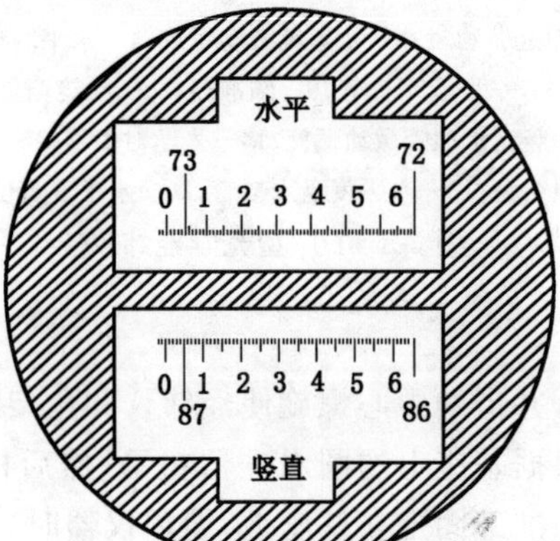

图 3-4　DJ_6 型光学经纬仪读数窗

二、光学经纬仪的使用

光学经纬仪的使用包括对中、整平、瞄准、读数，具体操作方法如下。

1. 对中

对中的目的是把仪器的纵轴安置到测站的铅垂线上，具体的做法是：按观测者的身高调整好三脚架架腿的长度（一般取三脚架架腿伸开并在一起时架头的高度在操作者肩膀和下颚之间），张开三脚架使三个脚尖的着地点大致与测站点等距离，使三脚架架头大致水平，如图 3-5 所示。从箱中取出经纬仪，放到三脚架架头上，一手握住经纬仪支架，一手将三脚架上的连接螺旋旋入基座底板。对中可用垂球或光学对中器。

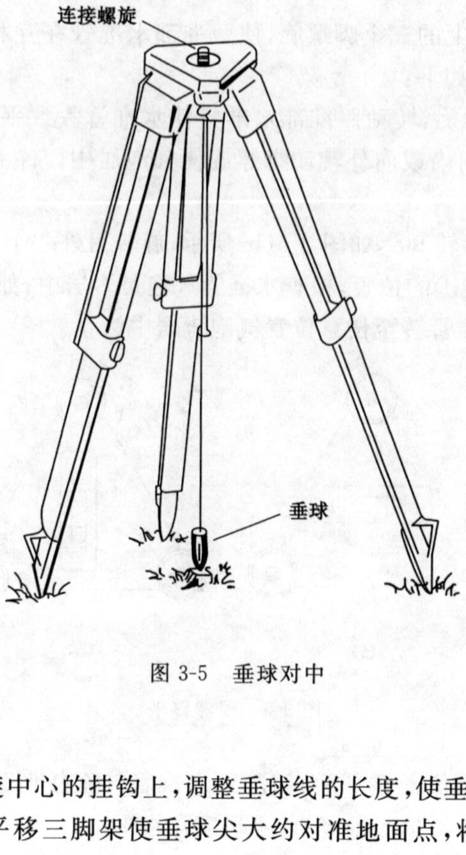

图 3-5　垂球对中

(1) 用垂球对中

把垂球挂在连接螺旋中心的挂钩上，调整垂球线的长度，使垂球尖离地面点的高度2～3 mm。如果偏差较大，可平移三脚架使垂球尖大约对准地面点，将三脚架的脚尖踩入土中（硬性地面要用力踩一下），使三脚架稳定。当垂球尖与地面点偏差不大时，可稍旋松连接螺旋，在三脚架架头上移动仪器，使垂球尖准确对准测站点，再将连接螺旋转紧。用垂球对中的误差一般应小于 3 mm。

(2) 用光学对中器对中（简称光学对中）

光学对中器是装在照准部上的一个小望远镜，光路中装有直角棱镜，使通过仪器纵轴中心的光轴由铅垂方向折射成水平方向，便于观察对中情况。光学对中的步骤如下：

① 使三脚架架头大致水平，目估初步对中。

② 转动光学对中器目镜调焦螺旋，使对中标志（小圆圈或十字）清晰，转动物镜调焦螺旋（某些仪器为伸缩目镜），使地面清晰。

③ 旋转脚螺旋使地面点的像位于对中标志中心，此时基座上的圆水准气泡已经不

居中。

④ 伸缩三脚架的相应架腿使圆水准气泡居中，再旋转脚螺旋使水准管在相互垂直的两个方向气泡都居中。

⑤ 从光学对中器中检查与地面点的对中情况，可略微松动连接螺旋做微小的平移，使对中误差小于 1 mm（如果需要做连续的平移，两次平移的方向必须互相平行或者垂直，否则就会破坏整平）。

2. 整平

整平的目的是使经纬仪的竖轴竖直、水平度盘水平，从而使横轴水平、竖直度盘位于铅垂面内。

整平工作是利用基座上的三个脚螺旋，使照准部水准管在互相垂直的两个方向上气泡都居中。整平的具体做法如下：

① 先松开水平制动螺旋，转动照准部水准管使水准管大致平行于任意两个脚螺旋，如图 3-6(a)所示，两手同时向内或向外转动脚螺旋使气泡居中。注意气泡移动方向与左手大拇指移动方向一致。

② 将照准部水准管旋转 90°，如图 3-6(b)所示，旋转另外一个脚螺旋，使气泡居中。

③ 重新使水准管回到①的位置，检查水准管气泡是否居中；如果不居中，则按上述步骤重复进行，直至照准部水准管转至任意位置气泡皆居中为止。

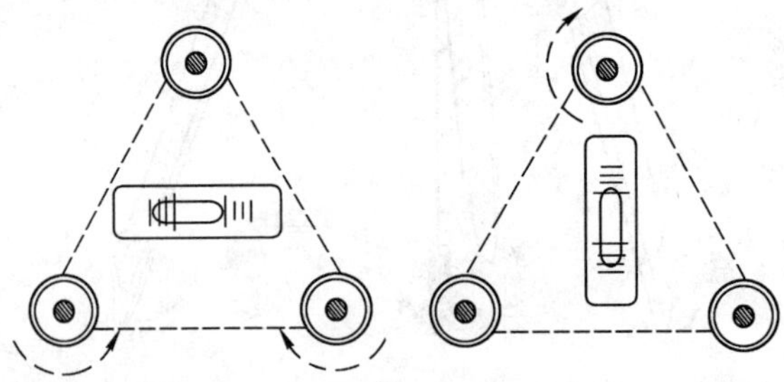

(a) (b)

图 3-6 仪器整平

如果水准管位置正确，仪器整平后，照准部水准管转至任何位置水准管气泡总是居中（允许偏差值为 1 格），则仪器的竖轴竖直、水平度盘水平。

3. 瞄准

经纬仪安置好后，用望远镜瞄准目标，首先将望远镜照准远处，调节对光螺旋使十字丝清晰；然后旋松望远镜和照准部制动螺旋，用望远镜的光学瞄准器照准目标。转动物镜对光螺旋使目标影像清晰，而后旋紧望远镜和照准部的制动螺旋。通过旋转望远镜和照准部的微动螺旋使十字丝交点对准目标，并观察有无视差；如有视差，应重新对光，予以消除。

4. 读数

打开读数反光镜，调节视场亮度，转动读数显微镜对光螺旋，使读数窗影像清晰可见。读数时，除分微尺型直接读数外，凡在支架上装有测微手轮的，均需先转动测微手轮，使双指标线或对径分划线重合后方能读数，最后将度盘读数加分微尺读数或测微尺读数，才是整个读数值。

任务三 水平角观测

知识要点

测回法观测水平角；全圆方向法观测水平角。

技能目标

掌握测回法观测水平角的观测流程与水平角计算方法；掌握全圆方向法观测水平角的观测流程与水平角计算方法。

水平角的观测方法，一般根据测量工作要求的精度、使用的仪器、观测目标的多少而定。常用的水平角观测方法有测回法和方向观测法两种。

一、测回法

测回主要是用于单角观测（即观测两个方向之间的单角）。如图 3-7 所示，B 点为测站点，需要观测出 BA、BC 两个方向线之间的水平角 β。在 B 点安置经纬仪，A、C 设立观测标志后，按下列步骤进行观测：

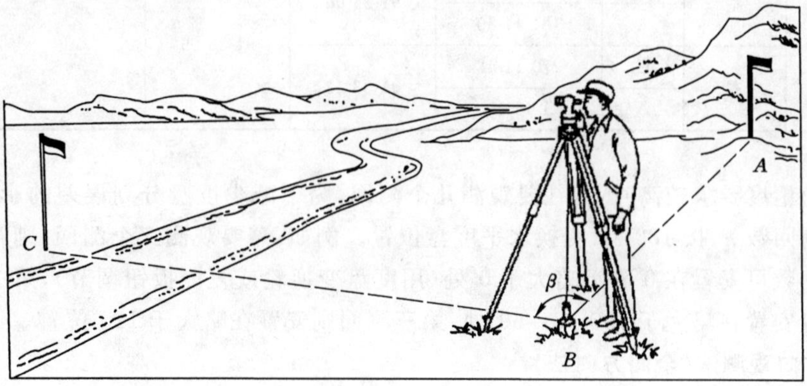

图 3-7 水平角观测

(1) 置望远镜于盘左位置（竖盘在望远镜的左边称盘左，又称正镜），精确瞄准左目标 C，读取读数 $c_{左}$。

(2) 松开照准部制动螺旋，顺时针旋转望远镜瞄准右目标 A，读取读数 $a_{左}$。这样完成了盘左半个测回的观测，又称上半测回。

上半测回的角值为：

$$\beta_{左} = a_{左} - c_{左} \tag{3-1}$$

(3) 倒转望远镜置于盘右位置（竖盘在望远镜的右边，又称倒镜），精确瞄准目标 A，读取读数 $a_{右}$。

(4) 松开照准部制动螺旋，逆时针旋转望远镜精确瞄准目标 C，读取读数 $c_{右}$，这样就完成了盘右半测回的观测（又称下半测回）。

下半测回的角值为：

$$\beta_{右}=a_{右}-c_{右} \tag{3-2}$$

用盘左、盘右两个盘位观测水平角，可以抵消仪器误差对测角的影响，同时还可以作为观测有无错误的检核。对于 DJ_6 型光学经纬仪，如果上、下半测回角度值（$\beta_{左}$ 和 $\beta_{右}$）的差数不大于 40″，则取盘左、盘右角值的平均值作为一测回的观测结果：

$$\beta=\frac{1}{2}(\beta_{左}+\beta_{右}) \tag{3-3}$$

测回法观测记录见表 3-1。

表 3-1　测回法观测手簿

测站	测回数	竖盘位置	目标	水平度盘读数	半测回角值	一测回角值	各测回平均值	备注
1	2	3	4	5 ° ′ ″	6 ° ′ ″	7 ° ′ ″	8 ° ′ ″	9
B	第一测回	左	C	00 12 00	91 33 00	91 33 15	91 33 12	草图或其他
			A	91 45 00				
		右	C	180 11 30	91 33 30			
			A	271 45 00				
B	第二测回	左	C	90 11 24	91 33 06	91 33 09		
			A	181 44 30				
		右	C	270 11 48	91 33 12			
			A	1 45 00				

当测角精度要求较高时，往往要观测几个测回，为了减少度盘分划误差的影响，各测回间应根据测回数 n，按 $180°/n$ 变换水平度盘位置。例如，需要观测三个测回，则第一测回的起始方向读数可安置在 0°附近略大于 0°处（用度盘变换轮或复测扳钮调节），第二测回起始方向读数应安置在略大于 $180°/3=60°$ 处，第三测回则安置在略大于 120°位置。

二、方向观测法（全圆方向法）

在导线测量中进行水平角观测时，在一个测站上往往需要观测两个或两个以上的角度，此时，可采用方向观测法观测水平方向值，两个相邻方向的方向值之差即为该两个方向间的水平角值。

如果观测的方向数超过三个，则依次对每个目标观测水平方向值后，还应继续向前转到第一个目标进行第二次观测，这个过程称为"归零"。此时的方向观测法因为整整旋转了一个圆周，所以又称全圆方向法。

如图 3-8 所示，设在 C 点上需要观测 A、B、D、E 四个目标的水平方向值，用全圆方向法观测水平方向的步骤和方法如下：

(1) 安置经纬仪于 C 点，先选定起始零方向 A（起始零方向的选择要求目标明亮，成像清晰、稳定），置望远镜于盘左位置，瞄准起始零方向目标 A，读取水平度盘读数 a_1。

(2) 顺时针方向转动照准部，依次瞄准 B、D、E，得相应的水平度盘读数 b_1、d_1、e_1。

(3) 为了校核，继续顺时针旋转照准部，再次瞄准起始目标 A，并读取水平度盘读数

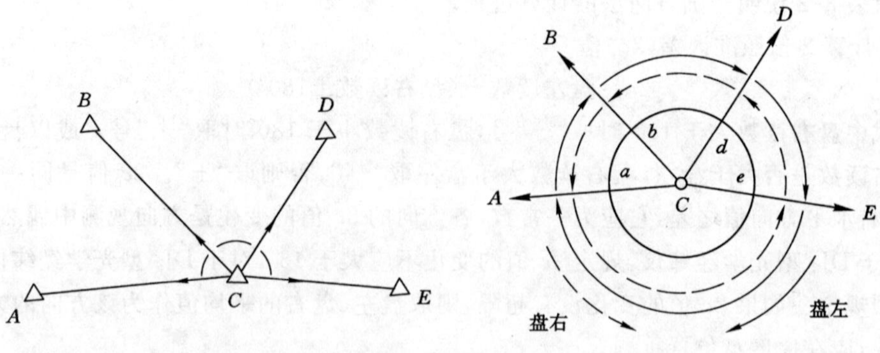

图 3-8 全圆方向法观测水平角

a'_1，此次观测称为“归零观测”；读数 a_1 与 a'_1 之差的绝对值称为“半测回归零差”。对于 DJ_6 型光学经纬仪，半测回归零差允许值为 18″。如在允许范围之内，则取 a_1 和 a'_1 的平均值作为起始零方向的方向值；如果超限则需重新观测。

(4) 倒转望远镜成盘右位置。逆时针依次瞄准目标 A、E、D、B，得相应读数 a_2、e_2、d_2、b_2。

(5) 逆时针继续旋转望远镜，再次瞄准目标 A 得读数 a'_2，a_2 与 a'_2 之差为盘右半测回的归零差，其限差同盘左，若在允许范围之内，则取其平均值作为 A 方向的盘右读数。

以上完成了全圆方向法一个测回的观测，其观测记录见表 3-2。

表 3-2 方向观测法观测手簿

测站	测回数	目标	读数 盘左 ° ′ ″	读数 盘右 ° ′ ″	2c＝左－(右±180°) ″	平均读数＝$\frac{1}{2}$[左＋(右±180°)] ° ′ ″	归零方向值 ° ′ ″	各测回归零方向值平均值 ° ′ ″
C	第一测回					(0 02 06)		
		A	0 02 06	180 02 00	＋6	0 02 03	0 00 00	
		B	51 15 42	231 15 30	＋12	51 15 36	51 13 30	
		D	131 54 12	311 54 00	＋12	131 54 06	131 52 00	
		E	182 02 24	2 02 24	0	182 02 24	182 00 18	
		A	0 02 12	180 02 06	＋6	0 02 09		
	第二测回					(90 03 32)		
		A	90 03 30	270 03 24	＋6	90 03 27	0 00 00	0 00 00
		B	141 17 00	321 16 54	＋6	141 16 57	51 13 25	51 13 28
		D	221 55 42	41 55 30	＋12	221 55 36	131 52 04	131 52 02
		E	272 04 00	92 03 54	＋6	272 03 57	182 00 25	182 00 22
		A	90 03 36	270 03 36	0	90 03 36		

如果在一个测站上的水平方向需要观测 n 个测回，则各测回间必须将水平度盘的位置按照 180°/n 进行变换。例如要观测 2 个测回，则每个测回起始零方向的水平度盘读数应分别在 0°和 90°附近；观测 3 个测回时，则分别在 0°、60°、90°附近。

现就表 3-2 说明全圆方向法的计算过程。

(1) 计算 2 倍照准误差($2c$)值

$$2c = 盘左读数 - (盘右读数 \pm 180°)$$

上式中盘右读数大于 180°时取"－"号,盘右读数小于 180°时取"＋"号。或以盘左为基准看盘右读数是否大于盘左,盘右读数大于盘左取"－",否则取"＋"。$2c$ 值是同一个方向盘左、盘右水平方向值之差,它应为一常数,各方向的 $2c$ 值的变化是方向观测中偶然误差的反映,对于 DJ_2 型光学经纬仪,规定 $2c$ 值的变化不应大于 13″;对于 DJ_6 型光学经纬仪,规范没有此项规定。如果 $2c$ 值的变化没有超限,则取盘左、盘右的平均值作为该方向的方向值。如果超限,应在原度盘位置重测。

(2) 计算各方向的平均读数

$$平均读数 = \frac{1}{2}[盘左读数 + (盘右读数 \pm 180°)]$$

此项计算结果为方向值。起始方向有两个平均方向值,应将此两个数值再次平均,所得的值作为起始方向的方向值,并用括号加以区别。

(3) 计算归零后的方向值

将各方向的平均读数减去起始方向的平均读数(括号内),即得各方向的归零方向值。起始方向的归零方向值为零。

(4) 计算各个测回归零后方向值的平均值

取各测回同一方向归零后的方向值的平均值作为该方向的最后结果。在计算平均值以前,应计算各测回同一方向归零后的方向值之间的差数有无超限,如果超限,则应重测。

(5) 计算个目标间的水平角值

将相邻的两个方向值相减即可求得。

全圆方向法观测水平方向时的各项限差规定列于表 3-3。

表 3-3　全圆方向观测法的各项限差

经纬仪	半测回归零差/(″)	$2c$ 值变化范围/(″)	同一方向各测回互差/(″)
DJ_2	8	13	9
DJ_6	18	—	24

任务四　垂直角观测

知识要点

垂直角与指标差的计算;垂直角的观测方法。

技能目标

掌握垂直角与指标差的计算方法;掌握垂直角的观测方法。

一、垂直角公式的建立

垂直度盘注记形式不同，则根据垂直度盘读数计算垂直角的公式也不同。图 3-9 所示为常见的天顶式顺时针注记。盘左时，视线水平的垂直度盘读数为 $L_0=90°$；盘右时，视线水平的垂直度盘读数为 $R_0=270°$。

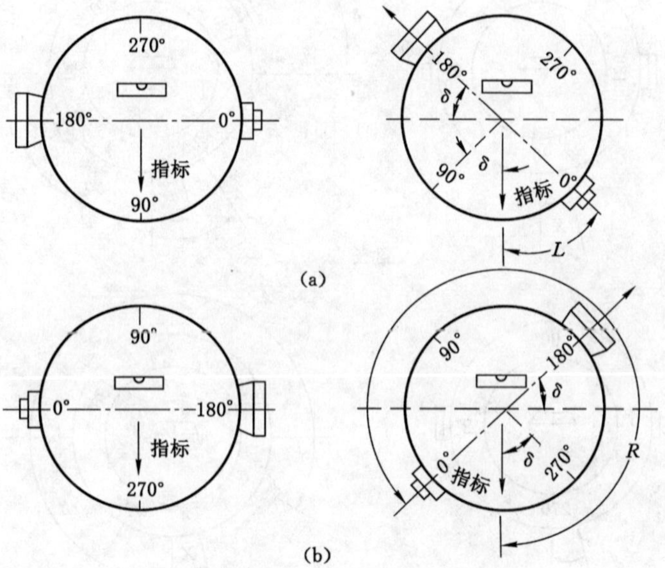

图 3-9 顺时针注记垂直度盘

当望远镜向上（或者向下）瞄准目标时，垂直度盘也随之一起转动了同样的角度，因此，瞄准目标时的垂直度盘读数与视线水平时的垂直度盘读数之差就是所求的垂直角。

设盘左的垂直角为 $\delta_{左}$，瞄准目标时的竖盘读数为 L；盘右的垂直角为 $\delta_{右}$，瞄准目标时的竖盘读数为 R，则垂直角的计算公式为：

$$\begin{cases}\delta_{左}=90°-L=\delta_L\\ \delta_{右}=R-270°=\delta_R\end{cases} \tag{3-4}$$

由于存在测量误差，所以通常情况下 δ_L 和 δ_R 不相等，取一测回的角值作为最终的结果。一测回的角值为：

$$\delta=\frac{1}{2}(\delta_L+\delta_R) \tag{3-5}$$

同理，当竖盘刻划为天顶式逆时针注记时，垂直角的计算公式为：

$$\begin{cases}\delta_{左}=L-90°=\delta_L\\ \delta_{右}=270-R=\delta_R\end{cases} \tag{3-6}$$

从上面的分析可以看出，竖盘的注记形式不同，垂直角的计算公式也不一样。所以在使用全站仪观测垂直角之前应先判断该全站仪的竖盘注记方式。其方法如下：安置好仪器并使望远镜上仰时，若竖盘读数小于 90°，则竖盘刻度为顺时针注记；若竖盘读数大于 90°，则竖盘刻度为逆时针注记。

二、竖盘指标差

从以上介绍竖盘构造及垂直角计算公式中可知：理想情况下，望远镜的视线水平时，垂直角为零，竖盘读数应为 0°或 90°的整数倍。但是，竖盘水准管与竖盘读数指标的关系不正确，使视线水平时竖盘读数与应有读数（90°的整数倍）有一个小的角度差 X，称为指标差。如图 3-10 所示，由于指标差 X 的存在，则垂直角的计算公式应改为：

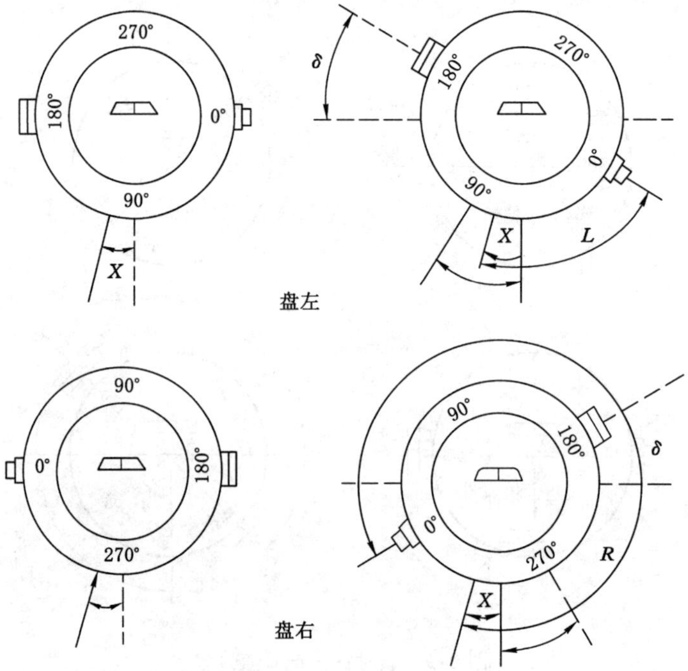

图 3-10　竖盘指标差

盘左时： $$\delta=(90^\circ+X)-L \tag{3-7}$$

盘右时 ： $$\delta=R-(270^\circ+X) \tag{3-8}$$

将式(3-4)的两个式子分别代入式(3-7)和式(3-8)，得：

$$\delta=\delta_L+X \tag{3-9}$$

$$\delta=\delta_R-X \tag{3-10}$$

此时 δ_L 和 δ_R 已不再是正确的垂直角。

将式(3-9)和式(3-10)相加并除以 2，得：

$$\delta=\frac{1}{2}(\delta_L+\delta_R) \tag{3-11}$$

此式与式(3-5)完全相同。可见在垂直角观测中，用正、倒镜观测取其平均值可以消除竖盘指标差的影响，从而提高观测质量。

将式(3-9)和式(3-10)两式相减，可得：

$$X=\frac{1}{2}(\delta_R-\delta_L) \tag{3-12}$$

对于顺时针的竖盘注记形式，将式(3-4)代入上式即得：

$$X=\frac{1}{2}(R+L-360^\circ) \tag{3-13}$$

指标差 X 可用来检查垂直角观测质量，同一个测站上观测不同目标时，指标差的变动范围：对于 2″级全站仪来说不应超过 20″。

三、垂直角观测

垂直角观测前应看清竖盘的注记形式，先确定垂直角的计算公式。

垂直角观测时，要利用十字丝横丝切准目标的特定部位，如标杆的顶部或标尺上的某一明显部位。其具体观测方法如下：

(1) 仪器安置于测站点上，用钢卷尺量出仪器的高度(地面桩顶到望远镜旋转轴的高度)。

(2) 置望远镜于盘左位置，用十字丝横丝精确地切准目标的某一明显部位，调节竖盘指标水准管微动螺旋，使水准管气泡居中，读取竖盘读数 L，记入观测手簿。

(3) 旋转望远镜，置望远镜于盘右，再次瞄准该目标的同一明显部位。调节竖盘指标水准管气泡居中，读取竖盘读数 R，记入观测手簿。

(4) 计算垂直角。垂直角 δ 是水平起始读数与观测目标的读数之差。但是哪个是减数，哪个是被减数，应按竖盘注记的形式来确定。为此，观测前必须建立适当的垂直角公式。表 3-4 是垂直角的观测、计算实例。

表 3-4　垂直角观测手簿

测站	目标	竖盘位置	竖盘读数 ° ′ ″	半测回垂直角 ° ′ ″	竖盘指标差 ″	一测回垂直角 ° ′ ″	备注
P	A	左	81 18 42	+8 41 18	+6	+8 41 24	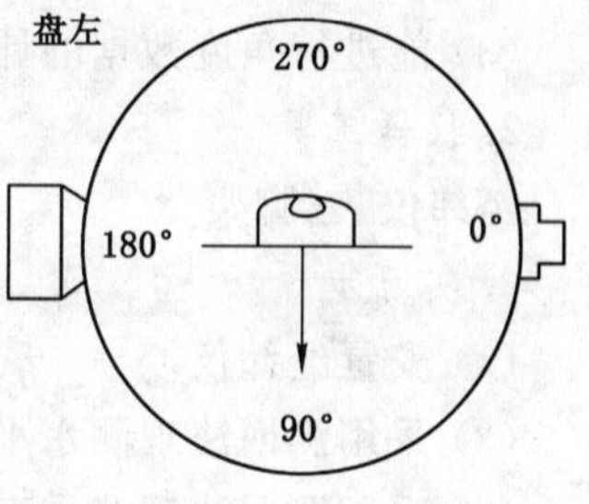
		右	278 41 30	+8 41 30			
	B	左	124 03 30	−34 03 30	+12	−34 03 18	
		右	235 56 54	−34 03 06			

通过表 3-4 的计算可见，对于同一目标，盘左、盘右测得垂直角之差称为“2 倍指标差”。用同一台仪器在某一时间段内连续观测，竖盘指标差应该为固定值，但观测误差的存在，使 2 倍指标差有所变化，计算时，需算出该数值，以检查观测成果的质量。

技能训练 3　经纬仪的使用

1. 实习目的

(1) 掌握经纬仪的结构。

(2) 熟练掌握经纬仪的对中、整平。

(3) 掌握经纬仪的瞄准方法。

(4) 掌握经纬仪的读数方法。

2. 仪器工具

经纬仪、三脚架。

3. 实习步骤

(1) 认识经纬仪的结构。

(2) 安置经纬仪。

(3) 瞄准目标。

(4) 读取度盘读数。

4. 技能考核

通过实习操作完成经纬仪的整平与对中练习，并且进行技能考核，其中：

(1) 优秀，操作时间小于 3 min，脚螺旋位于中部，长气泡偏离小于 1 格，仪器安置稳固。

(2) 良好，操作时间小于 5 min，脚螺旋基本位于中部，长气泡偏离小于 1 格，仪器安置稳固。

(3) 合格，操作时间小于 8 min，脚螺旋基本位于中部，长气泡偏离小于 1 格，仪器安置基本稳固。

技能训练 4 角度测量

1. 实习目的

(1) 会使用测回法进行水平角观测。

(2) 会使用测回法进行垂直角观测。

(3) 能进行角度数据的计算与处理。

2. 仪器工具

经纬仪、三脚架。

3. 实习步骤

(1) 安置经纬仪。

(2) 采用测回法观测水平角并记录观测数据。

(3) 采用测回法观测垂直角并记录观测数据。

(4) 观测数据的整理与检核。

4. 提交成果

(1) 测回法观测水平角数据记录手簿，见表 3-5。

表 3-5 水平角观测手簿

测站	盘位	目标	水平度盘读数/(° ′ ″)	水平角	
				半测回值/(° ′ ″)	一测回值/(° ′ ″)

(2) 测回法观测竖直角数据记录手簿，见表 3-6。

表 3-6 竖直角观测手簿

测站	目标	竖盘位置	竖盘度数/(° ′ ″)	半测回值/(° ′ ″)	指标差/(″)	一测回竖直角/(° ′ ″)	备注

(3) 角度测量实训报告。

思考与练习

1. 角度测量中包括哪些内容？角度测量的主要作用是什么？

2. 经纬仪由几大部分组成？经纬仪的制动螺旋和微动螺旋各有何作用？如何使用微动螺旋？

3. 观测水平角时，为什么要进行对中和整平？简述光学经纬仪对中和整平的方法。

4. 试分述测回法和方向法观测水平角的步骤。

5. 观测水平角，如需要观测两个以上测回时，为什么各测回间要变换度盘位置？若测回数为 4，则各测回的起始读数应如何变换？

6. 观测水平角和竖直角有哪些相同和不同之处？应如何判断竖直角计算公式？

7. 整理水平角观测记录(表 3-7)，并计算出最终的角度。

表 3-7 水平角观测记录

测站	测回数	盘位	目标	水平度盘读数/(° ′ ″)	水平角			草图
					半测回值/(° ′ ″)	一测回值/(° ′ ″)	平均值/(° ′ ″)	
O	1	左	A	0 12 00				
			B	91 45 00				
		右	A	180 11 30				
			B	271 45 00				
	2	左	A	90 11 48				
			B	181 44 54				
		右	A	270 12 12				
			B	1 45 12				

8. 整理竖直角观测记录(表 3-8)，并计算出最终的角度。

表 3-8　竖直角观测记录

测站	目标	竖盘位置	竖盘度数/(° ′ ″)	半测回值/(° ′ ″)	指标差/(″)	一测回竖直角/(° ′ ″)	备注
O	*A*	左	98 45 06				竖盘为顺时针注记
		右	261 15 30				
	B	左	59 29 48				
		右	300 29 48				

项目四　距离测量与全站仪的使用

任务一　距离测量

知识要点

距离测量方法的分类；不同距离测量方法的适用条件和优缺点。

技能目标

掌握不同距离测量方法的测量原理；掌握不同距离测量方法使用的仪器和适用条件。

距离测量是确定地面点位置的基本测量工作之一。常用的距离测量方法有钢尺量距、视距测量、电磁波测距等。钢尺量距是用可以卷起来的钢尺沿地面丈量，属于直接量距；视距测量是利用水准仪望远镜中的视距丝及视距标尺按几何光学原理测量距离；电磁波测距是用仪器发射及接收光波（红外光、激光）或微波，按其传播速度及时间测定距离，属于物理测距。后两者属于间接测距。

钢尺量距工具简单，但易受地形限制，适用于平坦地区的测距，丈量较长距离时，工作繁重；皮尺也可用于量距，携带和使用都很方便，但其精度不高。视距测量充分利用了测量望远镜的性能，能克服地形障碍，工作方便，但其测距精度一般低于直接丈量，且测距精度随距离的增大而降低，适合于低精度的近距离测量（200 m 以内）。电磁波测距仪器先进，工作简便，测距精度高，测程远，但近年来也正在向近距离的细部测量普及，例如有很轻便的手持激光测距仪等用于近距离室内测量。因此，各种测距方法适合于不同的现场具体情况及不同的测距精度要求。

一、钢尺量距

（一）量距工具

1. 钢尺

钢尺，是用钢制成的带状尺，尺的宽度一般为 10～15 mm，厚度约 0.4 mm，长度有 30 m、50 m 等数种。钢尺可以卷放在圆形的尺壳内，也有卷入在金属的尺架上的，如图 4-1(a)所示。

钢尺的基本分划为厘米，每分米及每米处刻有数字注记，全长都刻有毫米分划，如图 4-1(b)所示。

2. 其他辅助工具

丈量的辅助工具有标杆、测钎、垂球等，精密量距时，还需要有弹簧秤和温度计。标杆用于定直线；测钎用于标定尺段；垂球用于不平坦地面将尺的端点投影到地面；弹簧秤用于对

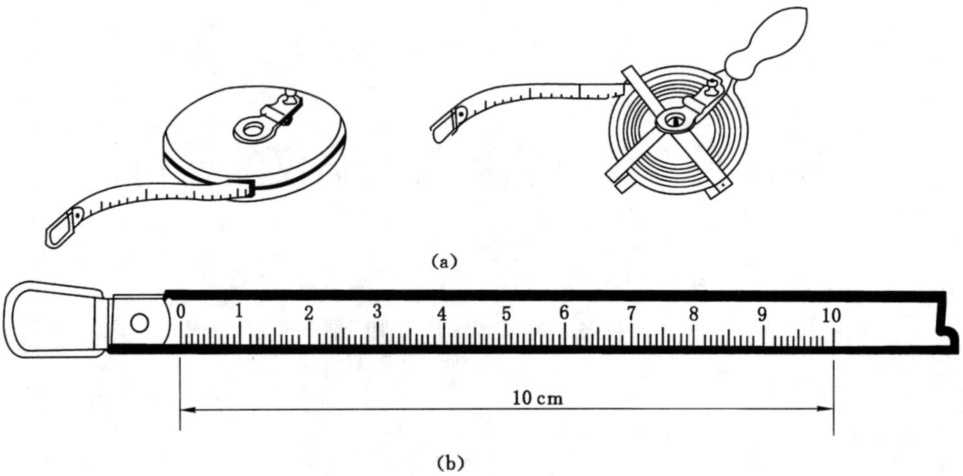

图 4-1　钢尺

钢尺施加一定的拉力;温度计用于测定钢尺丈量时的温度,以便对钢尺的长度进行改正。

（二）直线定线

地面上两点之间距离较远时,用卷尺一次(一尺段)不能量完,这时,就需要在直线方向上标定若干点,使它们在同一直线上,这项工作称为直线定线。一般情况下,可用标杆目测定线,对于较远距离,需用经纬仪来定线。直线定线还包括延长某一直线。

1. 两点间目测定线

如图 4-2 所示,设 A、B 两点互相通视,要在 A、B 两点间的直线上标出 1、2 等点。先在 A、B 点上竖立标杆,甲站在 A 点标杆后约 1 m 处,指挥乙左、右移动标杆,直到甲从 A 点沿标杆的同一侧看到 A、2、B 三支标杆在一条直线上为止。同法可以定出直线上的其他点。两点间定线,一般应由远到近,即先定 1 点,再定 2 点。定线时,乙所持标杆应竖直,利用食指和拇指夹住标杆的上部,稍微提起,利用重心在手指下使标杆自然竖直。此外,为了不挡住甲的视线,乙持标杆站立在直线方向的左侧或右侧。

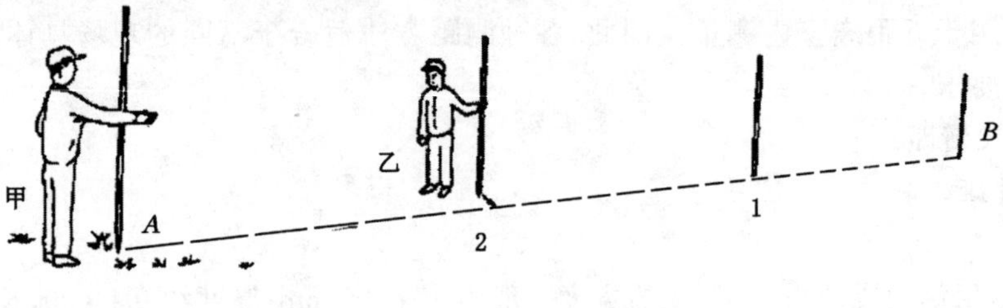

图 4-2　目测定线

2. 用经纬仪定线

A、B 两点互相通视，安置经纬仪于 A 点，经过对中、整平后，用望远镜纵丝瞄准 B 点，制动照准部，望远镜可以上、下转动，指挥在两点间某一点上的助手左、右移动标杆，直至标杆像被纵丝所平分。精密定线时，标杆可以用直径更小的测钎或垂球线所代替。

（三）距离丈量

用钢尺或皮尺进行距离丈量的方法基本上是相同的，以下介绍用钢尺丈量距离的方法。

钢尺量距一般需要三人，分别担任前尺手、后尺手及负责记录工作。在地势起伏较大地区或行人、车辆众多地区丈量时，还应增加辅助人员。丈量的方法随地面情况而有所不同。

1. 平坦地面的丈量方法

如图 4-3 所示，丈量前，先在直线两端点 A、B 处竖立标杆。丈量时，后尺手甲拿着钢尺的末端站立在起点 A，前尺手乙拿着钢尺零点一端和一束测钎沿直线方向前进，到一尺段（钢尺的长度）时，两人都蹲下，甲指挥乙将钢尺拉在 AB 直线上，不使钢尺扭曲，乙拉紧钢尺后喊“预备”，甲把尺的末端分划对准起点 A 并喊“好”，乙在听到“好”的同时，把测钎对准钢尺零点刻划垂直地插入地面（如果地面插不下测钎，也可用测钎或铅笔在地面上画线做记号），这样就完成了第一尺段的丈量。甲、乙两人抬尺前进，甲到达测钎或画记号处停住，两人再蹲下，重复上述操作，量完第二段。甲拔起地上的测钎，依次前进，直到 AB 直线的最后一段，该段距离不会刚好是整尺段的长度，称为余长。丈量余长时，乙将尺的零点刻划对准 B 点，甲在钢尺上读取余长值，则 A、B 两点间的水平距离为：

$$D_{AB}=n\times \text{尺段长}+\text{余长} \tag{4-1}$$

式中，n 为整尺段数。

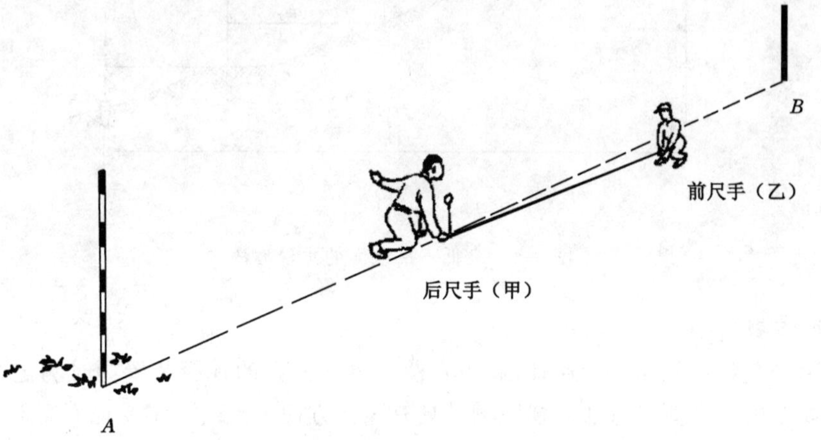

图 4-3 平坦地面的丈量方法

在平坦地面，钢尺沿地面丈量的结果就是水平距离。

为了防止错误和提高丈量精度，需要往、返丈量，把往、返丈量所得距离的差数除以该距离的概值，称为丈量的相对精度，或称相对误差。

例如，A、B 的往测距离为 174.89 m，返测距离为 174.84 m，则丈量的相对精度为：

$$\frac{\text{往测}-\text{返测}}{\text{距离概值}}=\frac{174.89-174.84}{175}=\frac{0.05}{175}=\frac{1}{3\ 500}$$

在计算相对精度时，往、返差数取其绝对值，并化成分子为1的分式。相对精度的分母越大，说明量距的精度越高。钢尺量距的相对精度一般不应低于1/3 000。量距的相对精度没有超过规定，可取往、返结果的平均值作为两点间的水平距离 D。

2. 高低不平地面的丈量方法

当地面高低不平时，为了能量得水平距离，前、后尺手同时抬高并拉紧尺子，使尺悬空，并保持大致水平（如为整尺段，则中间应有一人将尺托平），用垂球把尺子端点投影到地面上，用测钎等做出标记，如图4-4(a)所示。分别量得各段水平距离 d_i，然后取总和，得到 A、B 两点间的水平距离 D。这种方法称为水平钢尺法。

当地面高低不平并向一个方向倾斜时，可只抬高尺子的一端，用垂球投影，如图4-4(b)所示。

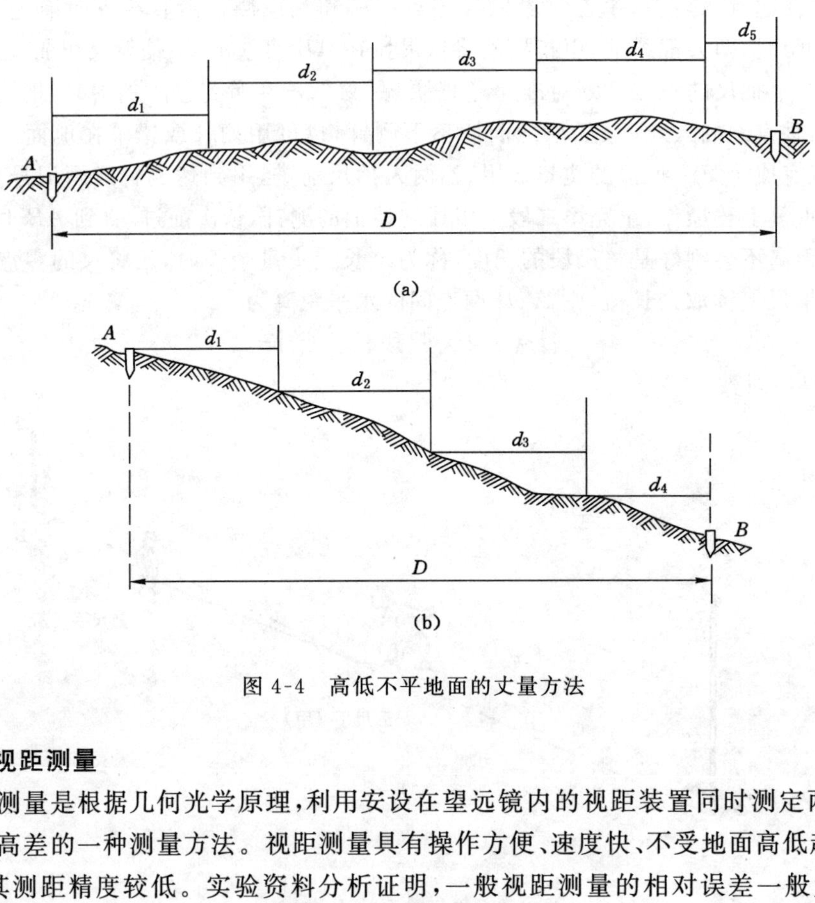

图4-4　高低不平地面的丈量方法

二、视距测量

视距测量是根据几何光学原理，利用安设在望远镜内的视距装置同时测定两点间的水平距离和高差的一种测量方法。视距测量具有操作方便、速度快、不受地面高低起伏限制等优点，但其测距精度较低。实验资料分析证明，一般视距测量的相对误差一般为1/200～1/300。因此，如测距精度要求较低时，可采用视距测量。

在一般测量仪器（经纬仪、水准仪等）的望远镜内都有视距装置。这种装置较为简单，就是在十字丝分划板上刻有上、下对称的两条短横线，称为视距丝。

视距测量中有专用的视距标尺，也可用水准尺代替。为了能测较远的距离，经常采用的是5 m塔尺。为便于测远距离时读数方便，还可采用2 cm分划的标尺。

如图4-5所示，欲测定 A、B 两点间的水平距离 S 及高差 h，在 A 点安置仪器，B 点竖立视距标尺。望远镜视准轴水平时，照准 B 点时的视距标尺，视线与标尺垂直交于 Q 点。

若尺上 M、N 两点成像在十字丝分划板上的两根视距丝 M、N 处，则标尺上 MN 长度可由上、下视距丝读数之差求得。上、下视距丝读数之差称为尺间隔。

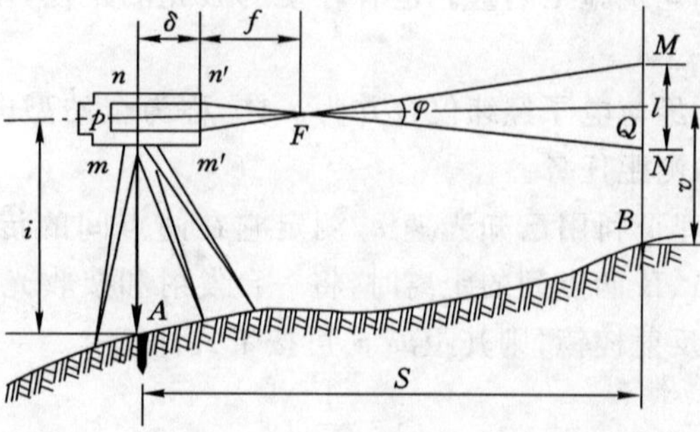

图 4-5 视准轴水平时的视距测量

图 4-5 中，l 为尺间隔，p 为视距丝间距，f 为物镜焦距，δ 为物镜到仪器中心的距离。由相似$\triangle mnF$ 与$\triangle MNF$ 得：

$$\frac{FQ}{l}=\frac{f}{p}$$

即

$$FQ=\frac{f}{p}\cdot l$$

由图 4-5 可以看出： $S=FQ+f+\delta$

令

$$\frac{f}{p}=K$$

$$f+\delta=c$$

则

$$S=Kl+c \tag{4-2}$$

式中，K 为乘常数；c 为加常数。

目前测量常用的望远镜，在设计制造时已使 $K=100$。对于常用的内对光测量望远镜来说，若适当地选择透镜的半径，透镜间的距离以及物镜到十字丝平面的距离就可以使 c 趋近于零。因此，式(4-2)可写成：

$$S=Kl=100l \tag{4-3}$$

因目前常用的测量仪器上的望远镜都是内对光的，故在以后有关的视距问题讨论中，是以 $c=0$ 为前提来分析的。

三、光电测距

（一）光电测距原理

光电测距是用电磁波（光波或微波）作为载波传输测距信号以测量两点间距离的一种方法。与传统的量距工具和方法相比，光电测距具有精度高、作业快、几乎不受地形限制等优点。

光电测距的仪器按其所采用的载波可分为：① 用微波段的无线电波作为载波的微波测距仪；② 用激光作为载波的激光测距仪；③ 用红外光作为载波的红外光测距仪（通称红外

测距仪）。后两者又统称为光电测距仪。微波测距仪和激光测距仪多用于长程测距，测程可达数十千米，一般用于大地测量。红外测距仪用于中、短程测距，一般用于小地区控制测量、地形测量、房地产测量和建筑施工测量。也有轻便的激光测距仪，用于较短距离测量，如室内量距。

目前，光电测距仪已经与电子经纬仪合并为一体，称为全站型电子速测仪，简称为全站仪，它能同时完成测角和测距任务。

光电测距的基本原理是利用已知光速 c，测定它在两点间的传播时间 t，以计算距离。如图 4-6 所示，欲测定 A、B 两点间的距离时，将一台发射和接收光波的测距仪主机放在一端 A 点，另一端点 B 放反射棱镜，则其距离 S 可按下式计算：

$$S=\frac{1}{2}ct \tag{4-4}$$

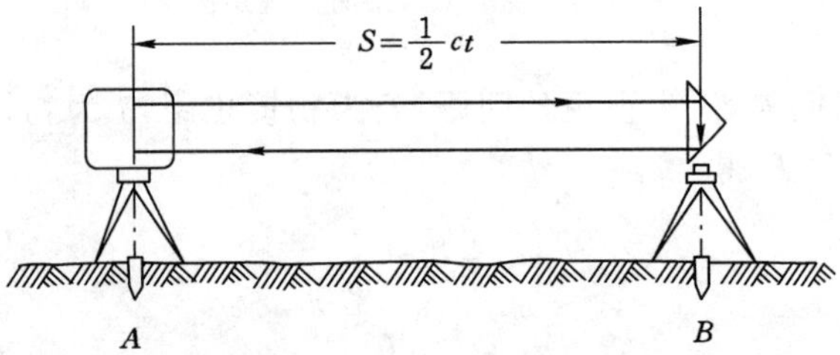

图 4-6　光电测距的原理

实际测量时 A、B 点一般并不同高，光电测距测定的为斜距 S。再通过垂直角观测，将斜距归算为平距 D 和高差 h。光在真空中的传播速度（光速）为一个重要的物理量，通过近代的科学实验，迄今所知的光速的精确数值为 $c_0=(299\ 792\ 458\pm1.2)$ m/s。

（二）光电测距的精度分析和注意事项

1. 光电测距的精度

根据以上对光电测距误差来源的分析知道，有一部分误差（如测相误差等）对测距的影响与距离的长短无关，称为常误差（固定误差），表示为 a；而另一部分误差（如气象参数测定误差等）对测距的影响与斜距的长度 S 成正比，称为比例误差，其比例系数为 b。因此，光电测距的中误差 m_s（又称测距仪的标称精度）可以下式表示：

$$m_s=\pm(a+bS) \tag{4-5}$$

上式中，比例系数 b 一般以百万分率表示，即 b 的单位为“mm/km”。例如，测距仪的测距中误差为±(5 mm+5 ppm)，1 ppm$=10^{-6}$，即相当于上式中 $a=5$ mm，$b=5$ mm/km，此时，S 的单位为“km”。

2. 光电测距的注意事项

(1) 在运输和携带中，要防震、防潮；在装卸和操作中，要连接牢固，电源插接正确，严格按操作程序使用仪器；搬站时，仪器必须装箱。

(2) 在有阳光的天气，必须撑伞保护仪器；在通电作业时，严防阳光及其他强光直射接收物镜，避免损坏接收系统中的光敏二极管。

(3) 设置测站时，要避免强电磁场的干扰，不宜在变压器、高压线附近设站。

(4) 气象条件对光电测距有较大的影响。在强烈的阳光下而视线又靠近地面时，往往使望远镜中成像晃动剧烈，此时应停止观测；在高温(35 ℃以上)天气下连续作业对仪器有损害；微风的阴天是观测的良好时机。

任务二　全站仪的使用

知识要点

全站仪的功能；全站仪的构造；全站仪的基本测量方法。

技能目标

掌握全站仪的构造与功能；掌握全站仪的基本测量操作流程。

全站仪一般均具有角度(水平角、垂直角)测量、距离(斜距、平距、高差)测量、三维坐标测量、导线测量、交会测量、断面测量等基本功能。

一、全站仪的构造

目前主流全站仪品牌主要有瑞士徕卡(Leica)、美国天宝(Trimble)、日本拓普康(Topcon)、中国南方(South)等。下面以中国产的南方全站仪为例说明全站仪的各个部件。图 4-7 所示为南方 NTS-370 系列全站仪外形，该仪器能自动进行水平和垂直倾斜改正。

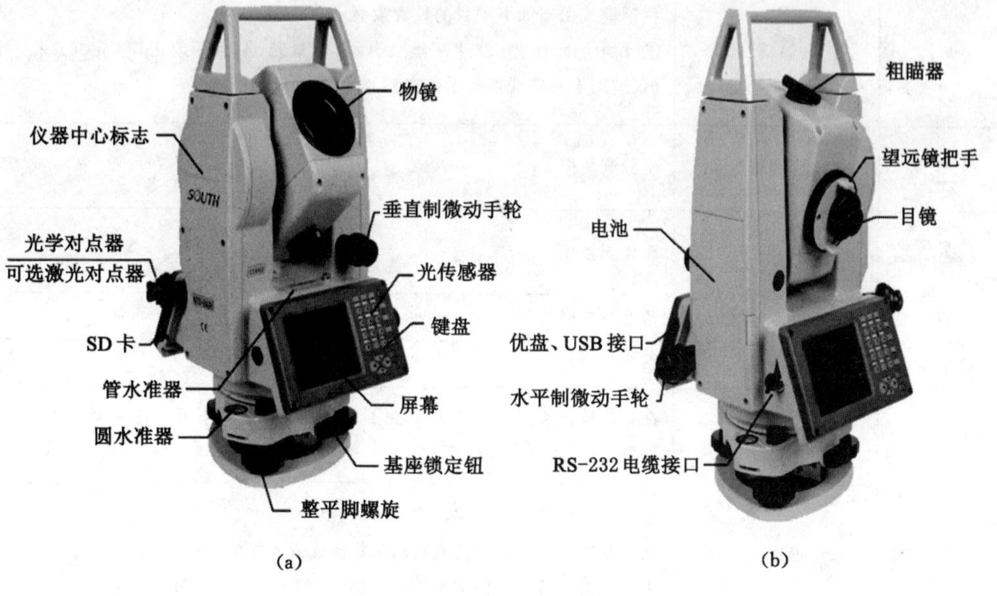

图 4-7　南方 NTS-370 系列全站仪外形及各部件名称

全站仪均有两面操作按键及显示窗，图 4-8 所示为南方 NTS-370 系列全站仪显示屏及按键。

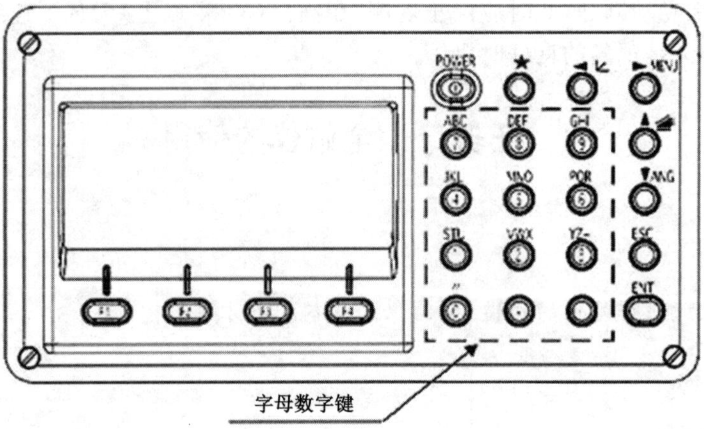

图 4-8　南方 NTS-370 系列全站仪显示屏及按钮

二、全站仪按键名称与功能

全站仪按键名称与功能见表 4-1，角度测量模式见表 4-2，距离测量模式见表 4-3，坐标测量模式见表 4-4。

表 4-1　全站仪按键名称与功能

按键	名称	功能
★	星键	星键模式用于如下项目的设置或显示： ① 显示屏对比度；② 十字丝照明；③ 背景光；④ 倾斜改正；⑤ 定线点指示器(仅适用于有定线点指示器类型)；⑥ 设置音响模式
	坐标测量键	坐标测量模式
	距离测量键	距离测量模式
ANG	角度测量键	角度测量模式
POWER	电源键	电源开关
MENU	菜单键	在菜单模式和正常测量模式之间切换，在菜单模式下可设置应用测量与照明调节、仪器系统误差改正
ESC	退出键	返回测量模式或上一层模式； 从正常测量模式直接进入数据采集模式或放样模式； 也可用作正常测量模式下的记录键
ENT	确认输入键	在输入值末尾按此键
F1～F4	软键(功能键)	对应于显示的软键功能信息

表 4-2　角度测量模式

页数	软键	显示符号	功能
1	F1	置零	水平度盘置为 0°00′00″
	F2	锁定	水平角读数锁定
	F3	置盘	通过键盘输入数字设置水平角
	F4	P1	显示第 2 页软键功能
2	F1	倾斜	设置倾斜改正开或关，若选择开，则显示倾斜改正值
	F2	复测	角度重复测量模式
	F3	V%	竖直角百分比坡度(%)显示
	F4	P2	显示第 3 页软键功能
3	F1	H-蜂鸣	仪器每转动水平角 90°，是否要发出蜂鸣声的设置
	F2	R/L	水平角右/左计数方向的切换
	F3	竖盘	竖直角显示格式(高度角/开顶距)的切换
	F4	P3	显示第 1 页软键功能

表 4-3　距离测量模式

页数	软键	显示符号	功能
1	F1	测量	启动测量
	F2	模式	设置测距模式：精测/粗测/跟踪
	F3	S/A	设置音响模式、设置棱镜常数、设置大气改正值等
	F4	P1	显示第 2 页软键功能
2	F1	偏心	偏心测量模式
	F2	放样	放样测量模式
	F3	m/f/i	米、英尺或者英尺、英寸单位的转换
	F4	P2	显示第 1 页软键功能

表 4-4　坐标测量模式

页数	软键	显示符号	功能
1	F1	测量	开始测量
	F2	模式	设置测量模式：精测/粗测/跟踪
	F3	S/A	设置音响模式、设置棱镜常数、设置大气改正值等
	F4	P1	显示第 2 页软键功能
2	F1	镜高	输入棱镜高
	F2	仪高	输入仪器高
	F3	测站	输入测站点(仪器点)坐标
	F4	P2	显示第 3 页功能

表 4-4(续)

页数	软键	显示符号	功能
3	F1	偏心	偏心测量模式
	F2	放样	放样测量模式
	F3	m/f/i	米、英尺或者英尺、英寸单位的转换
	F4	P1	显示第 1 页软键功能

三、全站仪的基本测量操作流程

1. 角度测量

(1) 开机设置好读数指数后，按“ANG”键也可进入角度测量模式。按“ANG”键，使全站仪处于角度测量模式，照准第一个目标 A。设置 A 方向的水平度盘读数为 0°00′00″。

(2) 照准第二个目标 B，此时显示的水平度盘读数即为两方向间的水平夹角。

2. 距离测量

当全站仪在开机状态，按“◢”键后即进入距离测量模式，其显示屏如图 4-9 所示。距离测量的步骤如下：

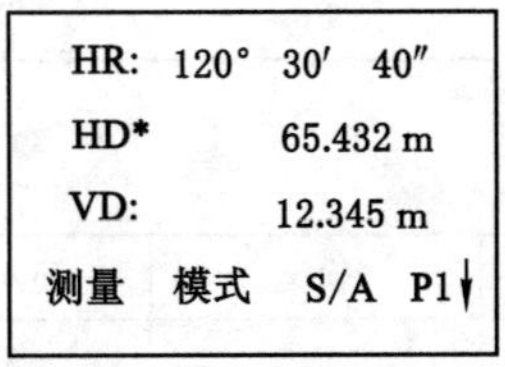

图 4-9 全站仪距离测量显示内容

(1) 设置棱镜常数

测距前必须将所要使用的棱镜常数输入仪器中，仪器会自动对所测距离进行改正。可按“F3”(S/A)键后进行棱镜常数的设置。

(2) 设置大气改正值或气温、气压值

光在大气中的传播速度会随大气的温度和气压而变化，15 ℃和 760 mmHg 是仪器设置的一个标准值，此时的大气改正值为 0 ppm。实测时，可输入温度和气压值，全站仪会自动计算大气改正值(也可直接输入大气改正值)，并对测距结果进行改正。大气改正值或气温、气压值的设置同样按“F3”(S/A)键后进行设置操作。

(3) 测量距离

照准目标棱镜中心，按“F1”(测量)键(图 4-9)，距离测量开始，测距完成时可显示斜距(SD)、平距(HD*)、高差(VD)。

全站仪的测距模式有精测模式、跟踪模式和粗测模式三种。精测模式是最常用的测距模式，测量时间约 2.5 s，最小显示单位为 1 mm；跟踪模式，常用于跟踪移动目标或放样时连续测距，最小显示一般为 1 cm，每次测距时间约 0.3 s；粗测模式，测量时间约 0.7 s，最小显示单位为 1 cm 或 1 mm。在距离测量或坐标测量时，可按“F2”(模式)键选择不同的测距模式。

应注意，在全站仪中没有设定仪器高和棱镜高时，显示的高差值是全站仪横轴中心与棱镜中心的高差。只有当量完仪器高、棱镜高且将其输入全站仪后，测量所显示的高差才是测站点和棱镜点的真正高差。

3. 坐标测量

全站仪可在坐标测量模式下直接测定碎部点(立棱镜点)坐标。在坐标测量之前必须将全站仪进行定向，输入测站点坐标。若测量三维坐标，还必须输入仪器高和棱镜高。具体操作如下：

(1) 设定后视点的坐标或设定后视方向的水平度盘读数为其方位角。

(2) 设置棱镜常数。

(3) 设置大气改正值或气温、气压值。

(4) 量仪器高、棱镜高并输入全站仪。

(5) 照准目标棱镜，按"坐标测量"键，全站仪开始测距并计算显示测点的三维坐标。

4. 全站仪特殊测量功能

全站仪具有丰富的测量程序，如工程施工放样、导线测量、交会测量、断面测量等，具体将在后面章节详细解释。

技能训练 5　全站仪测量

1. 实习目的

(1) 掌握全站仪上各构件的名称和功能。

(2) 掌握全站仪的角度测量与距离测量的方法和步骤。

2. 仪器工具

学生每 4～5 人一组，每组 1 台全站仪(配备棱镜杆、棱镜、三脚架、钢卷尺)。

3. 实习步骤

(1) 在测站点 A 上安置全站仪，进行精确的对中和整平。

(2) 熟悉全站仪各部件的操作，搞清楚各基本模式按键的作用和各软键的使用方法。

(3) 用盘左和盘右测量 AB 和 AC 两边构成的水平角。

(4) 分别用盘左和盘右测量 AB 与 AC 两条边的水平边长、倾斜边长，B 点和 C 点与测站点之间的高差。

(5) 记录人员在表格上完成记录和计算。

4. 提交成果

每人上交观测记录计算资料 1 份，训练报告 1 份。

思考与练习

1. 距离测量的方法主要有哪几种？

2. 视距测量的基本原理是什么？

3. 简述全站仪的组成及其测角、测距原理。

4. 结合所使用的全站仪，简述水平角测量、距离测量、坐标测量的操作程序。

5. 使用全站仪时有哪些注意事项？

项目五 控制测量

任务一 控制测量概述

知识要点

控制测量的定义;平面控制测量方法;高程控制测量方法。

技能目标

掌握平面控制测量方法;掌握高程控制测量方法;了解全球导航卫星系统定位原理。

众所周知,测量工作必须遵循“从整体到局部,先控制后碎部,由高级到低级”的原则。假设一开始就将仪器安置在某起始点上测绘该点周围的碎部点,然后又以某个测得的碎部点去测定该碎部点周围的其他碎部点,如此逐点进行测量,虽然也能测绘出该测区的地形图,但由于测量误差的逐点传递和积累,将使地形图各部分精度不匀,导致图面严重变形。因此,为了限制误差的积累,保证测绘成果的精度,以及统一测区坐标系统和高程系统,便于测量作业能分区(幅)同时进行,在测图之前应进行控制测量。

控制测量的目的就是在整个测区范围内用比较精密的仪器和方法测定少量大致均匀分布点位的精确位置,作为地形测量和工程施工放样的基础。控制测量分为平面控制测量和高程控制测量。

一、平面控制测量

平面控制测量的任务是在某地区或全国范围内布设平面控制网,精密测定控制点的平面位置。在 20 世纪 90 年代以前,平面控制测量方法主要以三角测量法为主、导线测量法为辅;90 年代后,随着卫星定位技术(GPS)和全站仪的普及,控制测量方法多采用 GPS 测量法和导线测量法,三角测量法则较少使用。GPS 卫星定位技术在各种等级的控制测量中全面取代了传统方法而成为平面控制测量的主要手段。

工程施工平面控制网是在施工区域建立的平面控制网,属于区域控制网,主要为工程大比例尺地形图测绘、工程项目规划、工程施工建设提供基本控制点。建立工程施工平面控制的方法主要有 GPS 控制测量、导线测量。按工程范围大小布设不同等级的平面控制网,分为三、四等,一、二、三级和图根导线网。其中,导线测量平面控制网的主要技术指标见表 5-1。

表 5-1 导线测量平面控制网的主要技术指标

等级	闭合环或附合导线长度/km	平均边长/m	测距中误差/mm	测角中误差/(″)	测回数			导线全长相对闭合差	方位角闭合差/(″)
					DJ_1	DJ_2	DJ_6		
三等	≤15	3 000	≤18	≤1.5	8	12	—	≤1/60 000	$\pm3\sqrt{n}$
四等	≤10	1 600	≤18	≤2.5	4	6	—	≤1/40 000	$\pm5\sqrt{n}$
一级	≤3.6	300	≤15	≤5	—	2	4	≤1/14 000	$\pm10\sqrt{n}$
二级	≤2.4	200	≤15	≤8	—	1	3	≤1/10 000	$\pm16\sqrt{n}$
三级	≤1.5	120	≤15	≤12	—	1	2	≤1/6 000	$\pm24\sqrt{n}$

注：n 为测站数。

二、高程控制测量

高程控制测量就是在测区布设高程控制点(即水准点)，用精确方法测定它们的高程，构成高程控制网。布设原则类似于平面控制网，也是由高级到低级、从整体到局部、逐级加密。高程控制测量的主要方法有水准测量和三角高程测量。

为了工程建设的需要所建立的高程控制网称为工程高程控制网。它可用水准测量和三角高程测量的方法施测。其中，水准测量按其精度要求分为二、三、四、五等水准和图根水准。根据测区的大小，各级水准均可首级控制，但首级控制网不应低于三等水准测量。首级控制网应布设成环形路线，加密时宜布设成附合路线或结点网。水准测量主要技术要求见表 5-2 和表 5-3。

表 5-2 各等水准测量的主要技术指标 单位：mm

等级	每千米高差中数中误差		测段、区段、路线的往返测高差不符值	测段、路线的左右路线高差不符值	附合路线或环线闭合差		检测已测测段高差之差
	偶然中误差	全中误差			平原、丘陵	山区	
二等	≤1	≤2	$\pm4\sqrt{L_s}$		$\pm4\sqrt{L}$		$\pm6\sqrt{L_i}$
三等	≤3	≤6	$\pm12\sqrt{L_s}$	$\pm8\sqrt{L_s}$	$\pm12\sqrt{L}$	$\pm15\sqrt{L}$	$\pm20\sqrt{L_i}$
四等	≤5	≤10	$\pm20\sqrt{L_s}$	$\pm14\sqrt{L_s}$	$\pm20\sqrt{L}$	$\pm25\sqrt{L}$	$\pm30\sqrt{L_i}$

注：1. L_s 为测段、区段或路线长度，km；L 为附合路线长度或环线长度，km；L_i 为检测已测测段长度，km。

2. 山区指路线中最大高差大于 400 m 的地区。

表 5-3 采用光学水准仪时的视线长度、前后视距差、视线高度的要求 单位：m

等级	仪器类型	视线长度	前后视距差	任一测段上前后视距差累计	视线高度
二等	DS_1	≤50	≤1	≤3	下丝读数≥0.3
	$DS_{0.5}$	≤60			
三等	DS_3	≤75	≤2	≤5	三丝能读数
	DS_1、$DS_{0.5}$	≤100			
四等	DS_3	≤100	≤5	≤10	三丝能读数
	DS_1、$DS_{0.5}$	≤150			

随着全站仪的普及使用，在丘陵、山区或地形复杂地区，高程控制测量可采用三角高程测量代替四等水准测量。电磁波测距三角高程测量的主要技术要求见表 5-4 和表 5-5。

表 5-4 电磁波测距三角高程测量的主要技术要求(一)

等级	每千米高差全中误差/mm	边长/km	观测次数	对向观测高差较差/mm	附合或环形闭合差/mm
四等	10	≤1	对向观测	$40\sqrt{D}$	$20\sqrt{\sum D}$
五等	15	≤1	对向观测	$60\sqrt{D}$	$30\sqrt{\sum D}$

注：1. D 为电磁波测距边长度，km。

2. 起讫点的精度等级，四等应起讫于不低于三等水准的高程点上，五等应起讫于不低于四等的高程点上。

3. 线路长度不应超过相应等级水准路线的总长度。

表 5-5 电磁波测距三角高程测量的主要技术要求(二)

等级	垂直角观测				边长测量	
	仪器精度	测回数	指标差较差/(″)	测回较差/(″)	仪器精度	观测次数
四等	2″级	3	≤7″	≤7″	≤10 mm 级仪器	往返各一次
五等	2″级	2	≤10″	≤10″	≤10 mm 级仪器	往一次

三、全球导航卫星系统

全球导航卫星系统(Global Navigation Satellite System，简称 GNSS)，它是泛指所有的卫星导航系统，包括全球的、区域的和增强的，如美国的 GPS、俄罗斯的 GLONASS、欧洲的 Galileo、中国的北斗卫星导航系统，以及相关的增强系统，如美国的 WAAS(广域增强系统)、欧洲的 EGNOS(欧洲静地导航重叠系统)和日本的 MSAS(多功能运输卫星增强系统)等，还涵盖在建和以后要建设的其他卫星导航系统。GNSS 系统是个多系统、多层面、多模式的复杂组合系统。

全球定位系统(GPS)是“授时和测距导航系统/全球定位系统”(Navigation System Timing and Ranging/Global Positioning System-NAVSTAR/GPS)的简称。该系统是由美国国防部于 1973 年组织研制的，主要是为美国海陆空三军提供精密导航和定位服务，耗费巨资、历时 20 年建成的该系统，是以卫星为基础的无线电导航定位系统，它具有全能性(陆、海、空、宇宙)、全球性、全天候、高精度和实时性的导航、定位和授时功能，能为各类用户提供精密的三维坐标、速度和标准时间。

由于 GPS 系统能独立、快速、精确地确定地球表面任意点的位置，因此从最初用于军事导航目的迅速被扩展应用于大地控制测量和工程测量中确定地面点的三维坐标，从而引起了测绘技术的一场革命。相对于传统的测绘手段而言，GPS 定位技术的特点在于：观测站之间无须通视，观测时间短、速度快，经济效益高，提供三维坐标，因此定位精度高，全天候作业，自动化程度高。

(一) GPS 的组成概况

GPS 由空间部分、地面监控部分和用户部分三个部分组成。

1. 空间部分

(1) 空间卫星星座

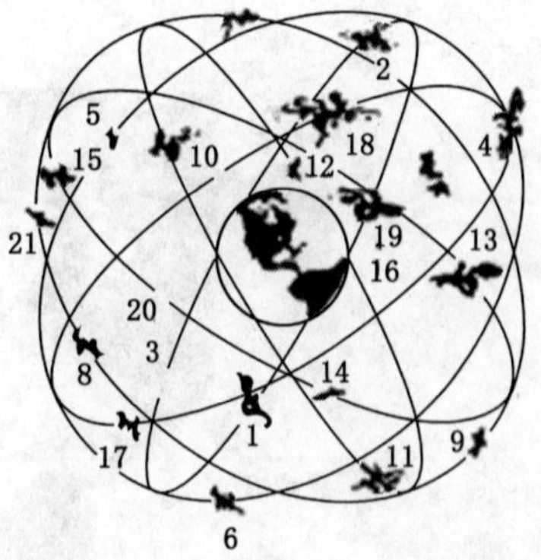

图 5-1 GPS 卫星星座

GPS 的空间部分由 24 颗 GPS 工作卫星组成，这些 GPS 工作卫星共同组成了 GPS 卫星星座，如图 5-1 所示，其中 21 颗为可用于导航的卫星，3 颗为活动的备用卫星。这 24 颗卫星分布在 6 个倾角为 55°的轨道上绕地球运行，这样布置的目的是保证在地球的任何地方同时可以观测到 4～12 颗卫星，从而使地球表面上任何地点、任何时刻均能实现三维定位、测速与测时。卫星轨道为近圆形，轨道平均高度为 2.02 万 km，运行周期约为 11 h 58 min (12 恒星时)。

(2) GPS 卫星及其功能

GPS 卫星主体呈圆柱形，两侧有太阳能帆板，能自动对日定向。GPS 卫星外观结构如图 5-2 所示。

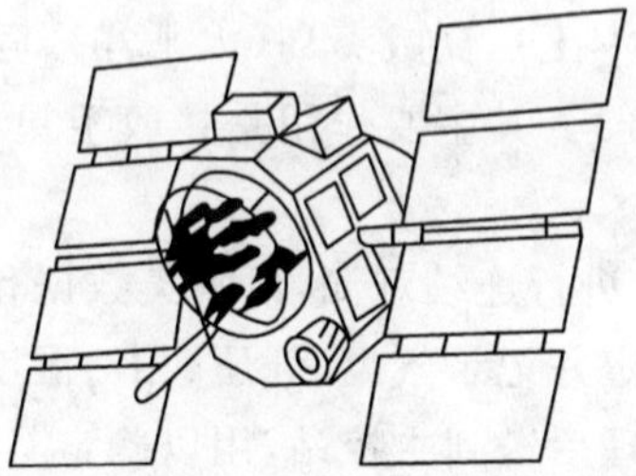
图 5-2 GPS 卫星外观结构(Block Ⅱ)

太阳能电池为卫星提供工作用电。每颗卫星配备有 4 台原子钟，可以为卫星提供高精度的时间标准。卫星可在地面控制系统的控制下调整自己的运行轨道。

2. 地面监控部分

GPS 的地面监控部分由分布在全球的由若干个跟踪站所组成的监控系统构成，根据其作用的不同，这些跟踪站又被分为主控站、监控站和注入站，其中主控站 1 个、监测站 5 个、注入站 3 个，另外还配备有通信和辅助设施，如图 5-3 所示。

(1) 主控站

主控站是整个地面监控系统的管理中心和技术中心，位于美国本土的科罗拉多州的法尔孔空军基地联合空间工作中心。其主要作用是：

① 负责管理、协调地面监控系统中各部分的工作。

② 根据各监控站对 GPS 的观测数据，计算出卫星的星历和卫星钟的改正参数等，并将这些数据通过注入站注入卫星。

③ 对卫星进行控制，向卫星发布指令；当工作卫星出现故障时，调度备用卫星，替代失效的工作卫星工作。

另外，主控站也具有监控站的功能。

(2) 监控站

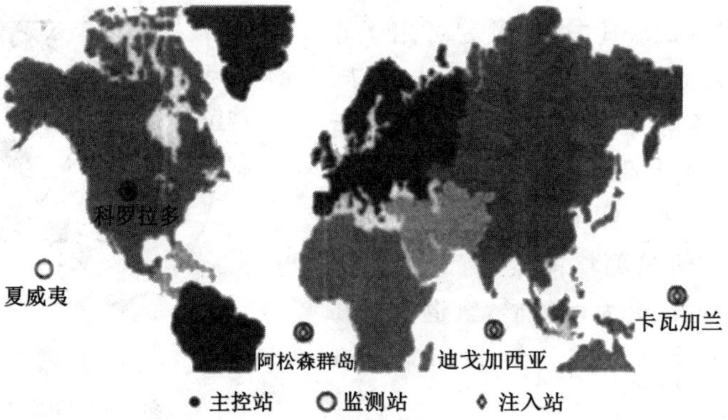

图 5-3 GPS 卫星的地面监控分布图

监控站是在主控站控制下的数据采集中心。整个全球定位系统共设立了 5 个监控站，它们分别位于科罗拉多州（美国本土）、夏威夷岛（太平洋）、阿松森群岛（大西洋）、迪戈加西亚岛（印度洋）、卡瓦加兰（太平洋）。其主要作用是接收卫星信号，监测卫星的工作状态，具体如下：

① 对视场中的各 GPS 卫星进行连续观测，以采集数据和监测卫星的工作状态。

② 通过气象传感器自动测定并记录气温、气压、相对湿度等气象数据。

③ 将观测数据进行初步处理后送到主控站，用以确定 GPS 卫星的各项参数。

(3) 注入站

注入站是向 GPS 卫星输入导航电文和其他命令的地面设施。三个注入站分别位于阿松森群岛、迪戈加西亚、卡瓦加兰。其主要作用是将主控站计算出的卫星星历和卫星钟的改正数等注入卫星，并检测注入信息的正确性。

(4) 通信和辅助设施

通信和辅助设施是指地面监控系统中负责数据传输以及提供其他服务的机构和设施。全球定位系统的通信系统由地面通信线、海底电缆和卫星通信等联合组成。此外，美国国防制图局将提供有关极移和地球自转的数据以及各监测站的精密地心坐标，美国海军天文台将提供精密的时间信息。

3. 用户部分

GPS 的用户部分由 GPS 接收机，数据处理软件及相应的用户设备如计算机、气象仪器等组成。它们能够捕获到按一定卫星截止角所选择的待测卫星，并跟踪这些卫星的运行。当接收机捕获到跟踪的卫星信号后，就可测量出接收天线至卫星的伪距离和距离的变化率，解调出卫星轨道参数等数据。根据这些数据，接收机中的微处理计算机就可按定位解算方法进行定位计算，计算出用户所在地理位置的经纬度、高度、速度、时间等信息。

接收机硬件和机内软件以及 GPS 数据的后处理软件包构成完整的 GPS 用户设备。GPS 接收机的结构分为天线单元和接收单元两部分。接收机一般采用机内和机外两种直流电源。设置机内电源的目的在于更换外电源时不中断连续观测。在用机外电源时机内电池自动充电。关机后机内电池为 RAM 存储器供电,以防止数据丢失。

目前各种类型的 GPS 接收机体积越来越小、质量越来越轻,便于野外观测使用。

(二) GPS 定位的基本原理

GPS 定位的基本原理是根据高速运动的卫星瞬间位置作为已知的起算数据,采用空间距离后方交会的方法确定待测点的位置。如图 5-4 所示,假设 t 时刻在地面待测点上安置 GPS 接收机,可以测定 GPS 信号到达接收机的时间 Δt,再加上接收机所接收到的卫星星历等其他数据就可以确定下列方程组:

$$\begin{cases} [(x_1-x)^2+(y_1-y)^2+(z_1-z)^2]^2+c\delta_t=d_1=c\cdot\Delta t_1 \\ [(x_2-x)^2+(y_2-y)^2+(z_2-z)^2]^2+c\delta_t=d_2=c\cdot\Delta t_2 \\ [(x_3-x)^2+(y_3-y)^2+(z_3-z)^2]^2+c\delta_t=d_3=c\cdot\Delta t_3 \\ [(x_4-x)^2+(y_4-y)^2+(z_4-z)^2]^2+c\delta_t=d_4=c\cdot\Delta t_4 \end{cases} \tag{5-1}$$

式中 (x_i,y_i,z_i)——卫星空间坐标;

(x,y,z)——接收机坐标;

c——电磁波传播速率;

δ_t——接收机时钟误差;

Δt_i——GPS 卫星信号到接收机的时间。

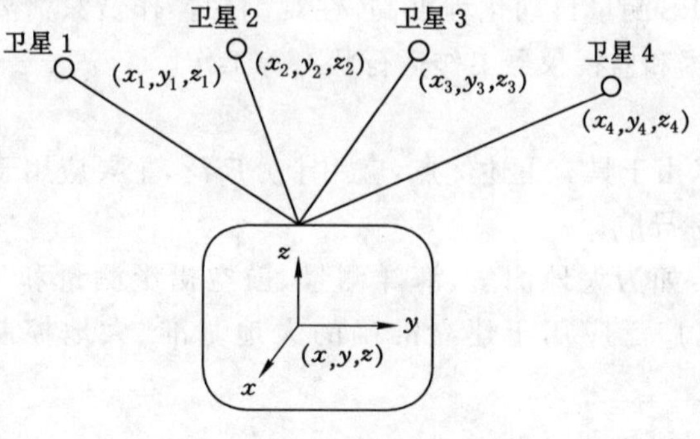

图 5-4 GPS 定位原理图

由式(5-1)可知,只要观测 4 颗以上卫星,就可以求出 x、y、z、δ_t,从而获得接收机的地面点坐标。

(三) GPS 定位的特点与问题

1. GPS 定位的特点

GPS 作为一种先进的导航与定位系统,以其高精度、全天候、高效率、易操作等特点著称。

(1) 高精度的三维定位

大量实践和研究表明,GPS 可以精密地测定测站的平面位置和高程。目前在小于 50 km 的基线上,其相对定位精度可达 1 ppm;而在 100～500 km 的基线上,精度可达到 0.1 ppm。随着观测技术与数据处理方法的不断更新与优化,可望在大于 1 000 km 的距离上，其相对定位精度达到0.01 ppm。

(2) 全天候作业

GPS卫星布局使得同一测站上出现的卫星分布大致相同，能够保证全球范围覆盖，任何用户在任何时候至少可以接收到4颗卫星的信号，在可观测卫星信号的区域，GPS接收机可以连续工作，一般不受天气状况的影响。

(3) 测站之间无须通视

经典的三角测量或导线测量技术一般既要求保持良好的通视性，又要求保障测量控制网的良好结构，这就要求在野外作业时建立大量的测量标志，耗费大量时间。GPS作业只要求测站净空开阔，与卫星之间保持良好的通信即可，这样就节省了大量的时间与经费，也给点位的选择带来了很大的灵活性。在类似于高速铁路精密控制网建设中，可以省去经典测量传算点和过渡点的测量工作，提高了工作效率。

(4) 观测时间短

目前广泛应用的静态相对定位，观测20 km以内基线仅需15～20 min。采用实时动态(RTK)定位每站仅需几秒钟的时间。

(5) 仪器操作简便

随着GPS技术的不断发展，GPS测量形式越来越多样，自动化程度也越来越高。由常规的静态测量已经发展到快速静态、实时动态、实时差分定位(RTD)和利用多基站网络RTK技术建立的连续运行卫星定位服务综合系统(CORS)，这些技术已经广泛地运用到工程测量的各个方面。GPS测量自动化程度高，在观测中操作员只需要安置并开关仪器、量取仪器高、记录气象数据和监视仪器工作运行状态等工作。

(6) 应用广泛

GPS导航定位技术由于具有上述优点，应用十分广泛，主要应用于以下方面：

① 海陆空运动目标导航。

② 精密定位应用，如为大地测量、海洋测量、航空摄影测量和地震监测等提供高精度的测量手段，GPS已广泛应用于建立准确的大地基准、大地控制网与地壳运动监测网等。

③ 卫星发射及其轨道运动监测。

④ 城市规划。

⑤ 气象预报。

⑥ 农业、林业、矿藏资源普查。

⑦ 工程施工。

2. GPS存在的问题

任何事物都是一分为二的，GPS系统固然有诸多优点，但也存在一些问题期待解决：

(1) 民用精度要求与美国的国家安全及保密要求相互冲突。

(2) 对民用用户导航电文安全无承诺。

(3) 三维测量不一致。大量实践证明，使用GPS测量多测得的点位坐标，其三维精度不一致，其中高程误差最大，x 坐标误差次之，y 坐标误差最小。

任务二　平面控制网的定位与定向

知识要点

坐标方位角和象限角的定义；坐标方位角与象限角之间的关系；坐标方位角的推算；坐标正、反算。

技能目标

掌握坐标方位角与象限角之间的转换；能够进行坐标方位角的推算；能够进行坐标正算和坐标反算。

一、坐标方位角

1. 直线定向

测量工作中，要将地面上的地物、地貌等内容的位置确定下来，其实就是确定点与点之间的相对位置关系，而要确定其相对位置关系，除需测定两点之间的距离外，还必须确定两点所连直线的方向。确定直线方向的工作称为直线定向。

如图 5-5 所示，要确定直线 AB 的方向，首先要选定一个标准方向线，作为确定直线方向的依据和标准，然后再根据该直线与标准方向线之间的夹角来确定其方向，因此又可以说，确定一条直线与标准方向之间的夹角关系称为直线定向。

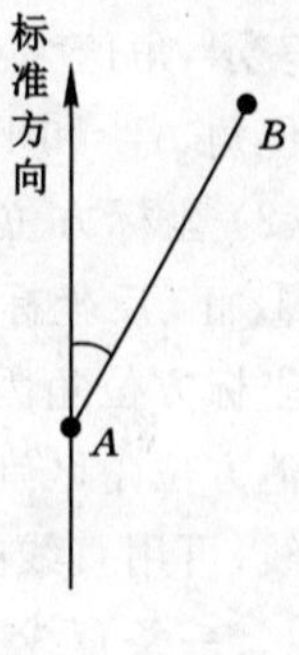

图 5-5　直线定向

在测量工作中，进行直线定向采用的标准方向通常有三种，即真子午线、磁子午线和坐标纵轴线（即平面直角坐标系的纵坐标轴以及平行于纵坐标轴的直线）。这三种标准方向的北方向即真北、磁北和坐标北统称为“三北”方向。

(1) 真北方向

包含地球北南极的平面与地球表面的交线称为真子午线。过地面点的真子午线切线方向，指向北方的一端称为该点的真北方向，如图 5-6(a)所示。真北方向可以用天文观测方法或陀螺经纬仪测定。

(2) 磁北方向

包含地球磁北南极的平面与地球表面的交线称为磁子午线。过地面点的磁子午线切线方向，指向北方的一端称为该点的磁北方向，如图 5-6(a)所示。磁北方向用指南针或罗盘仪测定。

(3) 坐标北方向

平面直角坐标系中，通过某点且平行于坐标纵轴（x 轴）的方向，指向北方的一端称为坐标北方向，如图 5-6(b)所示。高斯平面直角坐标系中的纵轴是高斯投影带的中央子午线的平行线；独立平面直角坐标系中的坐标，可以由假定获得。

上述三种“北”方向的关系如图 5-6(c)所示。过一点的磁北方向与真北方向之间的夹角称为磁偏角，用 δ 表示；过一点的坐标北方向与真北方向之间的夹角称为子午线收敛角，用

γ 表示。磁北方向或坐标北方向偏在真北方向东侧时，δ 或 γ 为正；偏在真北方向西侧时，δ 或 γ 为正。

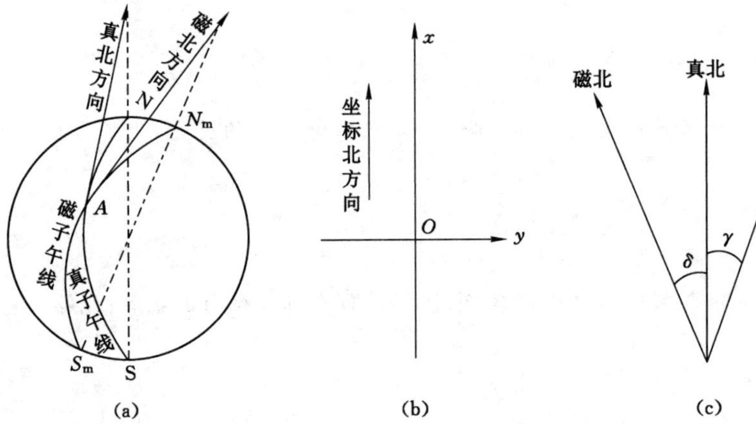

图 5-6 “三北”方向及其关系

2. 方位角与象限角

(1) 方位角的概念

从标准方向的北端起，顺时针转至某一直线的水平夹角，称为该直线的方位角，常用 A 或 α 表示，角值为 0°～360°，如图 5-7 所示。依据不同的标准方向，就分别有真方位角 $A_{真}$、磁方位角 $A_{磁}$ 和坐标方位角 α。

(2) 坐标方位角的计算

① 正、反坐标方位角

坐标方位角因在测量工作中便于确定直线方向和进行计算工作而被广泛使用，若不需和其他方位角区别，一般就将坐标方位角称方向角，且符号也直接用 α 表示；若要表明其具体直线，可用直线的起点和终点作为方位角的下标表示，如图 5-8 所示，直线 1-2 的方位角为 α_{12}。一条直线有正、反两个方向，其方位角也就有正、反方位角，对于直线 1-2 而言，正方位角为 α_{12}，其反方位角为 α_{21}，二者相差 180°，即：

$$\alpha_{12} = \alpha_{21} \pm 180° \tag{5-2}$$

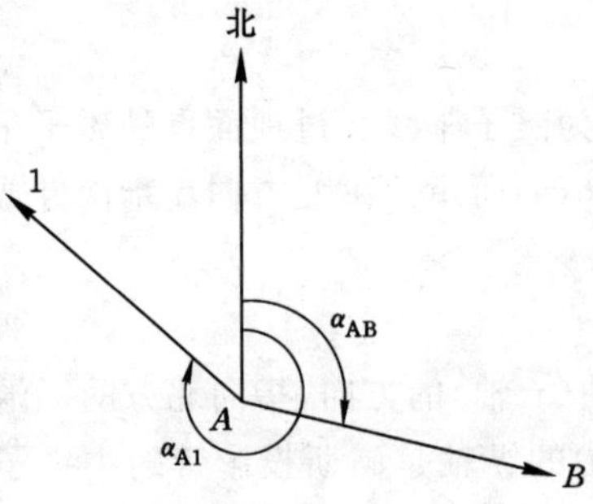

图 5-7 直线的坐标方位角

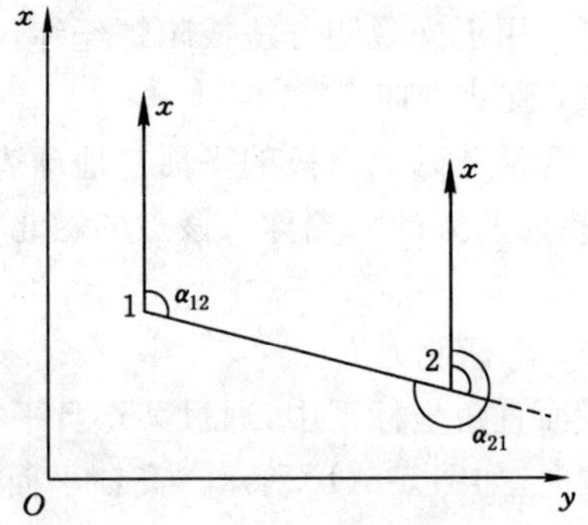

图 5-8 正、反坐标方位角

② 坐标方位角的计算

在测量工作中并不是每一条直线的方位角都是通过天文测量的方法或者陀螺仪测定的，而是在测定了直线与已知方位角边之间的夹角关系后通过计算得到的。如图 5-9 所示，已知直线 AB 的方位角为 α_{AB}，观测得到直线 AB 与直线 $B1$ 间的夹角 β_1，则直线 $B1$ 的方位角 α_{B1} 可按下式求得，即：

$$\alpha_{B1}=\alpha_{AB}+\beta_1-180^\circ \tag{5-3}$$

同理可得直线 1-2 的方位角为：

$$\alpha_{12}=\alpha_{B1}+\beta_2-180^\circ \tag{5-4}$$

从图 5-9 中还可看出直线 2-3 的方位角可用下式算出：

$$\alpha_{23}=\alpha_{12}+\beta_3-180^\circ \tag{5-5}$$

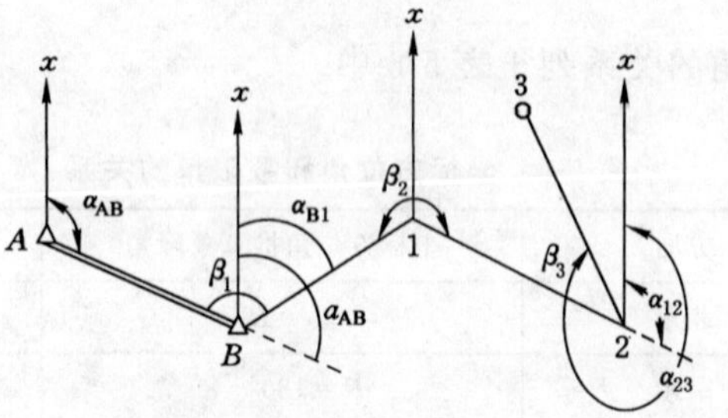

图 5-9 坐标方位角计算

综合以上几个根据已知直线方位角和两直线间的水平夹角计算未知方位角的计算式，可得出一般计算方位角的公式如下：

$$\alpha_{未}=\alpha_{已}+\beta_{左}\pm180^\circ \tag{5-6}$$

式(5-6)可理解为：未知边的方位角等于已知边的方位角加上该两条边之间的左夹角，再加(或减)180°，当前两项之和大于 180°时就减 180°，当前两项之和小于 180°时就加 180°。

$$\alpha_{前}=\alpha_{后}+\beta_{左}\pm180^\circ \tag{5-7}$$

式(5-7)可理解为：前一条边的方位角等于后一条边的方位角加上前、后两条边的左夹角，再加(或减)180°，当前两项之和大于 180°时就减 180°，当前两项之和小于 180°时就加 180°。

3. 象限角

从标准方向的北端或南端起，顺时针或逆时针转至某一直线的水平锐角，称为该直线的象限角，常用 R 表示，角值为 0°～90°，如图 5-10 所示。通过直线起点 O 的纵坐标线和横坐标线将平面划分为四个象限。直线 OA 位于第Ⅰ象限，象限角是 R_1；直线 OB 位于第Ⅱ象限，象限角是 R_2；直线 OC 位于第Ⅲ象限，象限角是 R_3；直线 OD 位于第Ⅳ象限，象限角是 R_4。

用象限角表示直线的方向，必须注明直线所处的象限，第Ⅰ象限用“北东”表示，第Ⅱ象限用“南东”表示，第Ⅲ象限用“南西”表示，第Ⅳ象限用“北西”表示。例如，R_{AB}＝南东 38°24′36″，表示直线 AB 位于第Ⅱ象限，象限角是 38°24′36″。

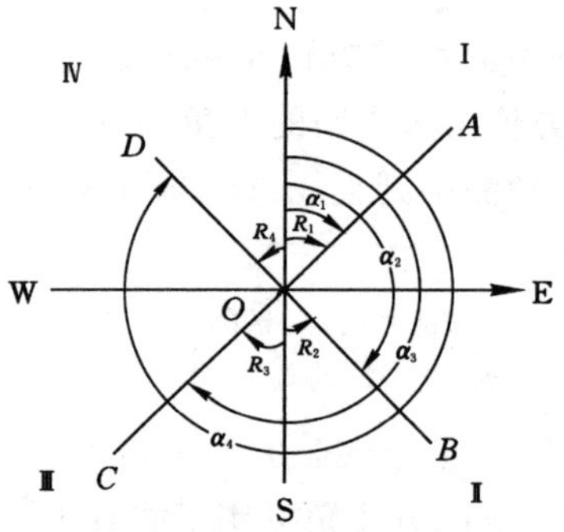

图 5-10　方位角与象限角的关系

坐标方位角和象限角的关系列于表 5-6 中。

表 5-6　坐标方位角和象限角的关系

象限	方向	坐标方位角推算象限角	象限角推算坐标方位角
Ⅰ	北东	$\alpha=R$	$\alpha=R$
Ⅱ	南东	$R=180°-\alpha$	$\alpha=180°-R$
Ⅲ	南西	$R=\alpha-180°$	$\alpha=180°+R$
Ⅳ	北西	$R=360°-\alpha$	$\alpha=360°-R$

二、坐标正算与坐标反算

1. 坐标正算

如图 5-11 所示，已知一点 A 的坐标(x_A，y_A)、边长 D_{AB}(A、B 两点间的水平距离)和坐标方位角 α_{AB}，求 B 点的坐标(x_B，y_B)，称为坐标正算。

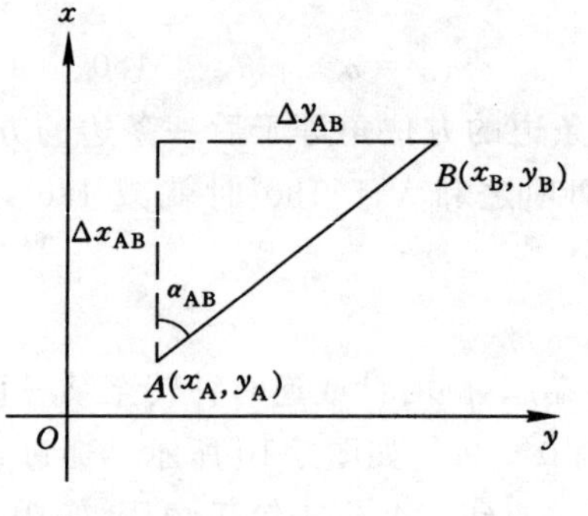

图 5-11　坐标正、反算

由图可知 B 点的坐标可用下述公式计算：

$$\begin{cases} x_B = x_A + \Delta x_{AB} \\ y_B = y_A + \Delta y_{AB} \end{cases} \tag{5-8}$$

式中，Δx_{AB}、Δy_{AB}分别为 A 点到 B 点的纵、横坐标增量，是边长在坐标轴上的投影，即：

$$\begin{cases}\Delta x_{AB}=D_{AB}\cdot\cos\alpha_{AB}\\ \Delta y_{AB}=D_{AB}\cdot\sin\alpha_{AB}\end{cases}\tag{5-9}$$

式中，Δx_{AB}、Δy_{AB}的符号分别由 α_{AB}的余弦、正弦函数确定，要根据 α 的大小、所在象限来判别。式(5-8)也可以写成：

$$\begin{cases}x_B=x_A+D_{AB}\cdot\cos\alpha_{AB}\\ y_B=y_A+D_{AB}\cdot\sin\alpha_{AB}\end{cases}\tag{5-10}$$

2. 坐标反算

如图 5-11 所示，设已知两点 $A(x_A,y_A)$、$B(x_B,y_B)$的坐标，求边长 D_{AB}和坐标方位角 α_{AB}，称为坐标反算。

(1) 计算方位角

由图 5-11 可知：$\Delta x_{AB}=x_B-x_A$，$\Delta y_{AB}=y_B-y_A$。

当 $\Delta x_{AB}\neq0$，$\Delta y_{AB}\neq0$ 时，象限角为：

$$R_{AB}=\arctan\left|\frac{\Delta y_{AB}}{\Delta x_{AB}}\right|\tag{5-11}$$

如图 5-12 所示，根据 R 所在的象限，将象限角换算为方位角，即：

当 $\Delta x_{AB}>0$，$\Delta y_{AB}>0$ 时，α_{AB}位于第Ⅰ象限内，范围在 0°～90°之间，$\alpha=R$；

当 $\Delta x_{AB}<0$，$\Delta y_{AB}>0$ 时，α_{AB}位于第Ⅱ象限内，范围在 90°～180°之间，$\alpha=180°-R$；

当 $\Delta x_{AB}<0$，$\Delta y_{AB}<0$ 时，α_{AB}位于第Ⅲ象限内，范围在 180°～270°之间，$\alpha=180°+R$；

当 $\Delta x_{AB}>0$，$\Delta y_{AB}<0$ 时，α_{AB}位于第Ⅳ象限内，范围在 270°～360°之间，$\alpha=360°-R$。

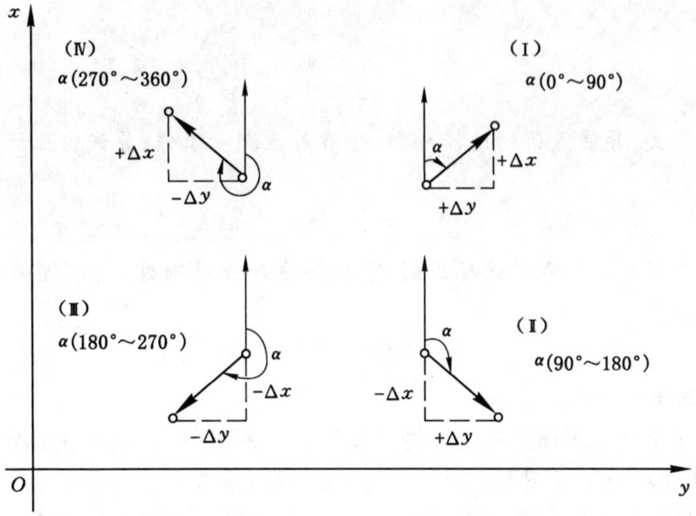

图 5-12 坐标增量的正负

或者为：

$$\alpha_{AB}=\arctan\frac{\Delta y_{AB}}{\Delta x_{AB}}=\arctan\frac{y_B-y_A}{x_B-x_A}\tag{5-12}$$

求得的 α_{AB} 可在四个象限之内，它由 Δx、Δy 的正负符号确定。

如图 5-12 所示，根据 Δx_{AB}、Δy_{AB} 的正负符号，可得方位角 α_{AB} 为：

当 $\Delta x_{AB}=0$，$\Delta y_{AB}>0$ 时，方位角 $\alpha_{AB}=90°$；

当 $\Delta x_{AB}=0$，$\Delta y_{AB}<0$ 时，方位角 $\alpha_{AB}=270°$；

当 $\Delta y_{AB}=0$，$\Delta x_{AB}>0$ 时，方位角 $\alpha_{AB}=0°$；

当 $\Delta y_{AB}=0$，$\Delta x_{AB}<0$ 时，方位角 $\alpha_{AB}=180°$。

（2）计算边长

$$D_{AB}=\sqrt{\Delta x_{AB}^2+\Delta y_{AB}^2}=\sqrt{(x_B-x_A)^2+(y_B-y_A)^2}$$

或

$$D_{AB}=\frac{\Delta y_{AB}}{\sin\alpha_{AB}}=\frac{\Delta x_{AB}}{\cos\alpha_{AB}} \tag{5-13}$$

三、平面控制网的定位与定向

在布设各等级的平面控制网时，必须至少取得网中一个已知点的坐标和该点至另一已知点连线的方位角，或网中两个已知点的坐标。因此，“一点坐标及一边方位角”或“两点坐标”是平面控制网必要的“起始数据”。

在小地区内建立平面控制网时，一般应与该地区已有的国家控制网或城市控制网进行联测，以取得起始数据，这样才能进行平面控制网的定位和定向。

任务三　导线测量

知识要点

导线的布设形式；导线点位的选择原则；导线外业测量工作；导线内业计算工作。

技能目标

掌握导线的布设形式和点位选择原则；掌握导线外业观测过程；掌握闭合导线、附合导线的内业计算过程。

一、导线网的布设形式

布设图根导线是建立图根控制的一种常见形式。所谓导线，就是由选定的若干个地面点，由直线连接相邻点成折线图形，直线叫导线边，点叫导线点。在导线点上，用仪器（经纬仪、钢尺或全站仪）测定各转折角角度及各边边长，然后根据已知方向和已知点坐标，便可推算出各导线点的平面坐标。

图根导线应在高一级控制点的基础上布设。图根导线因只需要相邻导线点间互相通视，故特别适用于建筑物密集的城镇、工矿和森林隐蔽地区，也适用于狭长地带（如公路、铁路、隧道等）的测量控制。目前，光电测距仪、全站仪的广泛应用，使得布设图根导线已成为建立图根控制的主要方法。

根据不同的情况和要求，单一图根导线通常可以布设成如下三种形式。

1. 闭合导线

如图 5-13 所示，A、B 为高级已知坐标点，从已知控制点 B 出发，经过选定的一系列导线点后，仍旧回到起始高级已知点上，形成一闭合的多边形，这样的导线布设形式叫闭合导线。从闭合导线的图形来看，因其起、闭于一点，另从几何条件上看，内角和等于 $(n-2)\times 180°$，故这种导线从坐标和观测角上都具有一定的检核条件，是一种较常应用的导线形式。

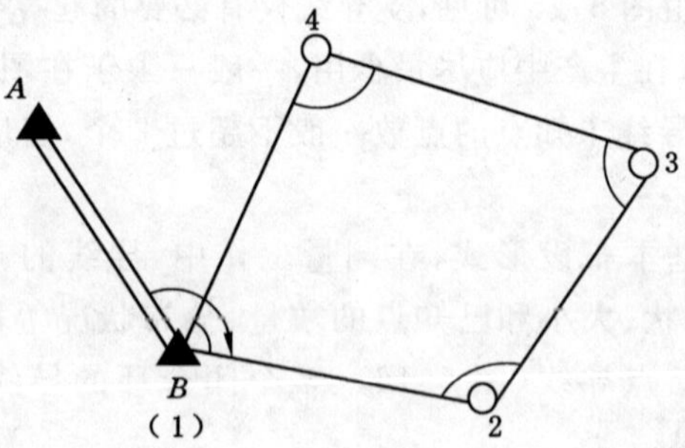

图 5-13 闭合导线布设形式

2. 附合导线

如图 5-14 所示，在高级已知点 A、$B(1)$、$C(4)$、D 之间布设 2、3 点，以 AB 边的坐标方位角 α_{AB} 为起始边方位角，以 CD 边的坐标方位角 α_{CD} 为终结边方位角，起始边的坐标方位角和终结边的坐标方位角均为已知，即选定的未知点两端均有已知点和已知边控制的导线称为附合导线。这种导线不仅有检核条件（坐标条件和方位角条件），而且最弱点位于导线中部，两端已知点均可控制其精度，布设长度相应增大，故附合导线在生产中得到广泛应用。

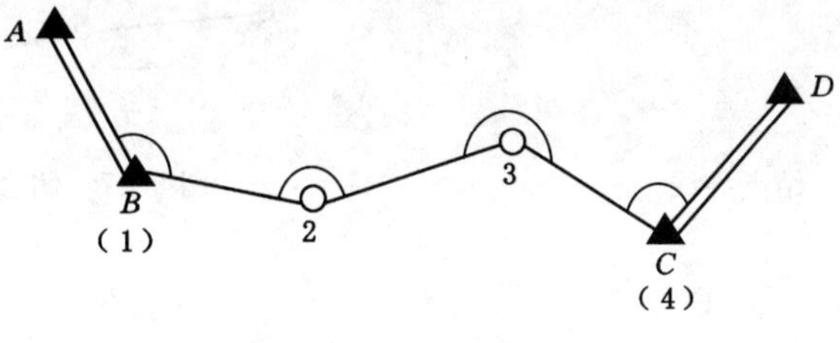

图 5-14 附合导线布设形式

在附合导线的两端，如果各只有一个已知高级点，而缺少已知方位角，则这样的导线称为无定向附合导线（简称无定向导线）。在选定的未知点两端已知点较少的情况下可以采用这种形式。

3. 支导线

如图 5-15 所示，图中 A、$B(1)$ 为高级已知点。从一个高级已知点 $B(1)$ 和已知方位角边 AB 出发，布设若干待定点，形成自由伸展的折线形状，这种导线形式称为支导线。

导线观测后，未知点坐标计算所必需的已知数据为：一个已知点的坐标 (x_B, y_B) 和一条

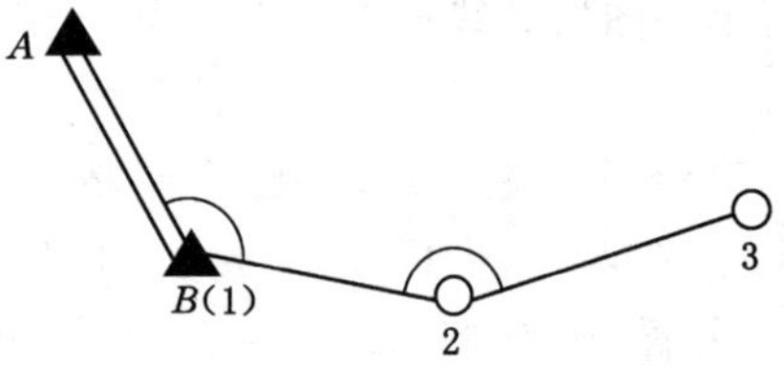

图 5-15　支导线布设形式

边的已知方位角(α_{AB})。由图 5-15 可见，支导线仅有必要的起算数据，且其图形既不闭合也不附合，不具备检核条件，在生产中应尽量少用，一般只限于在图根导线和地下工程导线中使用。对于图根导线，支导线未知点的点数一般不超过 2 个，还应限制支导线长度，并进行往、返观测，以资检核。

以上三种导线是其基本布设形式，在测量工作中，导线的布设并不仅限于上述三种单一的形式，根据测区形状、大小和已知点的数量、分布状况等因素综合考虑还可布设成一个结点或多个结点的结点导线(图 5-16)、多个闭合环的导线网(图 5-17)等多种较复杂的图形。

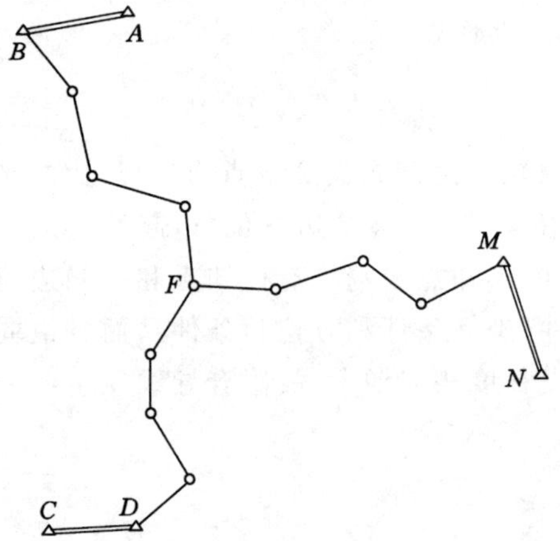

图 5-16　结点导线

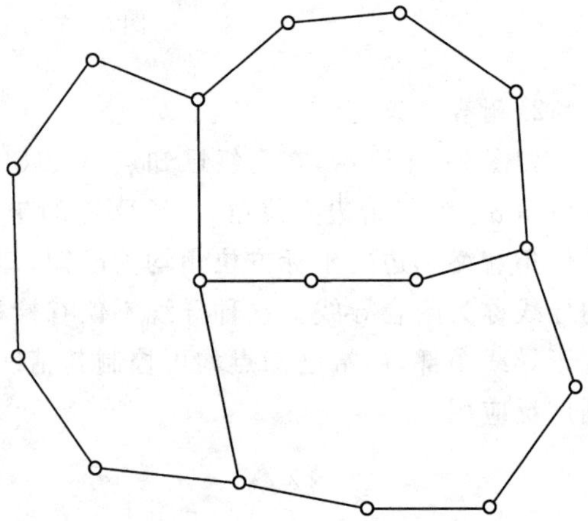

图 5-17　闭合环的导线网

二、踏勘选点

1. 踏勘选点

在踏勘选点之前，应到有关部门收集测区已有的测量资料，如测区已有的地形图、高级控制点资料等。首先在已有的地形图上标出高级控制点的位置和测区范围，再根据测区地形情况和测量的具体要求规划设计好测量路线和导线点位置，然后按照规划路线到实地去踏勘落实导线点的位置。现场踏勘选点时，应注意下列各点：

(1) 相邻导线点间通视良好，以便于角度观测和距离测量。

(2) 点位应选在地质坚实和易于保存之处。

(3) 在点位上，视野开阔，便于测绘周围的地物和地貌。

(4) 导线边长应符合有关规定，不宜出现过长和过短的导线边，尤其要避免由长边立即转到短边的情况出现。

(5) 为了减少大气折光的影响，视线应尽量避开水域、热体等，离开地表和地物的距离不小于 0.5 m。

(6) 导线点在测区内要布点均匀，便于控制整个测区。

2. 建立标志

导线点位选好以后，要在地面上标定下来。埋设图根导线点位标志的做法有如下几种：

(1) 埋设木桩。在泥土地面上，要在点位上打一木桩，桩顶上钉一小钉，作为测量时仪器对中的标志。木桩的长度为 30 cm 左右，横断面以 4 cm^2 为宜。在碎石或沥青路面上，可以用顶上凿有十字纹的大铁钉代替木桩。作为临时性导线点，打木桩是一种常用的埋设点位标志的做法。

(2) 埋设标石。若导线点需要长期保存，则在选定的点位上埋设混凝土导线点标石，如图 5-18 所示，顶面中心浇筑入短钢筋，顶上凿十字纹，作为导线点位中心的标志。

(3) 直接在地面凿点。在混凝土场地或路面上，可以用钢凿凿一十字纹，再涂上红漆使标志明显。

导线点应分等级统一编号，以便于测量资料的管理。对于闭合导线，习惯于逆时针方向编号，使内角自然成为导线的左角。导线点埋设以后，为了便于在观测和使用时寻找，可以在点位附近房角或电线杆等明显的地物上用红油漆标明指示导线点的位置。对于每一导线点的位置，还应画一草图，注明导线点与邻近明显地物的相对位置的距离尺寸，并写上地名、路名、导线点编号等，以便于日后寻找。该图称为控制点的"点之记"，如图 5-19 所示。

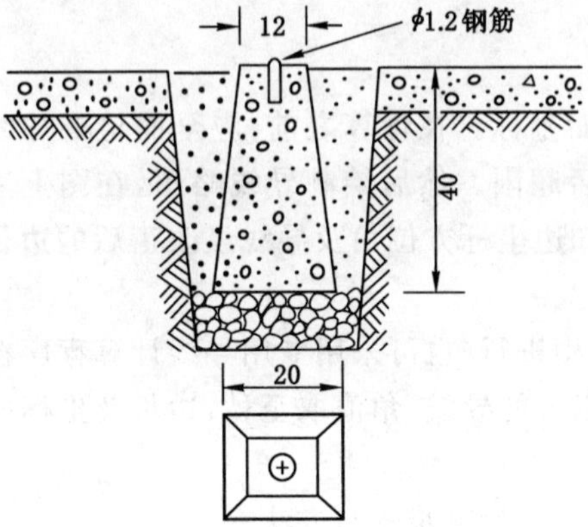

图 5-18　导线点标石

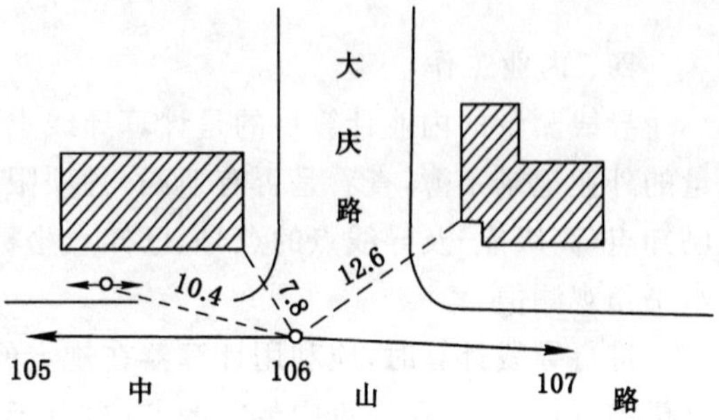

图 5-19　控制点的"点之记"

三、外业观测

导线测量的外业观测包括量边、测角和联测，分述如下：

1. 量边

导线边长可用全站仪距离测定，测量时要同时观测竖直角，供倾斜改正之用。

2. 水平角观测

水平角由相邻两条导线边构成，也就是导线点上的转折角。导线的转折角分为左角和右角，在导线前进方向左侧的水平角称为左角($\beta_{左}$)，右侧的水平角称为右角($\beta_{右}$)。在导线水平角观测时，对于左角和右角并无差别，仅仅是计算上的差别，这是因为：

$$\beta_{左}+\beta_{右}=360° \tag{5-14}$$

导线水平角用全站仪进行观测。当测站上只有两个方向时，采用测回法观测；当测站上有三个以上方向时，采用方向法观测。对于不同等级导线，测回数不同，测回间必须改变水平度盘位置，以减少度盘刻划误差的影响。第一测回水平度盘位置习惯置于大于 0°附近，从第二测回起，每次增加 180°/n，n 为测回数。

3. 联测

当测区内有高级平面控制点时，导线应与高级点联测，从而获得起始边方位角和起始点坐标。闭合导线和支导线只需测一个连接角，如图 5-20 所示。当用全站仪施测导线时，还可在显示屏上方便地读出相邻点之间的高差，使导线成为三维导线而同时算得导线点的坐标和高程。

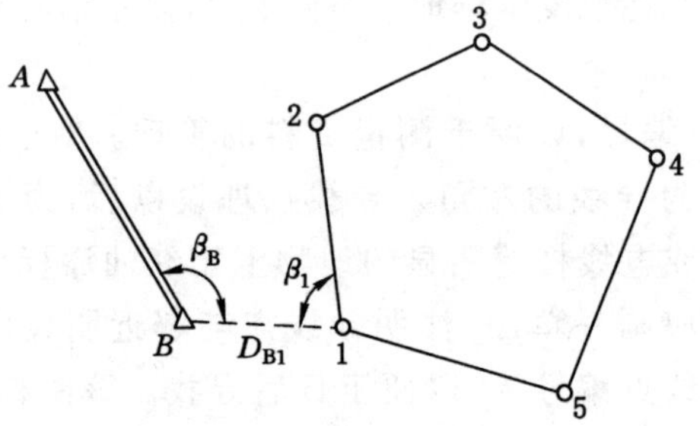

图 5-20　导线联测

四、内业工作

导线测量的内业计算目的是计算导线点的平面坐标。在计算之前，应全面检查导线测量的外业记录手簿，查看是否有遗漏、各项限差是否超限。然后绘制导线略图，在图上注明已知点(高级点)及导线点的点号、已知点坐标、已知边坐标方位角及导线经改正后的边长和水平角观测值。

进行导线计算时，应利用计算器在规定的表格中进行(也可采用专用导线计算程序在计算机中进行)。内业计算中数字的取位，对于四等以下的导线，角值取至秒，边长及坐标取至毫米。

下面结合图 5-21 和表 5-7 所示示例说明附合导线计算步骤与方法。

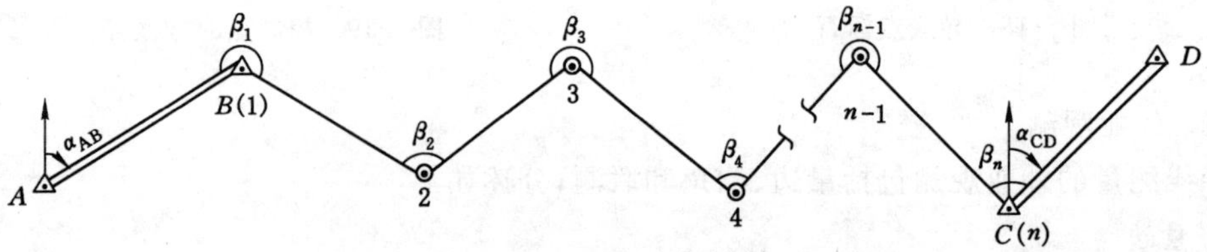

图 5-21　附合导线的计算

表 5-7 附合导线算例

点号	观测角 /(° ′ ″)	改正后角 /(° ′ ″)	坐标方位角 α/(° ′ ″)	距离 D /m	坐标增量 Δx/m	坐标增量 Δy/m	改正后的坐标增量/m $\Delta\hat{x}$	改正后的坐标增量/m $\Delta\hat{y}$	坐标值 $\hat{x}$/m	坐标值 $\hat{y}$/m
1	2	3	4	5	6	7	8	9	10	11
A										
			60 00 00							
B	+6 253 34 54	253 35 00							1 000.000	2 000.000
			133 35 00	125.37	−0.004 −86.431	+0.003 +90.815	−86.435	+90.818		
1	+6 114 52 36	114 52 42							913.565	2 090.818
			68 27 42	109.84	−0.004 +40.325	+0.003 +102.170	+40.321	+102.173		
2	+6 240 18 48	240 18 54							953.886	2 192.991
			128 46 36	106.26	−0.004 −66.549	+0.002 +82.840	−66.553	+82.842		
C	+6 227 16 12	227 16 18							887.333	2 275.833
			176 05 54							
D										
	836 02 30	836 02 54		341.47	−112.655	+275.825	−112.667	+275.833		

辅助计算

$f_\beta=\alpha'_{CD}-\alpha_{CD}=(60^\circ00'00''+4\times180^\circ+836^\circ02'30'')-176^\circ02'54''=-24''$

$f_{\beta允}=\pm60''\sqrt{4}=\pm120''$

$f_x=(-112.655)-(887.333-1\ 000.00)=+0.012$

$f_y=275.825-(2\ 275.833-2\ 000.00)=-0.008$

$f_D=\sqrt{f_x^2+f_y^2}=\sqrt{0.012^2+(-0.008)^2}=0.014$

$K_D=\dfrac{f_D}{\sum D}=\dfrac{0.014}{341.47}=\dfrac{1}{24\ 386}$

草图

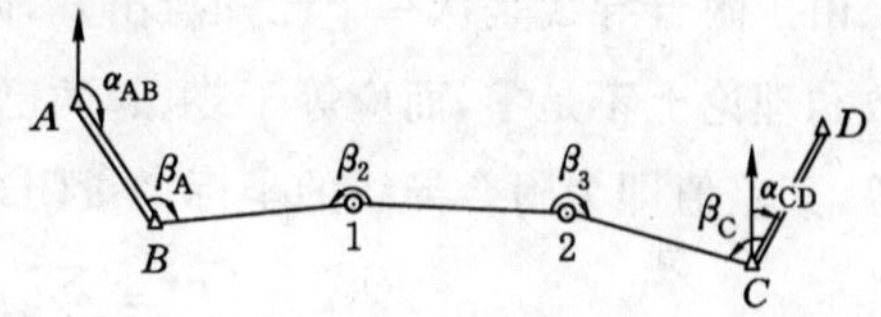

1. 角度闭合差的计算

在图 5-21 所示的附合导线中，A、B、C、D 为已知点，α_{AB}和 α_{CD}分别为起边和终边的方位角。根据方位角(左角)推算公式，有：

$$\alpha_{12}=\alpha_{AB}+180^\circ+\beta_1$$

$$\alpha_{23}=\alpha_{12}+180^\circ+\beta_2=\alpha_{AB}+2\times180^\circ+(\beta_1+\beta_2)$$

$$\vdots$$

$$\alpha'_{CD}=\alpha_{(n-1)n}+180^\circ+\beta_n=\alpha_{AB}+n\times180^\circ+(\beta_1+\beta_2+\cdots+\beta_n)$$

即

$$\alpha'_{CD}=\alpha_{AB}+n\times180^\circ+\sum\beta_{测} \tag{5-15}$$

式中 n——观测角的个数；

$\sum\beta_{测}$——观测角的总和；

α'_{CD}——推得的 CD 边(终边)的方位角。

应当注意,当推算出的 α'_{CD}超过 360°时,应减去一个或若干个 360°。

例如,在表 5-7 中:

$$\begin{aligned}\alpha'_{CD} &= \alpha_{AB} + n \times 180° + \sum\beta_{测} \\ &= 60°00'00'' + 4 \times 180° + 836°02'30'' \\ &= 1\ 616°02'30'' - 4 \times 360° = 176°02'30''\end{aligned}$$

测量误差的存在,使得推得的 CD 边的方位角 α'_{CD}不等于其已知方位角 α_{CD}。两者的差值(方位角闭合差)即角度闭合差 f_β,即:

$$f_\beta = \alpha'_{CD} - \alpha_{CD} \tag{5-16}$$

例如,在表 5-7 中:

$$f_\beta = \alpha'_{CD} - \alpha_{CD} = 176°02'30'' - 176°02'54'' = -24''$$

附合导线角度闭合差允许值的计算以及角度闭合差的调整方法与闭合导线相同。但应当注意,改正后角值的检核应按下式进行:

$$\sum\beta_{改} = \sum\beta_{测} - f_\beta \tag{5-17}$$

式中 $\sum\beta_{改}$——各角改正后的角值之和。

2. 坐标增量闭合差的计算

由于附合导线是从一个已知点出发,附合到另一个已知点,因此,各边纵、横坐标增量的代数和理论上不是零,而应等于终、起两已知点间的坐标增量(即两已知点坐标之差)。如不相等,其差值即为附合导线的坐标增量闭合差,计算公式为:

$$\begin{cases} f_x = \sum\Delta x_{测} - (x_{终} - x_{起}) \\ f_y = \sum\Delta y_{测} - (y_{终} - y_{起}) \end{cases} \tag{5-18}$$

式中 $x_{起}$、$y_{起}$——导线起点的纵、横坐标。

$x_{终}$、$y_{终}$——导线终点的纵、横坐标。

例如,在表 5-7 中:

$$f_x = (-112.655) - (887.333 - 1\ 000.00) = +0.012\ (\text{m})$$

$$f_y = 275.825 - (2\ 275.833 - 2\ 000.00) = -0.008\ (\text{m})$$

附合导线的导线全长闭合差、全长相对闭合差和允许相对闭合差的计算以及增量闭合差的调整,与闭合导线相同。但应当注意,改正后坐标增量的检核应按下式进行:

$$\begin{cases} \sum\Delta x_{改} = x_{终} - x_{起} \\ \sum\Delta y_{改} = y_{终} - y_{起} \end{cases} \tag{5-19}$$

式中 $\sum\Delta x_{改}$——各边改正后的纵坐标增量之和;

$\sum\Delta y_{改}$——各边改正后的横坐标增量之和。

任务四　全球导航卫星系统测定点位

知识要点

GNSS 静态测量；RTK 测量方法。

技能目标

了解 GNSS 静态测量方法和流程；掌握 RTK 测量方法和流程。

一、GNSS 静态测量

1. GNSS 控制网设计

GNSS 测量与常规测量工作相似，按照 GNSS 测量的实施工作程序可分为以下几个步骤：方案设计、选点埋石、外业准备、外业观测、成果检核和数据处理。以载波相位观测量为根据的相对定位，是当前 GNSS 测量中普遍采用的精密定位方法。所以本节主要介绍实施这种高精度 GNSS 测量工作的基本程序与作业模式。

GNSS 控制网技术设计是进行 GNSS 测量工作的第一步，其主要内容包括精度指标的合理确定、网的图形设计和网的基准设计等。

GNSS 网精度指标的确定取决于网的用途，设计时应根据实际需要和可以实现的设备条件，恰当地确定 GNSS 网的精度等级。

GNSS 网的精度指标通常以网中相邻点之间的距离误差 m 来表示：

$$m = a + b \times 10^{-6} D \tag{5-20}$$

式中　m——网中相邻点的距离误差，mm；

a——GNSS 固定误差，mm；

b——比例误差，ppm；

D——相邻点间的间距，km。

根据现行的全球定位系统测量相关规范，GNSS 按照精度和用途分为 A、B、C、D、E 级。

A 级 GPS 网由卫星定位连续运行基准站构成，精度不应低于表 5-8 所列的要求。

表 5-8　A 级 GPS 网技术指标

级别	坐标年变化率中误差				用途
	水平分量/(mm/a)	垂直分量/(mm/a)	相对精度	地心坐标各分量年平均中误差/mm	
A	2	3	1×10^{-8}	0.5	建立国家一等大地控制网，进行全球性的地球动力学研究、地壳形变测量和精密定轨等

B、C、D、E 级的精度不得低于表 5-9 所列的要求。

表 5-9　B、C、D、E 级 GPS 网技术指标

级别	相邻基线分量中误差			用途
	水平分量 /mm	垂直分量 /mm	相邻点平均距离 /km	
B	5	10	50	建立国家二等大地控制网，建立地方或城市坐标基准框架、区域性的地球动力学研究、地壳形变测量、局部形变监测和各种精密工程测量等
C	10	20	20	建立国家三等大地控制网，以及建立区域、城市及工程测量的基本控制网等
D	20	40	5	建立四等大地控制网
E	20	40	3	用于中小城市、城镇以及测图、地籍、土地信息、房产、物探、勘测、建筑施工等的控制测量

2. GNSS 网的图形设计

在 GNSS 测量中，控制网的图形设计是一项非常重要的工作。由于控制点中点与点不需要通视，因此其图形具有较大的灵活性。GNSS 的图形布设通常有点连式、边连式、网连式和混连式四种基本形式，前三种形式如图 5-22 所示。图形布设形式的选择取决于工程所需要的精度、GNSS 接收机台数及野外观测条件等因素。

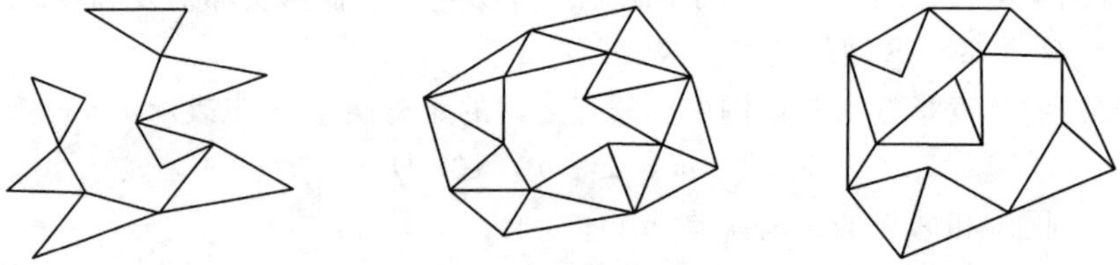

(a) 点连式　　(b) 边连式　　(c) 混连式

图 5-22　GNSS 的图形布设

(1) 点连式

点连式是指通过一个公共点将相邻的同步图形连接在一起。点连式布网由于不能组成一定的几何图形、形成一定的检核条件，图形强度低，而且一个连接点或一个同步环发生问题，会影响到后面的所有同步图形。因此，这种布网方式一般不单独使用，如图 5-22(a) 所示。

(2) 边连式

边连式是通过一条边将相邻的同步图形连接在一起，如图 5-22(b) 所示。与点连式相比，边连式观测作业方式可以形成较多的重复基线与独立环，具有较好的图形强度与较高的作业效率。

(3) 网连式

网连式就是相邻的同步图形间有三个以上的公共点，相邻图形有一定的重叠。采用这种形式测设的 GNSS 网具有很强的图形强度，但是效率很低，一般适用于精度要求高的控

制网。

(4) 混连式

在实际作业中，由于以上几种布网方案存在不同程度上的缺点，一般不单独采用一种形式，而是根据具体情况，灵活地采用以上几种布网方案，成为混连式，如图 5-22(c)所示。混连式是实际作业中最常用的作业方式。

3. GNSS 网的基准设计

通过 GNSS 观测可以获得 WGS-84 坐标系下的地面点间的基准向量，需要转换成国家坐标系或独立坐标系下的坐标。因此对于一个 GNSS 网而言，在设计阶段就应首先明确 GNSS 成果所采用的坐标系统和起算数据，即 GNSS 网的基准设计。

GNSS 网的基准包括网的位置基准、方向基准和尺度基准。位置基准一般根据给定的起算点的坐标确定；方向基准一般根据给定的起算方法确定，也可以将 GNSS 基线的方位作为方向基准；尺度基准一般可根据起算点间的反算距离确定，也可以利用电磁笔测距作为尺度基准，或者直接根据 GNSS 边长作为尺度基准。可见，只要 GNSS 的位置、方向、尺度基准确定了，该网也就确定了。

4. GNSS 外业测量工作

在进行 GNSS 测量之前，必须做好一切外业准备工作，以保证外业工作的顺利实施。外业准备工作一般包括测区踏勘、资料收集、技术设计的编写、设备的准备与人员安排、观测计划的制订、GNSS 仪器的选择与检验等。GNSS 观测工作主要包括天线安置、观测作业、观测记录、观测成果的外业检核等四个过程。因此，GNSS 外业测量主要工作如下。

由于 GNSS 测量不需要点之间通视，而且网的结构比较灵活，因此选点的工作较常规测量要简便。但点位选择得好坏直接关系到 GNSS 测量能否顺利进行，关系到 GNSS 成果的可靠性。因此，选点工作十分重要。选点前，收集有关布网任务、测区基本情况、已有控制点、卫星地面站的资料，了解测区交通、通信、供电、气象等情况。

对一个 GNSS 点，其点位选择应满足下列基本条件：周围便于安置仪器和操作，视野开阔，视场内障碍物的高度角不应超过 15°；远离大功率无线电发射源（如电视台、电台、微波站等），其距离应大于 200 m；远离高压线和微波无线电传送通道，其距离应大于 50 m；附近不应有强烈反射卫星信号的物件（如大型建筑物或大面积水面）；交通便利，有利于其他测量手段扩展和联测；地面基础牢固稳定，易于点的保存。

(1) 安置天线

天线一般应尽可能利用三脚架直接安置在标志中心的垂直方向上，对中误差不大于 3 mm。架设天线不宜过低，一般应距离地面 1.5 m 以上。天线架设好后，在圆盘天线间隔 120°方向上分别量取三次仪器高，互差不应大于 3 mm，取其平均值记入测量手簿中。为消除相位中心偏差对测量成果的影响，安置天线时用软盘定向使天线严格指向北方。

(2) 外业观测

检查电源通信电缆是否正常工作，并确保无异常。按照规定的时间打开 GNSS 接收机，根据接收机型号可进行测站名称、卫星高度截止角、卫星采样间隔等设置。一个时段的测量工作结束后要检查仪器高是否发生变化，确保无变化后方可关机、迁站。为削弱电离层的影响，安排一部分夜间观测。

(3) 观测记录

外业观测过程中，所有的观测数据和资料都应妥善记录。观测记录主要由接收机设备自动完成，均记录在存储介质(内存、磁带、磁卡等)上。记录的数据包括载波相位观测值及其相应的观测历元、同一历元的测码伪距观测值、GNSS 卫星星历及卫星钟差参数、大气折射修正参数、实时绝对定位结果、测站控制信息及接收机工作状态信息。

(4) 外业成果检核

观测成果的外业检核是确保外业观测质量和实现定位精度的重要环节。因此，外业观测数据在测区时就要及时进行严格检查，对外业预处理结果要按照规范要求进行严格检查、分析，根据情况进行必要的重测和补测，确保外业成果无误后方可离开测区。对每天的观测数据及时进行处理，及时统计同步环和异步环闭合差，对超限的基线及时分析并重测。

5. GNSS 数据处理

GNSS 数据处理是指将外业采集的数据进行分析计算并最终获得测量定位成果的全过程。大致分为数据的粗加工、数据的预处理、基线向量解算、GNSS 基线向量网平差或与地面控制点联合平差等几个阶段。数据处理的基本流程如图 5-23 所示。

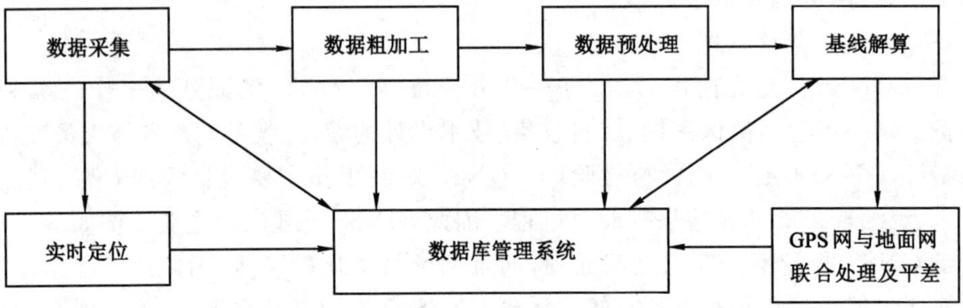

图 5-23　数据处理基本流程

图 5-23 中，数据采集和实时定位在外业测量过程中完成；数据的粗加工至基线向量解算一般用随机软件(后处理软件)将接收机记录的数据传输至计算机，进行预处理和基线解算；GNSS 网平差可以采用随机软件进行，也可以采用专用平差软件包来完成。

二、RTK 测量

随着测绘科学技术的发展，传统的测图方法正逐步被不断涌现的新仪器、新设备、新技术、新方法所取代。GPS 全球定位系统作为新型测量系统，特别是随着 RTK 技术的出现，已广泛用于大地测量、工程测量、航空摄影测量以及地形测量等各个方面。GPS 全球定位系统中的常规 RTK 技术在工程测量中的应用，在近几年得到了迅速推广，这主要依赖于 GPS-RTK 技术可以向全球任何用户全天候地连续提供高精度的三维坐标、三维速度和时间信息等技术参数，大大减少了测量人员的劳动强度，自动化程度高、省工省时、精度高，提高了工作效率，使工程变得更经济。

1. 常规 RTK 技术的概述

随着全球定位系统(GPS)技术的快速发展，RTK 测量技术也日益成熟，RTK 测量技术逐步在测绘中得到应用。RTK 测量技术因其精度高、实时性和高效性，而使得其在城市测绘中的应用越来越广。RTK 是 GPS 发展的最新成果，它弥补了 GPS 原有的不足之处，不仅具有 GPS 原有的全天候、高精度、无须光学通视的特点，而且还可以为测量提供实时的定位结果。可以说,RTK 的产生是 GPS 应用的拓展,是测量方法的又一次突破,是测量史上的又一次变革。

RTK 实时动态差分法是一种新的常用的 GPS 测量方法,以前的静态、快速静态、动态测量都需要事后进行解算才能获得厘米级的精度,而 RTK 是能够在野外实时得到厘米级定位精度的测量方法。它采用了载波相位动态实时差分方法,是 GPS 应用的重大里程碑。它的出现为工程放样、地形测图以及各种控制测量带来了新曙光,极大地提高了外业作业效率。实时动态(RTK)测量系统,是 GPS 测量技术与数据传输技术的结合。RTK 测量技术是以载波相位观测量为根据的实时差分 GPS 测量技术,其基本思想是:在基准站上设置 1 台 GPS 接收机,对所有可见 GPS 卫星进行连续的观测,并将其观测数据通过无线电传输设备实时地发送给用户观测站。在用户站上,GPS 接收机在接收 GPS 卫星信号的同时,通过无线电接收设备接收基准站传输的观测数据,然后根据相对定位原理,实时地解算整周模糊度未知数并计算显示用户站的三维坐标及其精度。

2. RTK 测量系统的组成

RTK 测量系统一般由 GPS 接收设备、数据传输设备、软件系统三部分组成,如图 5-24 所示。数据传输系统由基准站的发射电台与流动站的接收电台组成,是实现实时动态测量的关键设备。

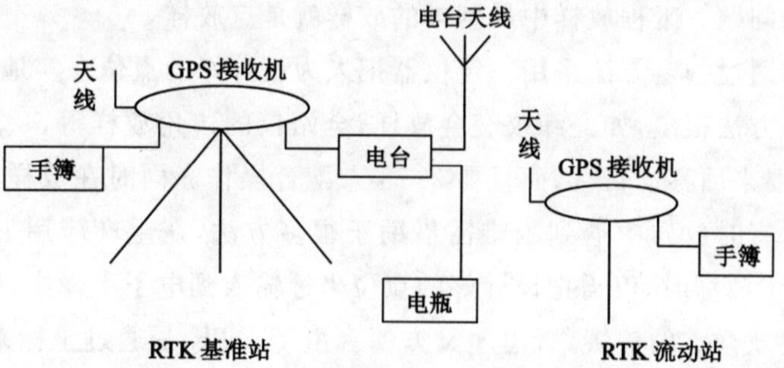

图 5-24 GPS-RTK 测量示意图

(1) GPS 接收设备

从理论上讲,双频接收机与单频接收机均可用于实时 GPS 测量。但是单频机进行整周未知数的初始化的需要很长的时间,此乃实时动态测量所不允许的;加之单频机在实际作业时容易失锁,失锁后的重新初始化要占用许多时间,因此,实际作业中一般应采用双频机。

(2) 数据传输设备

为把基准站的信息及观测数据一并实时传输到流动站,并与流动站的观测数据进行实时处理,必须配置高质量的无线通信设备(无线信号调制解调器)。由于数据信息量大,因此必须采用较高的传输速度,波特率通常要在 9 600 以上。此项要求目前不难达到。利用数据实时传输系统,流动站可以随时调阅基准站的工作状态和设站信息。这对于保证成果质量和排除观测中出现的问题十分有利。

(3) 软件系统

基准站将自身信息与观测数据,通过数据链传输到流动站,流动站将从基准站接收到的信息与自身采集到的观测数据组成差分观测值。在整周未知数解算出以后，即可进行每历元的实时处理。只要保证锁定4颗以上的卫星，并具有足够的几何图形强度，就能随时给出厘米级的点位精度。目前该系统已发展成为多功能的完整系统，所以能成功地用于实际作业中。

三、RTK技术的应用

1. RTK技术在低等级控制测量中的应用

为满足城市建成区和规划区测绘的需要，城市控制网都具有控制面积大、精度高等特点，城市一、二、三级导线大多位于地面。随着城市建设的飞速发展，这些点常被破坏，影响了工程测量的进度。常规控制测量(如导线测量)要求点间通视，费工费时，且精度不均匀。GPS静态测量，点间不需通视且精度高，但需事后进行数据处理，不能实时知道定位结果，如内业发现精度不符合要求则必须返工。应用RTK技术无论是在作业精度还是作业效率上，都具有明显的优势。

2. RTK技术在工程放样中的应用

对于工程测量来说，工程放样是必不可少的，一个较大的工程建设，含有大量的工程放样工作，放样质量的好坏直接影响到工程建设的质量，怎样高质量、高效率地完成放样工作是我们亟待解决的问题。工程放样中最基本的放样就是点放样。

放样就是要求通过一定方法采用一定仪器把人为设计好的点位在实地给标定出来。过去采用的常规放样方法很多，如经纬仪交会放样、全站仪的边角放样等，一般要放样出一个设计点位，往往需要来回移动目标，而且要2～3人配合操作。同时在放样过程中还要求点间通视情况良好。有时放样中遇到困难需借助于很多方法，在生产应用上效率不是很高。如果采用RTK技术放样时，仅需把设计好的点位坐标输入到电子手簿中，GPS接收机会提醒测量人员走到要放样点的位置，既迅速又方便。由于RTK是通过坐标来直接放样的，而且精度很高也很均匀，因而大大提高外业放样的效率，且只需一个人操作。RTK工程放样与经纬仪加钢尺或全站仪放样相比，可以说是工程放样的一次飞跃，它具有作业简便、直观、高效等诸多优点。

3. 线路中线定线

RTK测量技术用于市政道路中线或电力线中线放样，放样工作一人也可完成。将线路参数如线路起终点坐标、曲线转角、半径等输入RTK的外业控制器，即可放样。放样方法灵活，既能按桩号也可按坐标放样，并可以随时互换。放样时屏幕上有箭头指示偏移量和偏移方位，便于前后、左右移动，直到误差小于设定的为止。

4. 其他方面测量

RTK技术还可用于地形测量、水域测量、管线测量、房产测量等方面。用RTK测图，可不用布设图根控制，仅依据少量的基准点，即可直接测定地形地物点坐标，如果用专业测图软件，通过电子手簿记录即可实现数字化测图。在水下地形测量时，RTK能自动导航和按距离或时间间隔自动采点，只要将天线高量至水面，加水深改正后，即可高精度地实时测定水下地形点的三维坐标，由专业软件成图。

技能训练 6 平面控制测量(导线测量)

1. 实习目的

(1) 掌握闭合导线的布设方法。

(2) 掌握闭合导线的外业观测方法。

2. 仪器工具

每组全站仪 1 台、脚架 3 个、棱镜 2 个、记录板 1 个。

3. 实习任务

每组完成一闭合导线的水平角观测、导线边长测量的任务。

4. 实习要点及流程

(1) 要点

① 闭合导线的折角,观测闭合图形的内角。

② 瞄准目标时,应尽量使用棱镜中心。

③ 量边要量水平距离。

(2) 流程

① 测角。

② 量边。

5. 技术要求(表 5-10)

表 5-10 导线测量技术要求

附合导线长度 /m	平均边长 /m	测回数	方位角闭合差 /(″)	每边测距中误差 /mm	导线全长相对闭合差
900	80	1	$\pm 40\sqrt{n}$	±12	1/4 000

6. 实习记录(表 5-11)

表 5-11 导线测量外业记录表

日期:________年________月________日 天气:________ 仪器型号:________ 组号:________

观测者:________ 记录者:________ 参加者:________

<table>
<tr><th rowspan="2">测点</th><th rowspan="2">盘位</th><th rowspan="2">目标</th><th rowspan="2">水平度盘读数
/(° ′ ″)</th><th colspan="2">水平角</th><th rowspan="2">边长</th></tr>
<tr><th>半测回值/(° ′ ″)</th><th>一测回值/(° ′ ″)</th></tr>
<tr><td rowspan="4"></td><td rowspan="2"></td><td></td><td></td><td rowspan="2"></td><td rowspan="4"></td><td rowspan="4">边长名:________
平距:________ m
平距:________ m
平均值:________ m</td></tr>
<tr><td></td><td></td></tr>
<tr><td rowspan="2"></td><td></td><td></td><td rowspan="2"></td></tr>
<tr><td></td><td></td></tr>
</table>

表 5-11(续)

测点	盘位	目标	水平度盘读数/(°′″)	水平角 半测回值/(°′″)	水平角 一测回值/(°′″)	边长
						边长名:________
						平距:________ m
						平距:________ m
						平均值:________ m
						边长名:________
						平距:________ m
						平距:________ m
						平均值:________ m
						边长名:________
						平距:________ m
						平距:________ m
						平均值:________ m
						边长名:________
						平距:________ m
						平距:________ m
						平均值:________ m
校核	内角和闭合差 $f=$					

思考与练习

1. 测量控制网点的布设原则是什么？控制网分为哪几种？

2. 什么叫导线？单一导线有哪几种布设形式？各在什么情况下使用？

3. 导线测量的外业工作包括哪些？现场选点时应注意哪些问题？

4. 什么叫坐标正算和坐标反算？

5. 已知 $x_A=2\,515.93$ m，$y_A=3\,972.19$ m，$\alpha_{AB}=307°46'482$，$D_{AB}=107.62$ m，试求 x_B、y_B 的值。

6. 利用第 5 题中的 x_A、y_A 和计算的 x_B、y_B 反算求 D_{AB} 和 α_{AB}。

7. 图 5-25 所示为一闭合导线，已知数据和观测值均标注于图中，请按闭合导线的计算方法计算出导线各点的坐标。

8. 图 5-26 所示为一附合导线，表 5-12 中列出了已知点的坐标和观测值，请按附合导线的计算方法计算附合导线中各点的坐标。

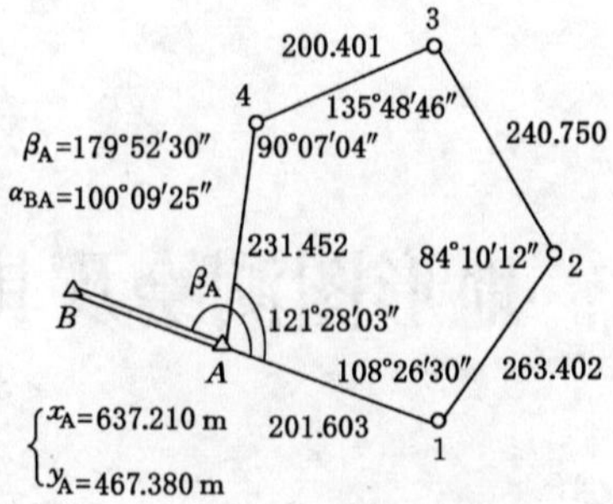

图 5-25 题 7 图

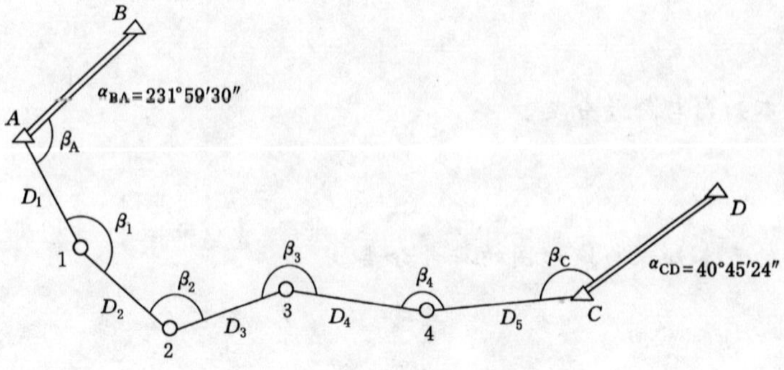

图 5-26 题 8 图

表 5-12 已知点的坐标和观测值

点号	观测角值/(° ′ ″)	观测边长/m	已知点坐标 x	已知点坐标 y
A	99 01 00		2 507.70	2 215.83
		225.85		
1	167 45 00			
		139.03		
2	123 11 24			
		172.57		
3	189 20 11			
		100.07		
4	179 59 18			
		107.48		
C	129 27 24		2 224.84	2 795.36

项目六　地形图测绘及其应用

任务一　地形图的识读

知识要点

地形图的基本知识与符号分类。

技能目标

掌握地形图的基本知识与地形图的符号分类。

一、比例尺

地形图上任意一条线段的长度与地面上相应线段的实际水平长度之比，称为地形图的比例尺。比例尺是地形图上最重要的参数，它既决定了地形图图上长度与实地长度的换算关系，又决定了地形图的详细程度与精度。

1. 比例尺的表示方法

设图上某一线段的长度为 d，地面上相应线段的水平长度为 D，则该地形图比例尺为：

$$\frac{d}{D}=\frac{1}{\frac{D}{d}}=\frac{1}{M} \tag{6-1}$$

式中，M 为比例尺分母。当图上 10 mm 代表地面上 20 m 的水平长度时，该图的比例尺即为 1∶2 000。由此可见，比例尺分母实际上就是实地水平长度缩绘到图上的缩小倍数。

比例尺的大小是以比例尺的比值大小来衡量的。比值越大(分母 M 越小)，则比例尺越大。为了满足经济建设和国防建设的需要，测绘和编制了各种不同比例尺的地形图，通常称 1∶100 万、1∶50 万、1∶20 万为小比例尺地形图；1∶100 000、1∶50 000、1∶25 000 为中比例尺地形图；1∶10 000、1∶5 000、1∶2 000、1∶1 000、1∶500 为大比例尺地形图。工程建设中通常采用大比例尺地形图。

2. 比例尺的精度

人们用肉眼能分辨的图上最小长度为 0.1 mm，因此在图上量度或实地测图描绘时，一般只能达到图上 0.1 mm 的精度。我们把图上 0.1 mm 所代表的实际水平长度称为比例尺精度。

比例尺精度的概念，对测绘地形图和使用地形图都有重要的意义。在测绘地形图时，要根据测图比例尺确定合理的测图精度。例如在测绘 1∶500 比例尺地形图时，实地量距只需取到 5 cm，因为即使量得再细，在图上也无法表示出来。在进行规划设计时，要根据用图的精度确定合适的测图比例尺。例如在工程建设中,要求在图上能反映地面上 10 cm 的水平距离精度,则采用的比例尺不应小于 0.1 mm/0.1 m=1/1 000。

表 6-1 所列为不同比例尺的比例尺精度,可见比例尺越大,其比例尺精度就越高,表示的地物和地貌越详细,但是一幅图所能包含的实地面积也越小,而且测绘工作量及测图成本会有所增加。因此,采用何种比例尺测图,应从规划、施工实际需要的精度出发,不应盲目追求更大比例尺的地形图。但随着数字地形测图技术的普及,地形图通常一测多用,此时应以工程用图的最高精度来确定比例尺的精度。

表 6-1 不同比例尺的比例尺精度

比例尺	1∶500	1∶1 000	1∶2 000	1∶5 000
比例尺精度/m	0.05	0.10	0.20	0.50

二、地形图的分幅与编号

为了便于测绘、拼接、使用和保管地形图,需要将各种比例尺的地形图进行统一的分幅和编号。用于各种工程建设的大比例尺地形图,一般采用矩形分幅,矩形分幅有正方形分幅和长方形分幅两种,即以平面直角坐标的纵、横坐标线来划分图幅,使图廓呈长方形或正方形。矩形分幅的规格见表 6-2。

表 6-2 矩形与正方形分幅的图幅规格

比例尺	长方形分幅		正方形分幅			图廓坐标值/m
	图幅大小/cm×cm	实地面积/km²	图幅大小/cm×cm	实地面积/km²	分幅数	
1∶5 000	50×40	5	40×40	4	1	1 000 的整倍数
1∶2 000	50×40	0.8	50×50	1	4	1 000 的整倍数
1∶1 000	50×40	0.2	50×50	0.25	16	500 的整倍数
1∶500	50×40	0.05	50×50	0.062 5	64	50 的整倍数

矩形分幅的编号方法有坐标编号法、流水编号法和行列编号法。

坐标编号法是以该图廓西南角点的纵、横坐标的千米数来表示该图图号。如图 6-1 所示为 1∶2 000 比例尺地形图,其西南角点坐标 $x=84$ km,$y=62$ km,其同幅图号为 84.0-62.0。

测区不大、图幅不多时,可在整个测区内按从上到下、从左到右采用流水数字顺序编号,如图 6-2 所示。

行列编号法是将测区所有的图幅,以字母为行号,以数字为列号,以图幅所在行的字母和所在列的数字作为该图幅的编号。例如,第 4 行第 3 列的图幅号为 D-3。

三、地形图图示

地形是地物和地貌的总称。地面上有明显轮廓的固定的自然物体和人工建筑的物体都称为地物,如村庄、河流、湖泊、森林等。地貌是指地球表面的自然起伏状态,包括山地、平原、陡坎、崩崖等。在地形图上,对地物、地貌符号的样式、规格、颜色、使用以及地图注记和图廓整饰等都有统一规定,称为地形图图式。地形图图式是表示地物和地貌的符号和方法。

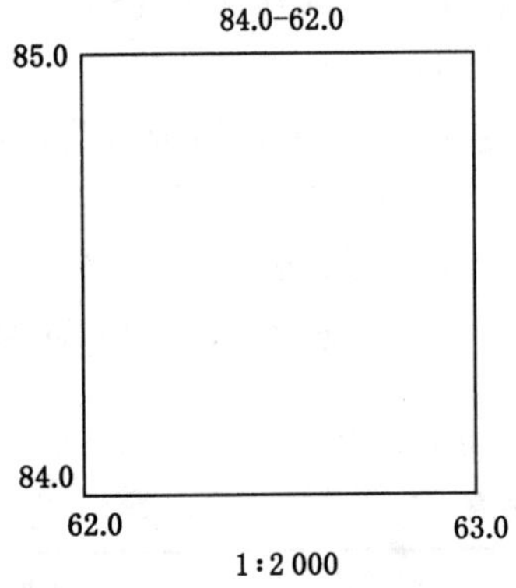

图 6-1　坐标编号法

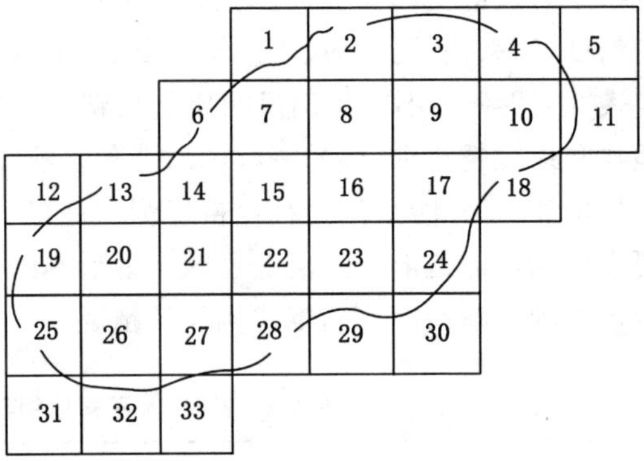

图 6-2　流水编号法

一个国家的地形图图式是统一的，它属于国家标准。

地形图图式中的符号有三类：地物符号、地貌符号和注记符号。

1. 地物符号

地物的类别、形状和大小及其在图上的位置用地物符号表示。根据地物大小及描绘方法的不同，地物符号又可分为比例符号、非比例符号、半比例符号和填充符号。

(1) 比例符号

有些地物的轮廓较大，其形状和大小可以按测图比例尺缩绘在图纸上，再配以特定的符号予以说明，这种符号称为比例符号。如房屋及较宽的道路、稻田、花园、运动场、湖泊、森林等。

(2) 非比例符号

有些地物如三角点、导线点、水准点、独立树、路灯、检修井等，其轮廓较小，无法将其形状和大小按照地形图的比例尺绘到图上，而该地物又很重要，必须表示出来，则不管地物的实际尺寸，而用规定的符号表示之，这类符号称为非比例符号。

(3) 半比例符号

对于一些带状延伸地物，如小路、通信线、管道、垣栅等，这种长度可按比例缩绘但宽度无法按比例表示的符号称为线形符号。线形符号的中心线即是实际地物的中心线。

(4) 填充符号

填充符号是用于表示农业场地、森林、自然地域等范围内的主要植被类型和品质等的符号，并且按照一定的间隔和规定的大小均匀地绘制在相应的区域内，其地域轮廓的大小是依比例测绘的，而填充的单个符号既不表示物体的大小，也不表示物体的实际位置，称为填充符号，又称为面积符号。其轮廓一般用地类界表示，而填充符号则用规定的符号和一定的文字与数字说明，以进一步表示物体的高度和属性，如旱地、荒地、菜地、灌 1.5、桦 5.0 等。

2. 地貌符号

地形图上表示地貌的主要方法是等高线。等高线又分为首曲线、计曲线、间曲线和助曲线。一般在计曲线上注记等高线的高程；在谷地、鞍部、山头及斜坡方向不易判读的地方和凹地的最高、最低一条等高线上绘制与等高线垂直的短线，称为示坡线，用以指示斜坡降落方向。地貌的具体表示方法在后面内容中将做详细介绍。

3. 注记符号

有些地物除了用相应的符号表示外，对于地物的性质、名称等在图上还需要用文字和数字加以注记，如房屋的结构、层数、地名、道路名称、单位名、计曲线的高程、碎部点高程、独立性地物的高程以及河流的水深、流速等。

四、地貌的表示

用等高线表示地貌，不仅能表示地面的起伏形态，而且还能科学地表示出地面的坡度和地面点的高程。

1. 等高线的概念

等高线就是由地面上高程相同的相邻点所连接而成的闭合曲线。如图6-3所示，假设有一座位于平静湖水中的小山，山顶与湖水的交线就是等高线，而且是闭合曲线，交线上各点高程必然相等(例如为53 m)；当水位下降1 m后，水面与小山又截得一条交线，这就是高程为52 m的等高线。以此类推，水位每降落1 m，水面就与小山交出一条等高线，从而得到一组高差为1 m的等高线。设想把这组实地上的等高线铅直地投影到水平面图上去，并按规定的比例尺缩绘到图纸上，就得到一张用等高线表示的该小山的地貌图。

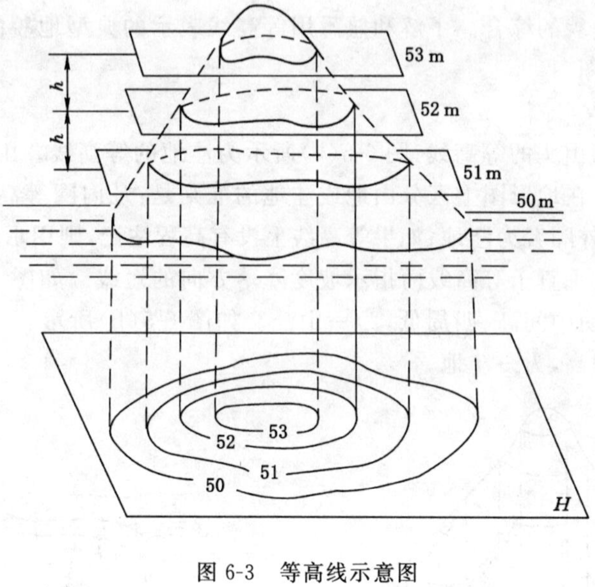

图6-3 等高线示意图

2. 等高距和等高线平距

相邻等高线之间的高差，称为等高距，常以 A 表示之。在同一幅图上，等高距是相同的。相邻等高线之间的水平距离称为等高线平距，常以 d 表示之。因为同一张地形图内，等高距是相同的，所以等高线平距 d 的大小直接与地面的坡度有关。如图6-4所示，地面上 CD 段的坡度大于 BC 段，其等高线平距 cd 就比 bc 小；相反，地面上 CD 段的坡度小于 AB 段，其等高线平距就比 AB 段大。也就是说，等高线平距越小，地面坡度越陡，图上等高线就显得越密集；反之，则比较稀疏。当地面的坡度均匀时，等高线平距就相等。因此，根据等高线的疏密可以判断地面坡度的缓与陡。

从上述可以知道，等高距越小，显示地貌就越详尽；等高距越大，其所显示的地貌就越简

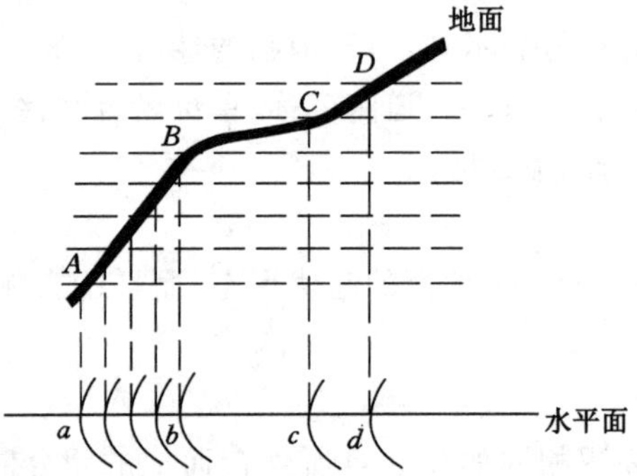

图 6-4　等高线平距与地面坡度的关系

略。但是事物总是一分为二的，等高距越小，图上的等高线很密，将会影响图面的清晰醒目。因此，等高距的大小应根据测图比例尺与测区地形情况进行选择。

3. 用等高线表示的几种典型地貌

地面上地貌的形态是多样的，对它进行仔细分析后，就会发现：无论地貌怎样复杂，它们不外乎是几种典型地貌的综合。了解和熟悉用等高线表示的典型地貌的特征，将有助于识读、应用和测绘地形图。

(1) 山头和洼地

图 6-5(a)所示为山头的等高线；图 6-5(b)所示为洼地的等高线。山头和洼地的等高线都是一组闭合曲线。在地形图上区分山地或洼地的准则是：凡内圈等高线的高程注记大于外圈者为山头，小于外圈者为洼地；如果等高线上没有高程注记，则用示坡线表示。

示坡线就是一条垂直于等高线而指示坡度降落方向的短线。如图 6-5(a)所示，示坡线从内圈指向外圈，说明中间高、四周低，为一山丘。如图 6-5(b)所示，示坡线从外圈指向内圈，说明中间低、四周高，为一洼地。

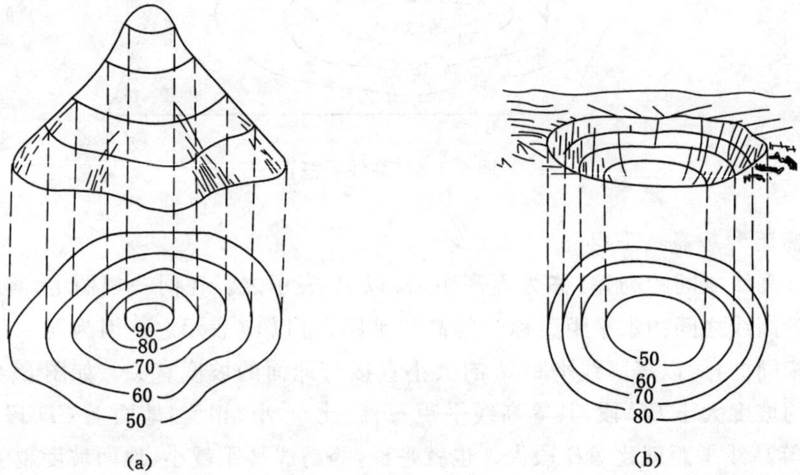

图 6-5　山头和洼地

(2) 山脊与山谷

山脊是顺着一个方向延伸的高地。山脊上最高点的连线称为山脊线。山脊的等高线表现为一组凸向低处的曲线，如图 6-6(a)所示。

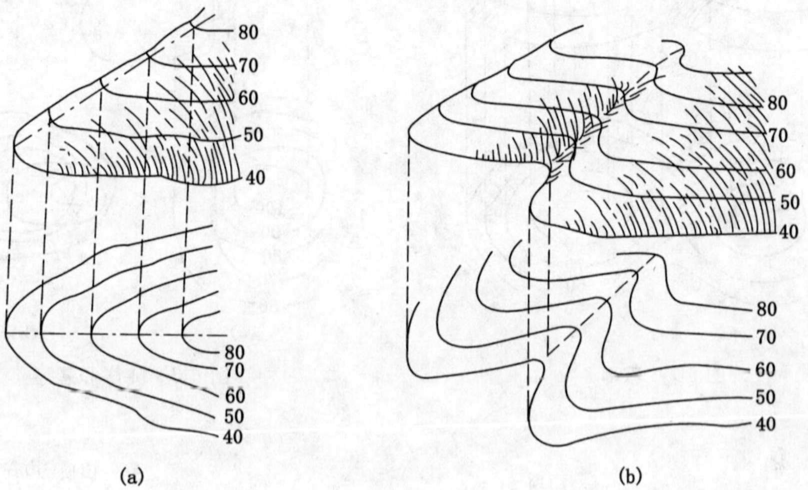

图 6-6　山脊和山谷

山谷是沿着一个方向延伸的洼地，位于两山脊之间。贯穿山谷最低点的连线称为山谷线。山谷等高线表现为一组凸向高处的曲线，如图 6-6(b)所示。

(3) 鞍部

鞍部就是相邻两山头之间呈马鞍形的低凹部位，如图 6-7 所示。鞍部(S 点处)俗称垭口，是两个山脊与两个山谷会合的地方，鞍部等高线的特点是在一圈大的闭合曲线内套有两组小的闭合曲线。

(4) 陡崖和悬崖

陡崖是坡度在 70°～90°的陡峭崖壁，有石质和土质之分。若用等高线表示，将非常密集或重合为一条线，因此采用陡崖符号来表示，如图 6-8(a)所示。

悬崖是上部凸出、下部凹进的陡崖。上部的等高线投影在水平面时，与下部的等高线相交，下部凹进的等高线用虚线表示，如图 6-8(b)所示。

还有某些特殊地貌，如冲沟、滑坡等，其表示方法参见地形图图式。

了解和掌握了典型地貌等高线，就不难读懂综合地貌的等高线图。图 6-9 所示为某一地区综合地貌，读者可自行对照阅读。

4. 等高线的分类

(1) 首曲线

按地形图的基本等高距测绘的等高线称首曲线，又称基本等高线。首曲线用细实线描绘。

(2) 计曲线

为读图时量算高程方便起见，每隔 4 根首曲线加粗描绘 1 根等高线，称为计曲线，又称加粗等高线。

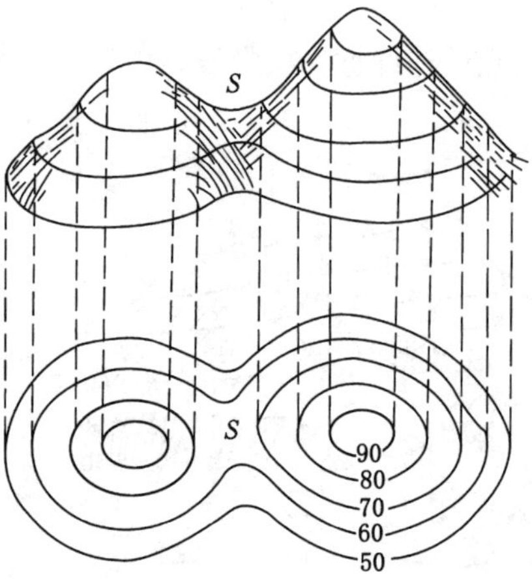

图 6-7　鞍部

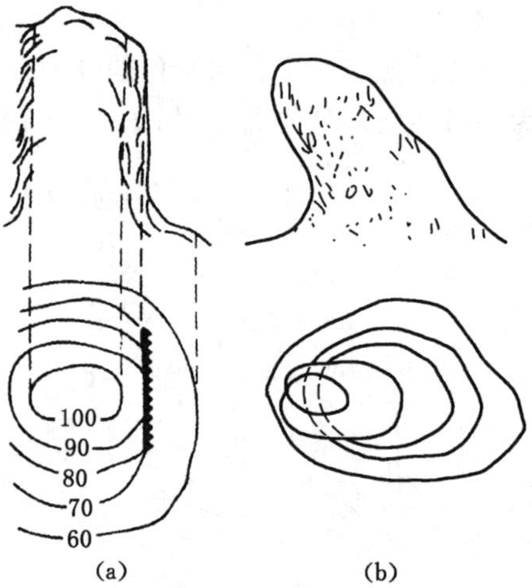

图 6-8　陡崖和悬崖

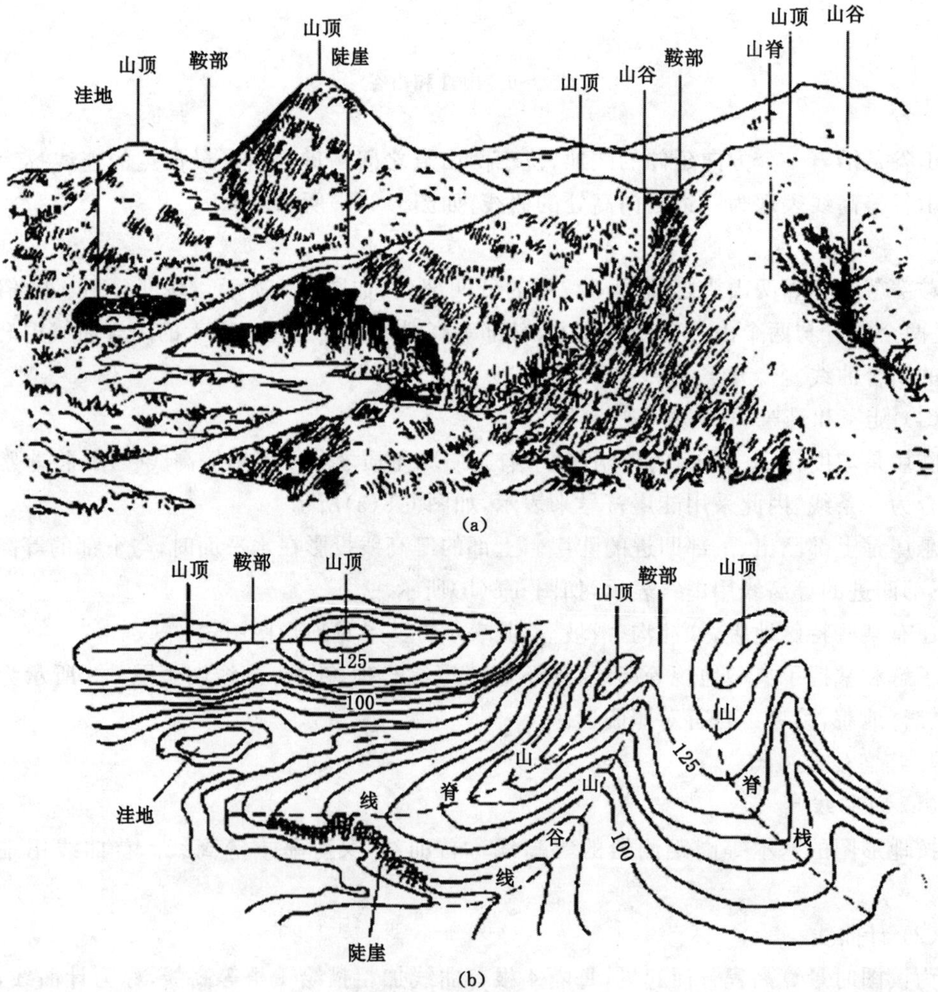

图 6-9　某地区综合地貌

任务二　全站仪地形图测绘

知识要点

大比例尺地形图测绘的方法。

技能目标

掌握大比例尺地形图测绘的方法。

一、数字测图概述

随着计算机技术和信息技术的发展，将地形图信息通过电子测量仪器或数字化仪器转换为数字量输入计算机，以数字形式存储在磁盘或存储介质上，既便于传输和直接获取地形的数量指标，也便于需要时通过显示器或用数控绘图仪绘制线画地形图，这就是数字化测图技术。数字化测图的优点是“数—数”过程不降低观测数据精度，成果易于存储、管理和共享。

数字化测图(Digital Surveying and Mapping，简称 DSM)是以电子计算机为核心，以测绘仪器和打印机等输入、输出设备为硬件，在测绘软件的支持下，对地形空间数据进行采集、传输、处理编辑、入库管理和成图输出的一整套过程。它是近 20 年发展起来的一种全新的测绘地形图方法。

依空间数据来源、使用的仪器设备及采集数据的方法不同，数字化测图应包括：利用电子全站仪或其他测量仪器进行野外数字化测图，利用手扶数字化仪或扫描数字化仪对传统方法测绘的原图的数字化，以及借助解析测图仪或立体坐标量测仪对航空摄影、遥感像片进行数字化测图等技术。

数字化测图的作业模式有两种：一种方法是野外测量记录，室内计算机成图的数字化测记模式；另一种方法是野外数据采集，便携式计算机实时成图的电子平板测绘模式。

二、全站仪数字测图

数字化测图根据所使用设备的不同，可采用两种方式实现：草图法和电子平板法。电子平板法由于笔记本电脑价格较贵，电池连续使用时间短，数字测图成本高，故实际中多采用草图法。

1. 草图法数字测图的流程

外业使用全站仪测量碎部点三维坐标的同时，绘图员绘制碎部点构成的地物形状和类型，并记录下碎部点点号(必须与全站仪自动记录的点号一致)。内业将全站仪或电子手簿记录的碎部点三维坐标，通过 CASS 传输到计算机，转换成 CASS 坐标格式文件并展点，根据野外绘制的草图在 CASS 中绘制地物。

2. 全站仪野外数据采集步骤

(1) 安置仪器

在控制点上安置全站仪，检查中心连接螺旋是否旋紧，对中、整平、量取仪器高，开机。

(2) 创建文件

在全站仪目录中，选择“数据采集”进入“选择一个文件”，输入一个文件名后确定，即完成文件创建工作，此时仪器将自动生成两个同名文件，一个用来保存采集到的测量数据，一个用来保存采集到的坐标数据。

(3) 输入测站点

输入一个文件名，回车后即进入数据采集的输入数据窗口，按提示输入测站点点号及标识符、坐标、仪高，后视点点号及标识符、坐标、镜高；仪器瞄准后视点，进行定向。

(4) 测量碎部点坐标

仪器定向后，即可进入“测量”状态，输入所测碎部点点号、编码、镜高后，精确瞄准竖立在碎部点上的反光镜，按“坐标”键，仪器即可测量出棱镜点的坐标，并将测量结果保存到前面输入的坐标文件中，同时将碎部点点号自动加 1 返回测量状态。再输入编码、镜高，瞄准第二个碎部点上的反光镜，按“坐标”键，仪器又测量出第二个棱镜点的坐标，并将测量结果保存到前面的坐标文件中。按此方法，可以测量并保存其后所测碎部点的三维坐标。

3. 下传碎部点坐标

完成外业数据采集后，使用通信电缆将全站仪与计算机的 COM 接口连接好，启动通信软件，设置好与全站仪一致的通信参数后，执行下拉菜单“通信/下传数据”命令；在全站仪上的内存管理菜单中，选择“数据传输”选项，并根据提示顺序选择“发送数据”及“坐标数据”和选择文件，然后在全站仪上选择确认发送，再在通信软件上的提示对话框上单击“确定”，即可将采集到的碎部点坐标数据发送到通信软件的文本区。

4. 格式转换

将保存的数据文件转换为成图软件(如 CASS)格式的坐标文件格式。执行下拉菜单“数据/读全站仪数据”命令，在“全站仪内存数据转换”对话框中的“全站仪内存文件”文本框中，输入需要转换的数据文件名和路径，在“CASS 坐标文件”文本框中输入转换后保存的数据文件名和路径。这两个数据文件名和路径均可以单击“选择文件”，在弹出的标准文件对话框中输入。单击“转换”，即完成数据文件格式转换。

5. 绘图

执行下拉菜单“绘图处理/定显示区”确定绘图区域；执行下拉菜单“绘图处理/展野外测点点位”，即在绘图区得到展绘好的碎部点点位，结合野外绘制的草图绘制地物；再执行下拉菜单“绘图处理/展高程点”。经过对所测地形图进行屏幕显示，在人机交互方式下进行绘图处理、图形编辑、修改、整饰，最后形成数字地图的图形文件。

任务三　地形图的应用

知识要点

地形图的认识、判读及其应用。

技能目标

掌握地形图的认识、判读及其应用。

一、大比例尺地形图的识读

为了正确地应用地形图，首先必须识图。在识图过程中，应掌握以下识图要点。

在地形图的图廓外有许多注记，如图名、图号、接图表、比例尺、图廓线、坐标格网、“三北”方向线和坡度尺等。

1. 图名、图号和接图表

为了找图、用图的方便和直观，每一幅图都进行了命名，即图名。图名一般是用本图幅内最著名的地名，如图幅内最大的村庄、集镇、工厂来命名，或者用凸出的地物、地貌等的名称来命名的。除图名外，为了清楚本图幅和相邻图幅的位置和拼接关系，每一幅地形图上都编有图号，图号是根据统一的分幅编号方法按顺序进行编写的。图名、图号均注记在北图廓上方的中央。

在图的北图廓左上方，画有本幅图与四邻各图幅的关系略图，称为接图表。中间一格画有斜线的部分代表本图幅，四邻各格中分别注明了相应图幅的图号(或图名)。根据接图表中各图幅的相邻关系，就可方便找到相邻的图幅，如图 6-10 中图廓上方所示。

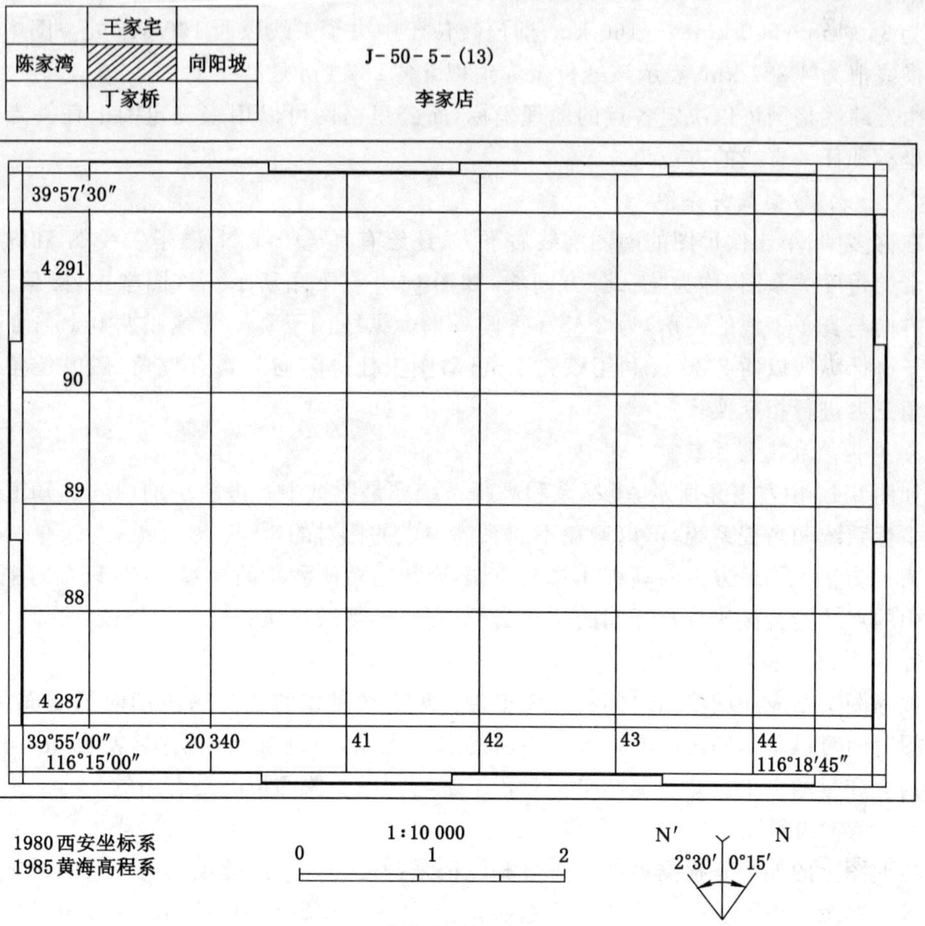

1:10 000比例尺图的图廓和格网

图 6-10　坐标格网与图廓

2. 比例尺

在每幅图的南图框外的中央均注有测图的数字比例尺，并在数字比例尺下方绘出直线比例尺。利用直线比例尺，可以用图解法确定图上的直线距离，或将实地距离换算成图上长度。

3. 经纬度及坐标格网

图 6-10 所示为一幅 1∶10 000 比例尺的地形图图廓样式。梯形图幅的图廓是由上、下两条纬线和左、右两条经线所构成。对于 1∶10 000 的图幅，经差为 3′45″，纬差为 2′30″。本图幅位于东经 116°15′00″～116°18′45″、北纬 39°55′00″～39°57′30″所包括的范围。图廓四周标有黑、白分格，横分格为经线分数尺，纵分格为纬线分数尺，每格表示 1′的经差（或纬差）。如果用直线连接相对的同名分数尺，即得到由子午线和平行圈构成的梯形经纬线格网。

图 6-10 中的方格网为平面直角坐标格网，它是平行于以投影带的中央子午线为 x 轴和以赤道为 y 轴的直线，1∶10 000 比例尺地形图其间隔是 1 km，所以也称为“公里格网”。

按照直角坐标系的规定，横坐标值 y 位于中央子午线以西为负。为了避免横坐标出现负值，将每一带的纵坐标轴西移 500 km。同时在点的坐标值前直接标明所属投影带的带号。图 6-10 中，第一条坐标纵线的通用值为 20 340 km，其中 20 为带号，其横坐标值的自然值则为 340 km－500 km＝－160 km，即该线位于中央子午线以西 160 km 处。图中第一条坐标横线值为 4 287 km，表示该线位于赤道以北 4 287 km 处。

由经纬线格网可以决定各点的地理坐标，而公里格网可以用来确定图上任一点的平面直角坐标和任一直线的方位角。

4.“三北”方向线关系图

在许多中、小比例尺图的南图廓线右下方，还绘有真子午线 N、磁子午线 N′和纵坐标轴这三者的角度关系图，称为“三北”方向线，如图 6-10 右下角所示。该图幅中，磁偏角（磁子午线方向与真子午线的夹角）为 2°45′（西偏）；坐标纵线偏于真子午线以西 0°15′；而磁子午线偏于坐标纵线以西 2°30′。利用该关系，可对图上任一方向的真方位角、磁方位角和坐标方位角三者进行相互换算。

5. 坐标系和高程系统

如图 6-10 中左下角所示，坐标系和高程系统亦是图纸中不可缺少的内容。知道测图所用的坐标系统和高程系统，可以避免不同系统中点的比对的错误。

为了防止不同地方点的高程比对的错误，必须清楚所测量的高程系统，只有同一个高程系统中的点才能直接比较相互间的位置高低，否则必须通过换算后才能比较。

6. 测图时间和测图单位

地形图上都应注明测图时间和测图单位。地形图的内容是反映测图时的地面情况，根据测图时间可以基本判定图上内容与现状的差距大小，再结合实地情况，便可知道补测、修测的内容和量的多少。知道测图单位对于了解与测图相关的情况是有用的。

二、地物的判读

地形图上的地物是根据地物的符号和注记来判读的，因此，测量人员一定要对常用地形图符号很熟悉。识读一幅地形图中的地物，一般从房屋比较集中的地方（如集镇、居民地）开始，沿着公路、铁路或者河流延伸开去。了解测区内的集镇、工矿、学校、医院的分布；理清测区内的交通线的类别及其走向；了解测区内的河流、水系的分布及流向等。对于大比例尺地形图，一幅图所包括的实地面积较小，且地物表示得也较详细，识读起来比较容易。如果地形图的比例尺较小时，识读地形图则相对困难一些。但是，不论地形图比例尺是大还是小，地物表示是详还是略，对地形图的熟悉程度是读图的关键。

三、地貌的判读

根据等高线的特性和等高线上的注记，找出图中的山脊、山谷等特征地貌，根据山脊线的连续和延伸判读出山势的走向，根据山谷线的延伸判读出水系的分布。这样，根据地性线构成的地貌骨架，对实地地貌有一个总体了解，再在此基础上判读出图幅内地貌的高低分布，判断出山头、鞍部及其测区内的最高点，识读出盆地及其测区内的最低点。根据等高线上的注记及等高线疏密程度的相互比较，读出地面坡度的变化情况和地面的陡缓分布。

对于地形图的实地判读，首先将地形图的方向与实地方向统一起来，看清实地总体地貌与图上的位置对应关系；然后根据实地年代稍长的标志性地物（房屋、道路或者河流），找到其图上的位置，再根据其相邻地物关系，判读出周围的地物，进而判读出本人所在图上位置。由此伸展开去，再识读出地形图上其他内容就比较容易了。

四、地形图的基本应用

地形图的应用十分广泛，涉及国民经济建设的方方面面，特别是对于工程技术方面而言，地形图不仅是工程项目设计和施工的重要资料，更是解决工程技术问题不可缺少的资料。下面介绍一些应用地形图解决某些问题的基本方法。

1. 在地形图上确定点的平面坐标

在地形图上进行工程项目的规划设计时，经常需要知道图上一些重要地物的平面坐标，或者需要量测一些设计点位的坐标。例如，欲在地形图上设计一幢房屋，为了控制和图上已有房屋之间的最小距，则需要确定图上已有房屋离设计房屋最近一角点的坐标。由于确定点的坐标的精度要求不高，故仅用图解法在图上求解点的平面坐标即可。

如图 6-11 所示，欲求图上 P 点的平面坐标，首先过 P 点分别作平行于直角坐标纵轴线和横轴线的两条直线 gh、ef，然后用比例尺分别量取线段 ae 和 ag 的长度，为了防止错误，以及考虑图纸变形的影响，还应量出线段 eb 和 gd 的长度进行检核，即：

$$ae + eb = ag + gd = 10\ (\text{cm})$$

若无错误，则 P 点的坐标为：

$$\begin{cases} x_P = x_a + ae \times M = 3\ 811\ 100 + 65.4 = 3\ 811\ 165.4\ (\text{m}) \\ y_P = y_a + ag \times M = 20\ 543\ 100 + 32.1 = 20\ 543\ 132\ (\text{m}) \end{cases} \tag{6-2}$$

式中 x_a、y_a——P 点所在方格西南角点的坐标；

M——地形图比例尺的分母。

若图纸的伸缩过大，在图纸上量出方格边长（图上长度）不等于 10 cm 时，为提高坐标的量测精度，就必须进行改正。这时 P 点的坐标可按下式计算：

$$\begin{cases} x_P = x_a + \dfrac{10}{ab} \times ae \times M \\ y_P = y_a + \dfrac{10}{ad} \times ag \times M \end{cases} \tag{6-3}$$

使用式(6-3)时，注意右端计算单位的一致。

2. 求图上直线的坐标方位角

如图 6-11 所示，欲求直线 PQ 的坐标方位角，有以下两种方法。

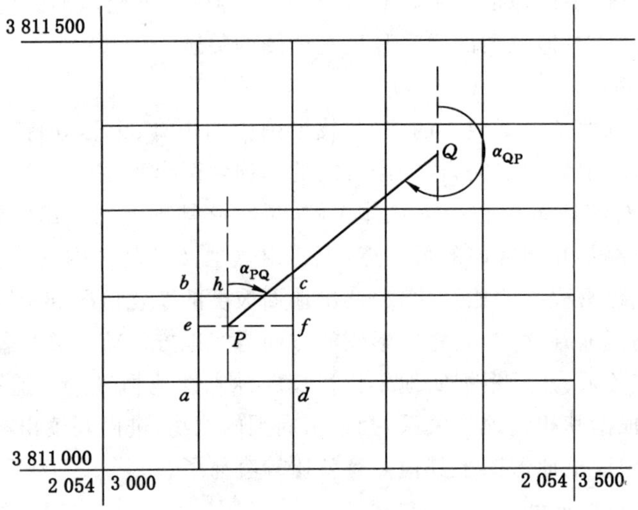

图 6-11　地形图上确定点的平面坐标

(1) 图解法

过 P 点作平行于坐标纵轴的直线，然后用量角器量出 α_{PQ} 的角值，即为直线 PQ 的坐标方位角。为了检核，同样还可量出 α_{QP}，用式 $\alpha_{PQ}=\alpha_{QP}\pm180^\circ$ 校核。

(2) 解析法

在图 6-11 上量得 P、Q 的坐标，再按下式计算：

$$\tan\alpha_{PQ}=\frac{y_Q-y_P}{x_Q-x_P}$$

即

$$\alpha_{PQ}=\arctan\frac{\Delta y_{PQ}}{\Delta x_{PQ}} \tag{6-4}$$

注意：因计算工具的不同，用该式算出的角度值不一定就是 PQ 直线的方位角，还应根据坐标增量的正负以及方位角和象限角的关系来判断和确定 PQ 直线方位角的最后值。

3. 求图上两点间的水平距离

如图 6-11 所示，欲求图上 PQ 直线的水平距离，有以下两种方法。

(1) 图解法

用三棱比例尺直接量取 P、Q 两点间的实地距离，或用直尺量取图上 PQ 线段的长度，再乘以比例尺分母得到 P、Q 两点间的实地距离。

(2) 解析法

先确定 P、Q 两点坐标，再按下式计算两点水平距离：

$$S_{PQ}=\sqrt{(x_Q-x_P)^2+(y_Q-y_P)^2} \tag{6-5}$$

或

$$S_{PQ}=\frac{x_Q-x_P}{\cos\alpha_{PQ}}=\frac{y_Q-y_P}{\sin\alpha_{PQ}} \tag{6-6}$$

4. 在地形图上确定点的高程和两点间的坡度

(1) 在地形图上确定点的高程

地形图上点的高程是根据等高线来确定的。如果所求点恰好位于某一根等高线上，则该点的高程就等于所在等高线的高程。如图 6-12 所示，E 点位于 54 m 等高线上，故 E 点的高程为 54 m。如果所求点位于两根等高线之间时，则可以按比例关系求得其高程。如图 6-12 所示，F 点位于 53 m 和 54 m 两根等高线之间，求该点高程的方法为：通过 F 点作一大致与两根等高线相垂直的直线，交 53 m、54 m 两根等高线于 m、n 点，从图上量得 $mn=d$，$mF=d_1$，设等高距为 h，则 F 点的高程为：

$$H_F = 53\ \text{m} + \frac{d_1}{d} \times h \tag{6-7}$$

或

$$H_F = 53\ \text{m} + \frac{Fn}{d} \times h \tag{6-8}$$

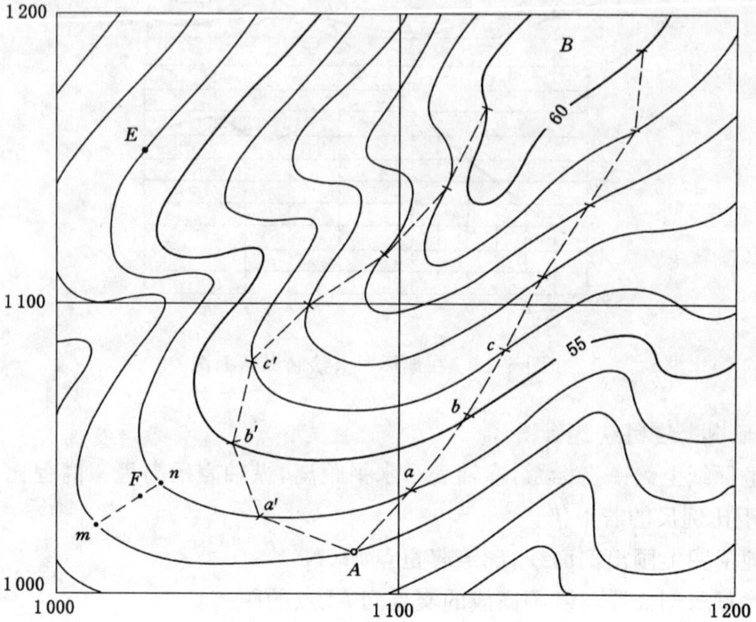

图 6-12　在地形图上设计线路

(2) 在地形图上确定两点间的坡度

欲求地形图上两点间的坡度，首先必须求得两点间的水平距离 D 和高差 h，然后按下式计算两点间的坡度：

$$i = \tan\delta = \frac{h}{D} \tag{6-9}$$

式中，δ 为地面的倾角；坡度 i 一般用百分率表示。

5. 在地形图上设计等坡线

在山地或丘陵地区进行道路、管线等工程设计时，往往要求在不超过某一坡度 i 的条件下选定一条最短线路，如图 6-12 所示，需从 A 点到高地 B 点定出一条路线，要求坡度限制为

3.3%。图中,等高距为 1 m,则根据式(6-9)变形后求出符合该坡度的相邻等高线间平距为:

$$D=\frac{h}{i}=\frac{1\ \text{m}}{0.033}=30\ \text{m}$$

将所求平距 D 按图纸比例尺缩小求出图上长度(如图 6-13 所示地形图比例尺为 1∶500,则实地 30 m 所对应的图上距离为 6 cm),用两脚规截取算出图上距离,然后在地形图上以 A 点为圆心,以此长度为半径用两脚规画弧,用两脚规截交 52 m 等高线,得到 a 点;再以 a 点为圆心,用两脚规截交 53 m 等高线,得到 b 点。依次进行,直至 B 点;然后将相邻点连接,便得到 3.3%的等坡度路线。在该图上,按同样方法还可沿另一方向定出第二条路线 $A—a'—b'—c'—\cdots—B$,可以作为一个比较方案。

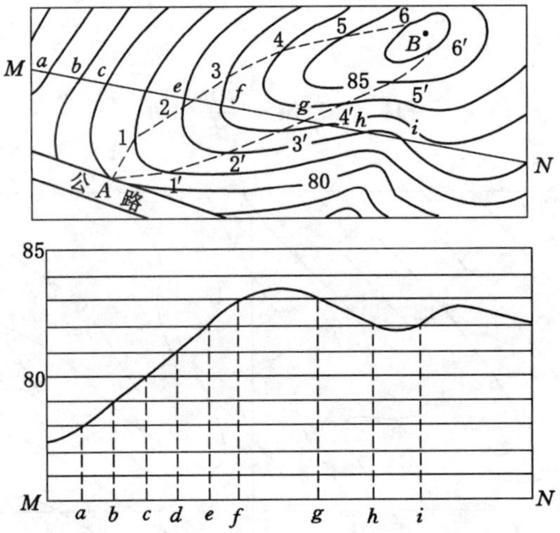

图 6-13 在地形图上绘制纵断面图

6. 在地形图上绘制纵断面图

(1) 在坐标纸上绘一坐标系,横轴表示水平距离,纵轴表示高程。高程比例尺可根据需要设置成平距比例尺的若干倍。

(2) 在地形图上画出剖面线,确定起止点 M、N。

(3) 依次量取剖面线与各等高线的交点到 M 点的距离。

(4) 将量取的距离及该等高线的高程,按比例尺展绘到坐标纸上。

(5) 以光滑曲线连接坐标纸上展绘的各点,如图 6-13 所示。

技能训练 7　全站仪采集道路三维坐标以及绘制道路平面图

1. 实习目的

(1) 熟悉全站仪的操作。

(2) 掌握全站仪采集三维坐标。

(3) 掌握利用 CAD 绘制道路平面图。

2. 仪器工具

每组全站仪 1 台、棱镜 1 个。

3. 实习任务

每组使用全站仪采集道路三维坐标以及绘制道路平面图。

4. 实习要点及流程

(1) 安置仪器

安置仪器包括在已知测站(控制点)上安置全站仪,精确对中、整平,打开仪器电源开关,丈量仪器高。

(2) 设站

设站包括选择建站方式,输入测站点点号,输入测站点坐标(x,y,H);输入测站仪器高;输入后视点(定向点)的点号,输入后视点的坐标(x,y,H);操作仪器瞄准后视点并确定即可。

(3) 检核设站正确性

检核是碎部观测中非常重要的一个环节,如果设站有错误,将影响以后采集数据的正确性。检核包括实际观测后视点的三维坐标,并与已知数据校对,在规定限差范围内(平面限差 5 cm,高程限差 8 cm)即可进入下一步观测,否则要重新设站、检核。

如果出现错误或超限情况,可从以下方面来查找问题:检查已知点和定向点的坐标值是否输错、已知点成果表是否抄错、成果计算是否有误、仪器设备是否有故障等。

(4) 道路碎部特征点数据采集

采集道路特征点,包括瞄准道路特征点,观测、更改目标高,记录碎部点点号、三维坐标等。

(5) 利于 CAD 绘制道路平面图

在 CAD 中输入 ID 快捷命令,将采集的三维坐标输入到 CAD 中,并连接好相应的点号。

5. 实习记录计算(表 6-3)

表 6-3　三维坐标采集外业记录表

日期:________年____月____日　天气:____________　仪器型号:____________　组号:____________

观测者:____________________　记录者:____________________　参加者:________________________

点号	x/m	y/m	h/m

思考与练习

1. 什么叫比例尺精度?它在实际测量工作中有何意义?
2. 地形分成哪两大类?
3. 什么是比例符号、非比例符号和注记符号?分别在什么情况下使用?
4. 等高线有哪些特性?
5. 名词解释:等高线、等高距、等高线平距。
6. 地形图的应用包括哪些方面?
7. 试计算施测实地面积约为 2 km^2 的地形图,需要 1∶500、1∶2 000 比例尺正方形图幅各多少幅？

8. 什么是坡度？在地形图上怎样确定两点间的坡度？

9. 碎步点选择有哪些原则？

10. 数字化测图有哪些特点？

11. 简述地形图的拼接、检查工作。

12. 为了把货物从河边码头 A 点运到火车站 B，欲从 A 点到 B 点选择一条公路，允许最大坡度为 8%，试在图 6-14 中画出此路线。

13. 根据图 6-15，沿 AB 方向作纵断面图。

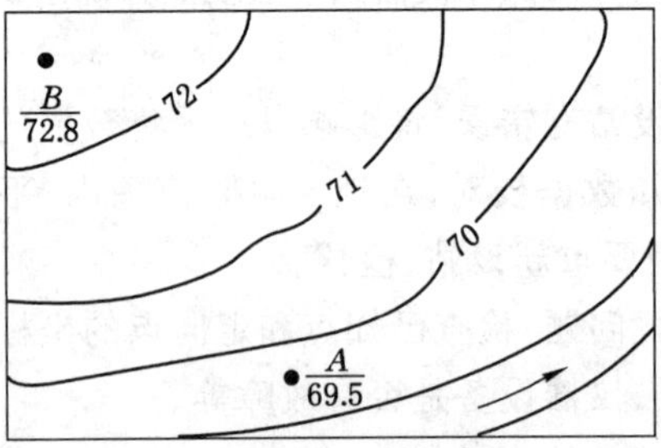

图 6-14　倾斜平面设计图

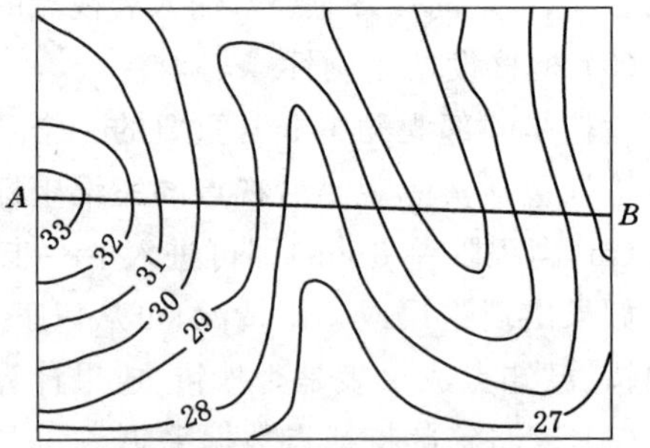

图 6-15　在地形图上作纵断面图

下篇　工程测量

项目七　建筑工程测量

任务一　测设的基本工作

知识要点

水平角测设方法；水平距离测设方法；平面点位测设方法；高程测设方法；坡度线测设方法；铅垂线测设方法。

技能目标

能够进行水平角、水平距离、平面点位、高程的测设。

一、水平角测设

以地面上已知的一条直线为起始方向，按设计的水平角来标定另一直线方向，叫水平角放样。水平角放样与距离放样结合，即可在地面上确定一个点的平面位置。水平角放样的方法有以下两种。

1. 一般方法

用全站仪盘左、盘右取中的放样方法测设水平角。如图 7-1 所示，OA 为已知方向(即地面已有 O、A 两点)，现测设水平角$\angle AOB$ 等于设计值β。测设方法如下：

(1) O 点架全站仪，对中、整平。

(2) 盘左时，先瞄准 A 点，使水平盘读数为 L(L 等于 0°或略大于 0°)。

(3) 顺时针转动照准部，使水平盘读数为 $L+\beta$；固定照准部，沿望远镜视线方向标定出 B_1点。

(4) 倒转望远镜成为盘右，同样方法测设 β 角，定出 B_2 点。

(5) 取 B_1、B_2 的中点为 B 点，则 OB 方向即为需要测设的方向。

2. 精确方法

用多测回和垂距改正法来提高放样精度。如图 7-2 所示，设地面已知方向 OA，O 为角顶，β 为已知水平角角值，OB 为欲定的方向线。测设方法如下：

(1) 在 O 点架全站仪，先用一般测设方法确定 B_1 点。

(2) 用测回法对$\angle AOB_1$ 做多测回观测(测回数由测设精度或有关测量规范确定)，取其平均值 β_1。

(3) 计算观测的平均角值 β_1 与设计角值 β 之差：

$$\Delta\beta=\beta_1-\beta \tag{7-1}$$

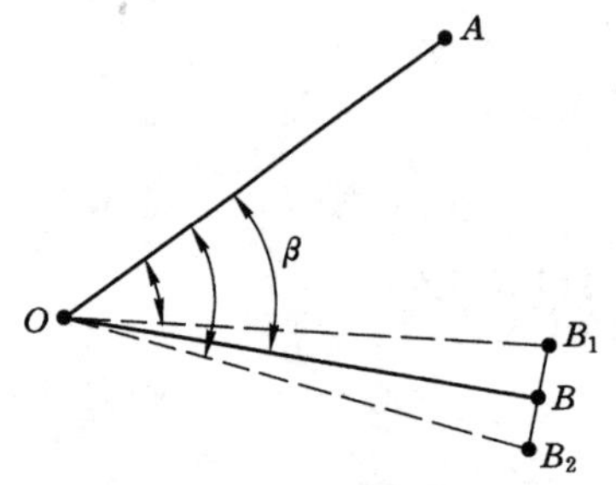

图 7-1　一般方法测设水平角

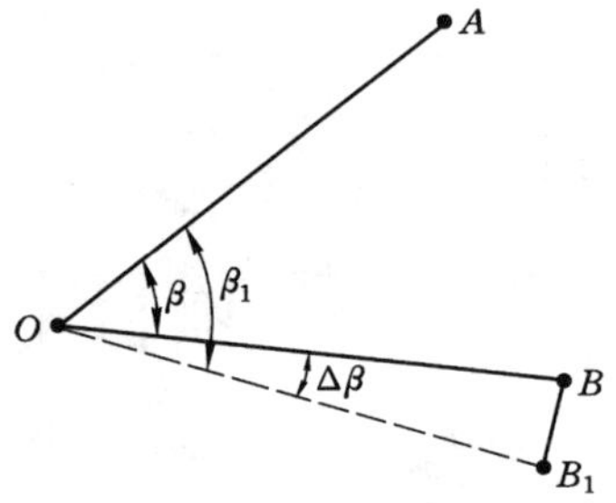

图 7-2　精确方法测设水平角

(4) 设 OB_1 的水平距离为 D，则需改正的垂距为：

$$\Delta D=\frac{\beta}{\rho''}\times D \tag{7-2}$$

(5) 自 B_1 点沿 OB_1 的垂直方向量出距离 BB_1，定出 B 点，则 $\angle AOB$ 就是要测设的角度。

量取改正距离时，如 $\Delta\beta$ 为正，则沿 OB_1 的垂直方向向外量取；如 $\Delta\beta$ 为负，则沿 OB_1 的垂直方向向内量取。

二、水平距离测设

标定已知长度的水平距离，是从一已知点出发，沿指定的方向标定出另一点位置，使两点间的水平距离等于已知长度。标定的方法有以下两种。

1. 一般方法

当所标设的距离较短、地面较平坦且精度要求又较低时，采用此法。由起点 A 开始，沿给出的已知方向 AB，按已知水平距离 D_{AB} 用钢尺测定距离的一般方法定出端点 B，如图 7-3 所示。为了校核，应再丈量一次，若两次丈量的相对误差在 1/3 000～1/5 000 内，取平均位置作为该端点的最后位置。

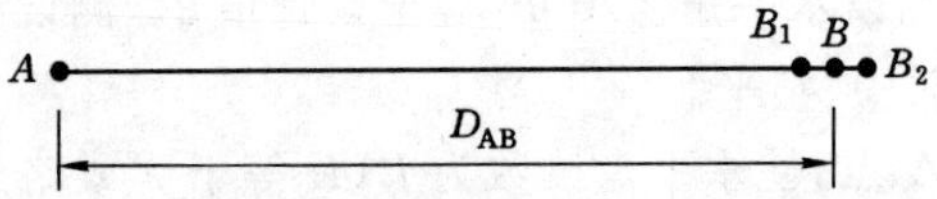

图 7-3　一般距离测设

2. 精确方法

当测设的水平距离较长且精度要求较高时，可采用全站仪或光电测距仪测设。

如图 7-4 所示，用光电测距仪标定水平距离 D 时，方法如下：

首先在已知方向线上标定一点 C'，使点 C' 在特定点 C 的附近；然后用光电测距仪测算出 AC' 的水平距离 D'，并求出归化值 $\Delta D=D-D'$；最后用钢尺按此归化值定出终点 C，使 $AC=D$。

为了检查 AC 长度的正确性和标定精度，可用光电测距仪检测 AC 距离，并与设计值比较，其差值不应超过所要求的精度。

光电测距仪如有跟踪功能，可用跟踪法测设方向，前、后移动光棱镜杆来寻找略大于测设距离的 C' 点，然后在 C' 点设置反光棱镜，按上述方法测距并改正 C' 点。

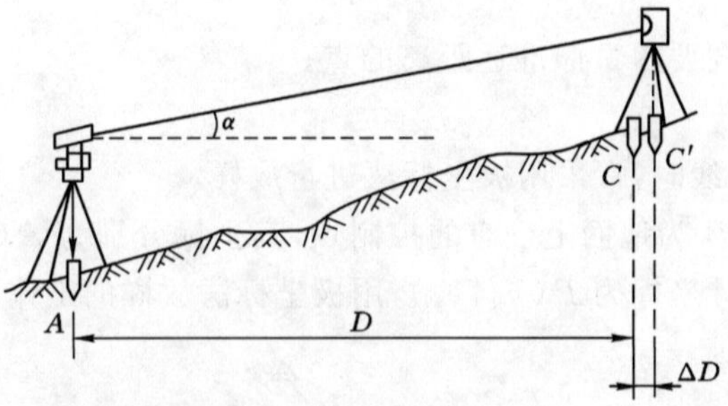

图 7-4 光电测距仪测设距离

三、平面点位测设

测设点的平面位置的常用方法有直角坐标法、极坐标法、角度交会法、距离交会法等。采用哪种方法，应根据施工控制网的布设形式、控制点的分布以及地形与现场条件等因素确定。

（一）直角坐标法

如图 7-5 所示，A、B、C、D 为方格网的 4 个控制点，P 为欲放样点。放样的方法与步骤如下。

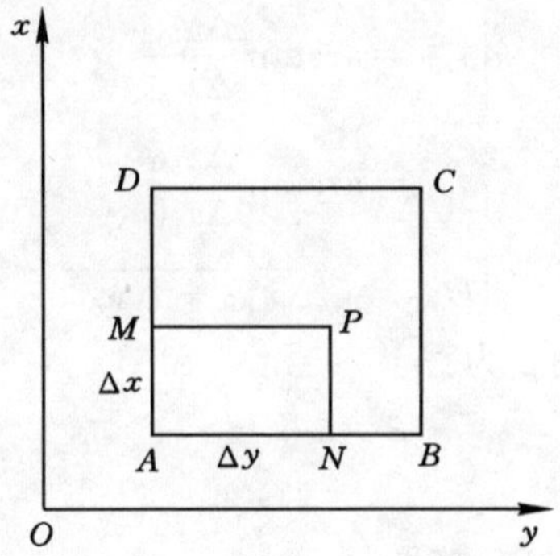

图 7-5 直角坐标法测设点

1. 计算放样参数

计算出 P 点相对控制点 A 的坐标增量为：

$$\begin{cases}\Delta x_{AP}=AM=x_P-x_A\\ \Delta y_{AP}=AN=y_P-y_A\end{cases}$$

2. 外业测设

(1) A 点架全站仪，瞄准 B 点，在此方向上放水平距离 $AN=\Delta x$，得 N 点。

(2) N 点上架全站仪，瞄准 B 点，仪器左转 90°确定方向，在此方向上丈量 $NP=\Delta y$，即得出 P 点。

3. 校核

沿 AD 方向先放样 Δx 得 M 点，在 M 点上架全站仪，瞄准 A 点或 D 点，转一直角再放样 Δy，也可以得到 P 点位置。

4. 注意事项

放 90°角的起始方向要尽量照准远距离的点。

(二) 极坐标法

当施工控制网为导线时,常采用极坐标法进行放样。

如图 7-6 所示,A、B 为地面上已有的控制点,其坐标分别为 $A(x_A, y_A)$ 和 $B(x_B, y_B)$,P 为一待放样点,其设计坐标为 $P(x_P, y_P)$,用极坐标法放样的工作步骤如下。

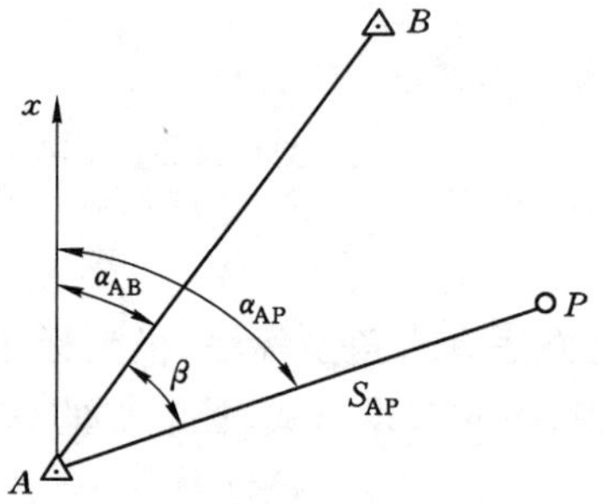

图 7-6　极坐标法测设点

1. 计算放样元素

$$\begin{cases}\alpha_{AB} = \arctan \dfrac{\Delta y_{AB}}{\Delta x_{AB}} \\ \alpha_{AP} = \arctan \dfrac{\Delta y_{AP}}{\Delta x_{AP}} \\ D_{AP} = \sqrt{\Delta x_{AP}^2 + \Delta y_{AP}^2}\end{cases} \tag{7-3}$$

再计算出$\angle BAP$ 的水平角β 为:

$$\beta = \alpha_{AP} - \alpha_{AB} \tag{7-4}$$

2. 外业测设

(1) 全站仪架在 A 点上,对中、整平。

(2) 以 AB 为起始边,顺时针转动照准部,测设水平角 β,然后固定照准部。

(3) 在视准轴(视线)的方向上测设距离 D_{AP},即得 P 点。

(三) 角度交会法

如图 7-7 所示,A、B、C 为已知控制点,待放样点 P 的坐标由设计人员给出或从图上量得。

1. 计算放样参数

(1) 用坐标反算 AB、AP、BP、CP 和 CB 边的方位角 α_{AB}、α_{AP}、α_{BP}、α_{CP} 和 α_{CB}。

(2) 根据各边的方位角计算 α_1、β_1 和 β_2 角值为:

$$\begin{cases}\alpha_1 = \alpha_{AB} - \alpha_{AP} \\ \beta_1 = \alpha_{BP} - \alpha_{BA} \\ \beta_2 = \alpha_{CP} - \alpha_{CB}\end{cases}$$

2. 外业测设

(1) 分别在 A、B、C 三点上架全站仪,依次以 AB、BA、CB 为起始方向,分别放样水平角 α_1、β_1 和 β_2。

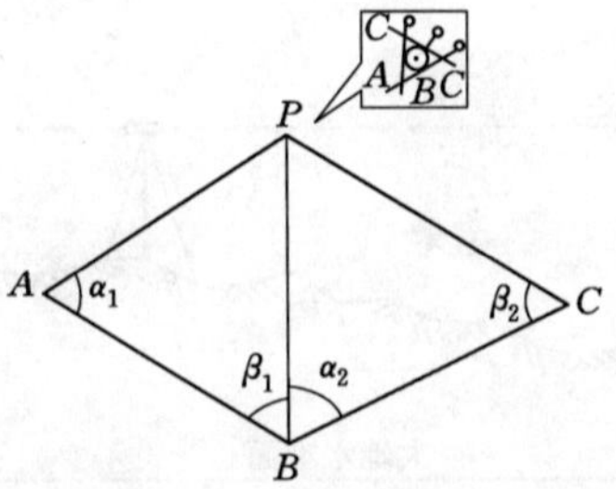

图 7-7　角度交会法测设点

(2) 通过交会概略定出 P 点位置，打一大木桩。

(3) 在桩顶平面上精确放样，具体方法是：由观测者指挥，在木桩上定出三条方向线，即 Aa、Bb 和 Cc。

(4) 理论上三条线应交于一点，由于放样存在误差，形成了一个误差三角形。当误差三角形内切圆的半径在允许误差范围内，以切圆的圆心作为 P 点的位置。

3. 注意事项

交会角一般不得小于 30°和大于 150°。

(四) 距离交会法

如图 7-8 所示，A、B、C 为控制点，1、2 为要测设的两个点位，测设方法如下。

1. 计算放样参数

用坐标反算方法计算出 d_{A1}、d_{B1}、d_{B2} 和 d_{C2}。

2. 外业测设

分别以 A、B、C 点为起点，用钢尺丈量距离 d_{A1}、d_{B1}、d_{B2} 和 d_{C2}，两两相交的交点即为 1、2 点。

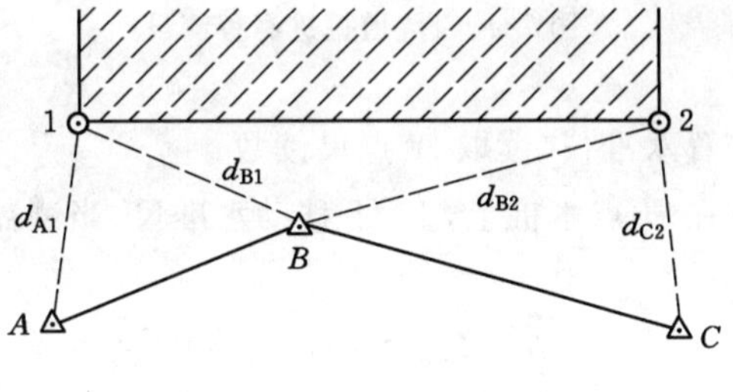

图 7-8　角度交会法测设点

四、高程测设

高程测设的方法有水准测量法和全站仪三角高程测量法，其中水准测量法高程测设精度较高，应用较为广泛，本书重点介绍水准测量法。已知高程点的位置、条件不同，水准高程测设的方法也不同。

1. 将已知高程测设于地面

如图 7-9 所示，A 为已知水准点，其高程为 H_A，B 为待测设高程点，其设计高程为 H_B。

(1) 将水准仪安置在 A 和 B 之间，后视 A 点水准尺的读数为 a，则 B 点的前视读数为：

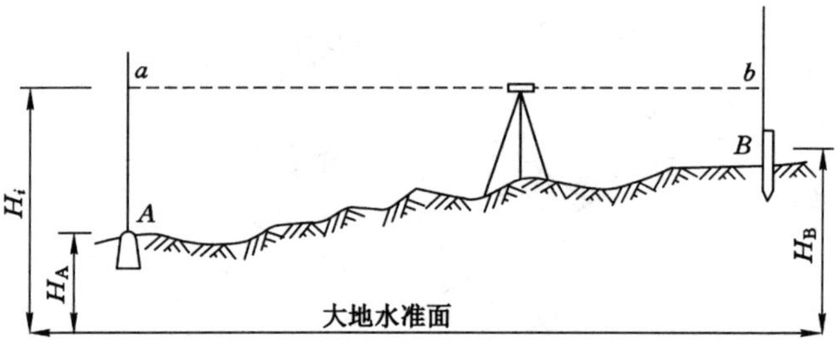

图 7-9　一般地面高程测设

$$b=(H_A+a)-H_B \tag{7-5}$$

(2) 将 B 点水准尺贴靠在木桩上的一侧，上、下移动尺子直至前视尺的读数为 b 时，再沿尺子底面在木桩侧面画一红线，此线即为 B 点设计高程 H_B 的位置。

2. 将已知高程测设于洞顶

在坑道掘进中，需要测设的高程点常常设置在洞顶。如图 7-10 所示，设 A 点为已知高程点，B 点为待测设的高程点。

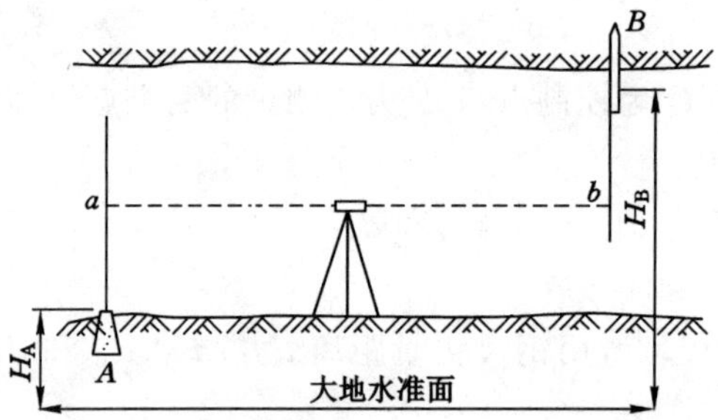

图 7-10　坑道掘进高程测设

(1) 选择适当位置安置水准仪，读取 A 点尺读数 a。

(2) 将水准尺倒立靠在 B 点木桩上，上、下移动水准尺，当读数为 b 时则尺底为 H_B，则读数 b 为：

$$b=H_B-(H_A+a) \tag{7-6}$$

3. 将已知高程测设于高差较大之处

若测设的高程点和水准点之间的高差较大时，如在深基坑内或在较高的楼层板面上测设高程点，可用悬挂钢尺来代替水准尺测设给定的高程。如图 7-11 所示，设已知水准点 A 的高程为 H_A，要在基坑内侧测设出高程为 H_B 的 B 点位置。

(1) 悬挂一根带重锤的钢尺，钢尺的零点在下。

(2) 在地面上安置水准仪，后视 A 点水准尺读数为 a_1，前视钢尺读数为 b_1。

(3) 再在坑内安置水准仪，后视钢尺读数为 a_2，当前视水准尺读数为 b_2 时，沿尺子底面在基坑侧壁钉一水平木桩，则木桩顶面即为 B 点的高程。B 点应读前视水准尺读数 b_2 为：

$$b_2=H_A+a_1-b_1+a_2-H_B \tag{7-7}$$

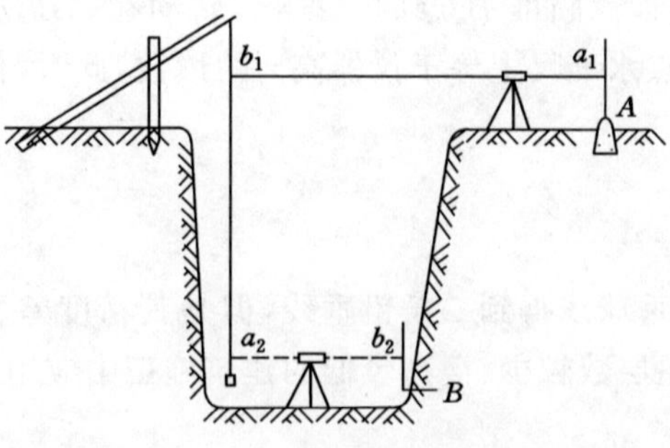

图 7-11　深基坑高程测设

五、坡度线测设

在修筑道路及敷设上、下水管道和开挖排水沟施工中，需要在地面上测设设计的坡度线。已知坡度线的测设是根据设计坡度和坡度端点的设计高程，用水准测量的方法将坡度线上各点的设计高程标定在地面上。

直线坡度 i：是直线两端点的高差 h 与其水平距离 D 之比，即 $i=h/D$，常以百分率或千分率表示，如 $i=+1.5\%$（升坡）、$i=-1.5‰$（降坡）。

如图 7-12 所示，A、B 为坡度线的两端点，其水平距离为 D，设 A 点的高程为 H_A，要沿 AB 方向测设一条坡度为 i_{AB} 的坡度线。具体测设方法如下：

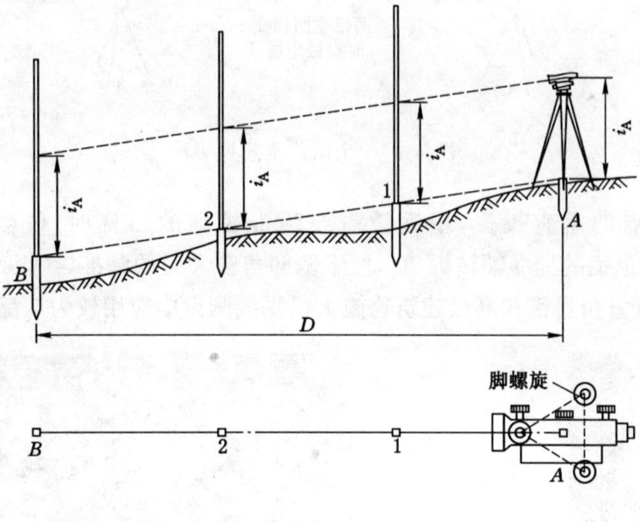

图 7-12　坡度线测设

(1) 根据 A 点的高程、坡度 i_{AB} 和 A、B 两点间的水平距离 D，计算出 B 点的设计高程：

$$H_B=H_A+i_{AB}D \tag{7-8}$$

(2) 按测设已知高程的方法，在 B 点处将设计高程 H_B 测设于 B 桩顶上，此时，AB 直线即构成坡度为 i_{AB} 的坡度线。

(3) 将水准仪安置在 A 点上，使基座上的一个脚螺旋在 AB 方向线上，其余两个脚螺旋的连线与 AB 方向垂直。

量取仪器高度 i，用望远镜瞄准 B 点的水准尺，转动在 AB 方向上的脚螺旋或微倾螺旋，使十字丝中丝对准 B 点水准尺上等于仪器高 i 的读数，此时，仪器的视线与设计坡度线平行。

六、铅垂线测设

1. 悬挂垂球法

最原始的方法为悬挂垂球线得到一条铅垂线，但是其精度差、稳定性差（易受风力的影响）、操作费力，只能在房屋层数较少、楼高较低的建筑施工中应用。

2. 全站仪垂直投影法

用两架全站仪或用一架仪器两次安置，在两个大致垂直的方向上，利用置平仪器后的视准轴上、下转动为一个铅垂面，两铅垂面相交而测设铅垂线，如图 7-13 所示。全站仪垂直投影法在建筑施工中广泛应用。

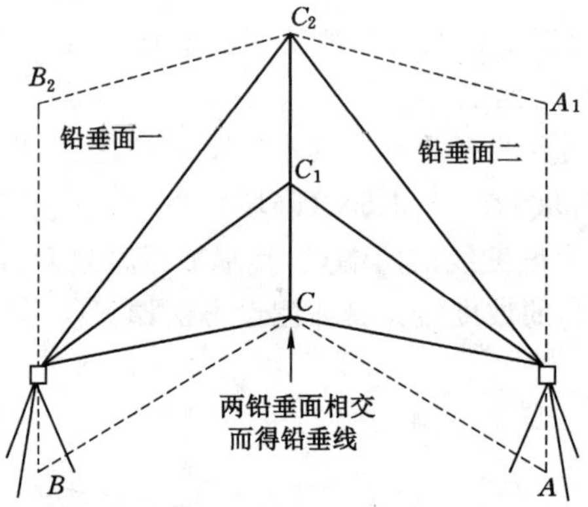

图 7-13　全站仪垂直投影法

用全站仪作点的垂直投影，望远镜需要瞄准较高的目标时，仪器应配置直角目镜（图 7-14），能使望远镜的视准轴转折 90°，便于俯仰角较大时的瞄准，甚至可瞄准天顶，作垂直投影。全站仪配置直角目镜在高层建筑物施工铅垂线测设中应用较为广泛，如图 7-15 所示。

图 7-14　配置直角目镜的全站仪

图 7-15　高层建筑物铅垂线测设

3. 垂准仪法

用专用仪器（垂准仪）测设铅垂线，其中精密垂准仪法投点能向上、向下瞄出精确的铅垂视线，激光垂准仪能向上、向下投射出精确的铅垂激光束。其在高层建筑物施工用作垂直投影较为广泛，详见本项目其他任务中高层建筑物轴线投测与标高引测的内容。

任务二　建筑施工控制测量

知识要点

施工平面控制网的布设方法；施工平面控制网测设方法。

技能目标

能够布设以及施测建筑施工控制网。

在建筑工程中，勘测阶段建立的控制网，一般是为测图布设的，控制点的位置、密度、精度一般很难满足施工要求，因此，施工前必须建立施工控制网。施工控制测量的目的：① 保证施工测量的精度；② 保证各个建筑物的平面位置和高程位置符合设计要求。施工控制网包括平面控制网和高程控制网，它是施工测量的基础。

施工平面控制网的布设形式，应根据建筑物的总体布置、建筑场地的大小以及测区地形条件等因素来确定。对于山区、丘陵区，一般采用三角网。对于地势平坦的大中型建筑场地，宜采用导线网和矩形格网。在建筑物布置整齐、密集，各建筑物的轴线互相平行或垂直时，多采用建筑方格网。对于面积不大、建筑物又不复杂的建筑场地，则可布设一条或一条长、几条短且相互垂直的纵横基线，称为建筑基线，作为施工放样的依据。下面着重介绍建筑基线、建筑方格网和建筑场地的高程控制测量。

一、施工平面控制网

（一）建筑基线

1. 建筑基线的设计与布设形式

（1）设计原则

① 建筑基线平行或垂直主要建筑物轴线。

② 主点间相互通视，边长 100～400 m。

③ 在不受施工影响条件下，主点尽量靠近建筑物。

④ 基线测设精度应满足施工放样要求。

⑤ 基线点不少于 3 个。

（2）建筑基线形式

建筑基线应在建筑设计总平面图上选定。根据建筑物的分布和地形情况，建筑基线可布置成三点一字形、三点 L 字形、四点 T 字形、五点十字形等几种形式（图 7-16）。

2. 建筑基线的测设

以十字建筑基线为例，介绍怎样根据原有控制点测设建筑基线。

如图 7-17 所示，AOB 为总平面图上所选定的建筑基线，1、2、3 为原有测图控制点，坐标已知；A、O、B 基线点的坐标可从图上查出或用图解法确定。根据前面介绍的极坐标法，利用坐标反算求出测设数据。然后分别根据地面原有控制点 1、2、3 的位置，用全站仪和钢

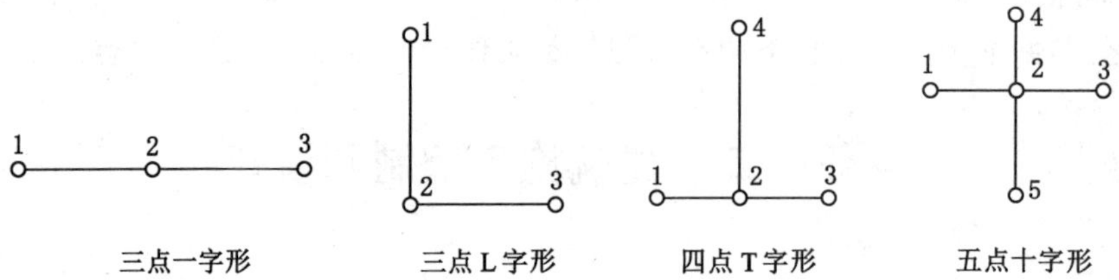

图 7-16 建筑基线形式

尺将 A、O、B 三点测设于地面,并用大木桩标定。

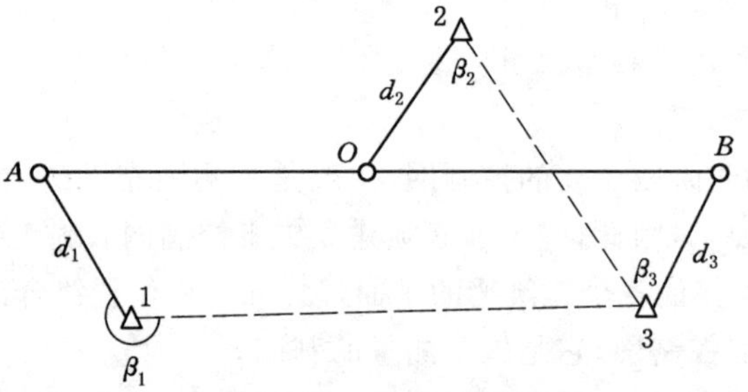

图 7-17 建筑基线的测设

测设于地面上的三点 A'、O'、B'(图 7-18),由于误差的影响,三点一般不在一条直线上。因此,需在 O 点安置全站仪,精确测量 $\angle A'O'B'$ 的角值 β,若 β 与 180°之差超过规定(一般为±24″),则应对点位进行调整,直到满足要求为止。调整方法是:将各点沿横向移动同一个改正值 δ,A'、B' 两点与 O' 点移动的方向相反。

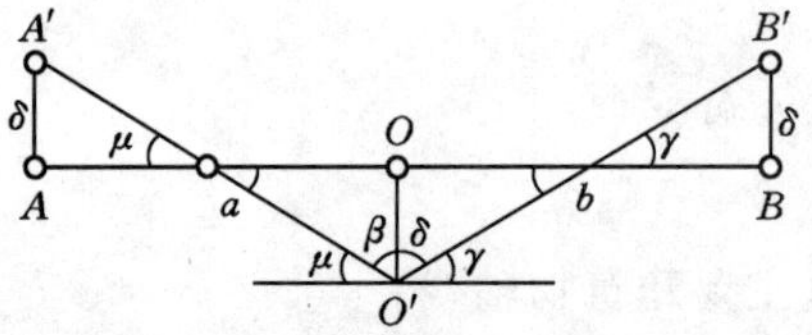

图 7-18 测设基线的误差调整

改正值 δ 可按下式计算,即:

$$\delta=\frac{a \cdot b}{a+b} \cdot \frac{90^\circ-\beta/2}{\rho} \tag{7-9}$$

式中,a、b 分别为 OA、OB 的距离;$\rho=180^\circ/\pi$。

基线点位经过横向调整后,还需经过纵向检查和调整,用钢尺精密量取 AO 和 OB 距离。如果实测值与设计值之差超过规定(一般不大于 1∶10 000),则应以 O 点为准,分别按设计纵向调整 A 和 B 点位置,直至达到要求为止。

基线 AOB 测定后,再过 O 点测设一条正交的短基线,使之构成十字形,则可按照前面介绍的方法,置全站仪于 O 点,以 A 或 B 为后视点,精密地各左、右测设 90°角,定出 AOB 的垂线方向。然后自 O 点沿垂线两端方向,用钢尺精密地定出短基线两端点的位置,直至达到要求，用木桩标定。

（二）建筑方格网测设

工业和民用建筑的总图布置，要求建筑坐标的坐标轴与建筑物的轴线平行，其坐标原点须设在建筑区的左下方，使所有建筑物的坐标值均为正值。建筑坐标轴系与测图坐标轴系一般不相一致，而与建筑方格网的轴线却是相互平行的，所以建立的方格网即为坐标网。为了与建筑物的设计位置及地形相适应，建筑物方格网往往采用矩形格网。

1. 建筑方格网的布置

建筑方格网应根据设计总图上各建筑物、构筑物以及各种管线的位置，结合现场的地形情况，首先选定方格网的主轴线，如图 7-19 中的 *AOB* 与 *COD*，然后再布置其他的方格网点。主轴线应尽量布设在建筑区的中央，并与主要建筑物的轴线平行，其长度应能控制整个建筑区，格网的点、线在不受施工影响条件下，应靠近建筑物；格网各边应严格互相垂直。正方形格网的边长一般为 100～200 m，矩形格网一般为几十米到几百米的整数长度。

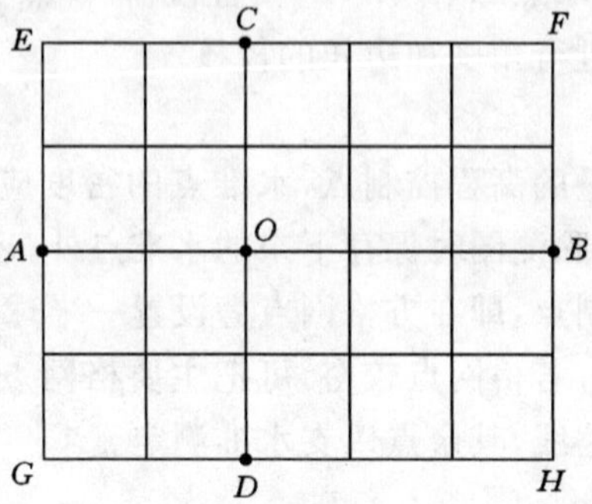

图 7-19　建筑方格网

当主轴线很长时，一般只测设其中段，如图 7-19 中的 *AOB* 段，*A*、*O*、*B* 三点是主轴线的定位点，也称为主点。然后再将轴线延长。

2. 坐标的换算

当建筑方格网的建筑坐标系与测量坐标系不一致时，为利用测量控制点来测设方格网主点的位置，应先将主点的建筑坐标换算成为测量坐标。如图 7-20 所示，$O'x'$、$O'y'$为建筑坐标系的纵、横坐标轴，原点 O'在测量坐标系（Ox，Oy）中的坐标为 x_O、y_O，设两坐标轴系之间的夹角为 α（一般由设计单位提供，也可在总平面图上按图解法求得），主点 *A* 的建筑坐标为 x'_A、y'_A，则可按下式将主点的建筑坐标换算成测量坐标：

$$\begin{cases} x_A = x_O + x'_A\cos\alpha - y'_A\sin\alpha \\ y_A = y_O + x'_A\sin\alpha + y'_A\cos\alpha \end{cases} \tag{7-10}$$

3. 建筑方格网的测设

（1）主轴线放样（图 7-21）

① *A*、*O*、*B* 点放样方法同建筑基线，$\angle AOB$ 与 180°之差应在±10″之内。

② *O* 点安置全站仪放样主点 *C*、*D*。

③ 精确测出$\angle AOC'$和$\angle AOD'$，算出与 90°之差 ε_1 和 ε_2，调整值 L_1 和 L_2，计算式为：$\delta = L\varepsilon/\rho''$。

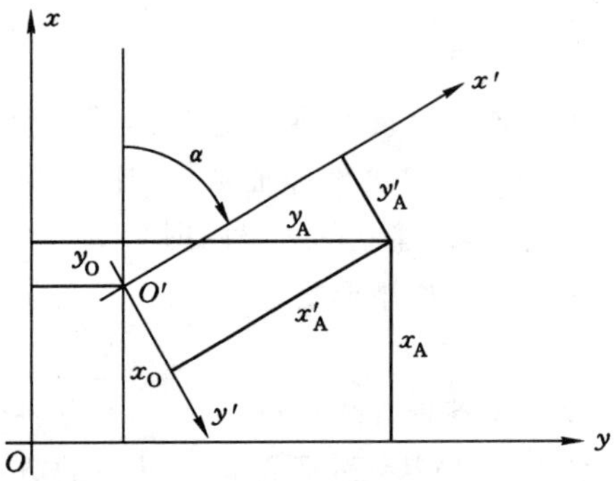

图 7-20　坐标换算

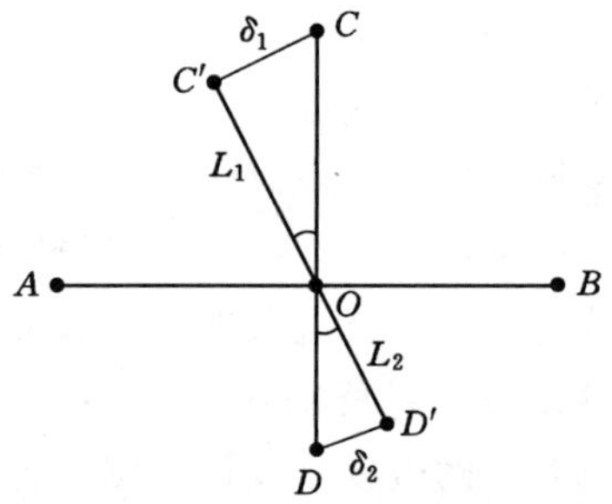

图 7-21　建筑方格网的测设

(2) 方格网点的放样

主轴线测设好后，分别在端点 A、B、C、D 安置仪器，O 点为后视向左、右精确放样 90°，形成田字形方格网点。然后进行角度和边长的校核。

二、施工高程控制网

建筑场地内应有足够数量的高程控制点，水准点的密度应尽量满足安置一次仪器就能测设出所需的高程点。因此，除测图时保存下来的水准点外，还需增设一些水准点。通常可将建筑方格网点兼作高程控制点，即在方格网点旁设置一半球状标志，按四等水准测量把它们组成闭合或附合水准路线。若格网点较密，可把主要格网点或对高程放样要求较高的建筑物附近的格网点列入水准路线，其余点以支水准测定。

任务三　建筑施工测量

知识要点

掌握建筑物(或构筑物)的施工放样一般方法和过程。

技能目标

能够正确完成建筑物(或构筑物)的施工放样工作。

建筑施工测量的主要任务就是：根据建筑物、构筑物的设计要求，通过施工现场的定位、放样、安装和检查，将图纸上的设计位置标定到施工需要的作业面上，以指导施工。在施工场地上，标定建筑物设计位置的测量工作，称为测设(习惯上称放线或标定)。工程竣工后，为了今后的管理、维修和扩建的需要，还要进行竣工测量，编绘竣工图。

建筑施工测量也要遵循“由整体到局部，先控制后碎部”的原则，首先建立施工控制网，测设建筑物的主轴线，然后再进行建筑物的碎部放样工作。

建筑施工测量具有以下特点：

建筑施工测量的精度主要取决于建筑物的大小、结构和施工方法，而不取决于设计图的比例尺。一般而言，高层建筑物高于低层建筑物；金属结构建筑物高于钢筋混凝土结构和砖石结构建筑物；永久性建筑物高于临时性建筑物；连续性自动化生产设备厂房高于独立厂房；装配式建筑物高于非装配式建筑物。因此，应根据不同的施工对象来选用测量的仪器和方法，使之既能保证工程质量，又能避免人力、物力的浪费。

建筑施工放样的质量将直接影响到建筑物的尺寸和位置，对能否按设计施工起着极为重要的作用。因此，测量人员必须熟悉有关建筑的总平面图、基础平面图、立面图、剖面图、大样图，掌握设计图上的有关尺寸和高程，放样数据要反复核对。此外，还应了解施工方案和进度安排，掌握现场的情况，使测量工作与施工进程密切配合。

建筑施工场地上，工种繁多、支架林立、交通频繁、材料堆积、场地变动大、干扰多，这都给测量工作造成困难，甚至发生事故。因此，必须注意人身和仪器的安全；各种测量标志应该埋在稳固、安全、醒目及便于使用、保管和检查的地方，如有损坏，应及时恢复；测设方法应力求简捷；重要的测设工作，如建筑物的定位桩、主要轴线和高程点的放样，要经过专门检查后才能作为依据指导施工。

建筑施工测量的实质是点位的标定。标定点位的基本工作仍为距离、角度、高程三个定位元素，即已知长度的标定、已知水平角的标定和已知高程的标定。

一、建筑物点位放线

建筑物点位放线就是把建筑物主轴线的交点桩（即角桩）测设于地面，以确定建筑物的位置，并作为基础放样和细部放样的依据。定位的方法很多，根据施工现场情况及设计条件不同，主要有以下四种。

（一）根据与原有建筑物的关系定位

在建成区内新增建筑物时，一般设计图上都是给出新建筑物与附近原有建筑物的相互关系。

1. 延长直线法定位

如图 7-22 所示，先作 AB 边的平行线 $A'B'$，在 B' 点置仪器作 $A'B'$ 的延长线 $E'F'$，再置仪器于 $E'F'$ 测设 90°而定出 EG 和 FH。

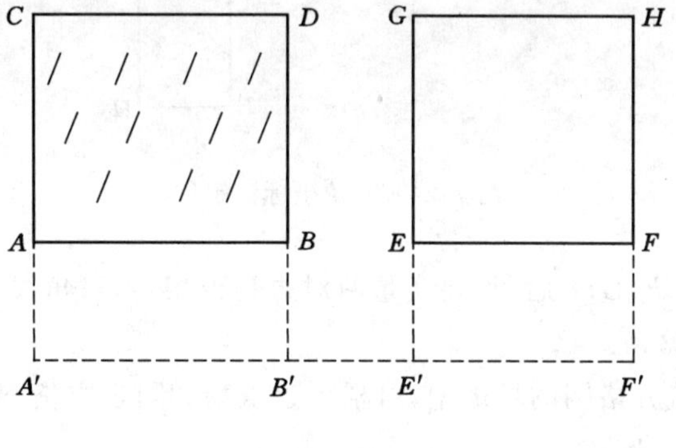

图 7-22　延长直线法定位

2. 平行线法定位

如图 7-23 所示，在 AB 边的平行线上的 $A'B'$ 两点安置全站仪，分别测设 90°定出 GE、HF。

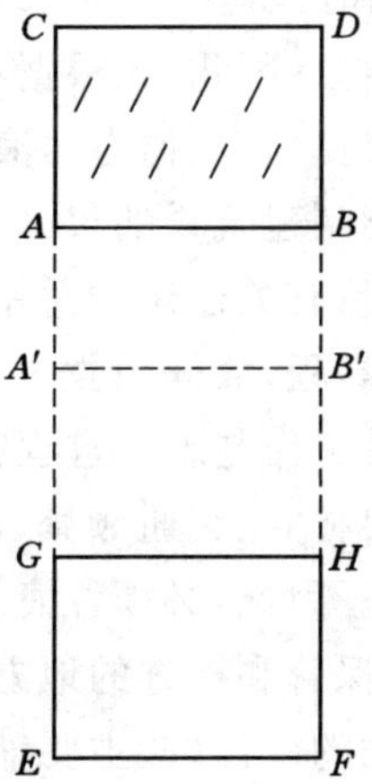

图 7-23　平行线法定位

3. 直角坐标法定位

如图 7-24 所示，先在 B' 点安仪器作 $A'B'$ 延长线，丈量 y 值定出 E' 点，在 E' 点测设 90° 丈量 $E'E$ 值定 E 点，量 EF 定 F 点，在 E、F 点设置仪器定出 G、H 点。

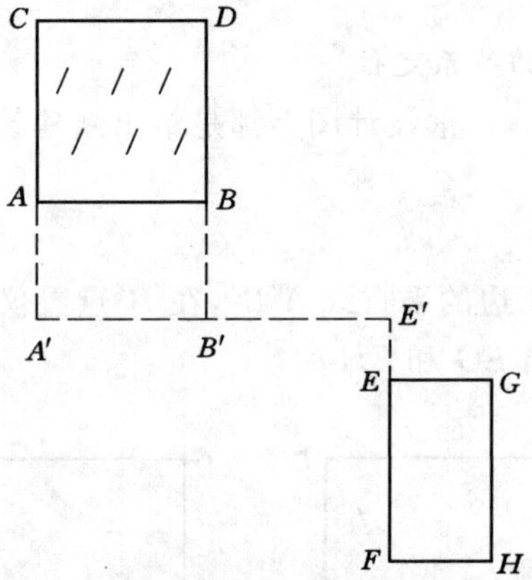

图 7-24　直角坐标法定位

用以上方法定出 EF、GH 后，均要实量两对边是否相等，对角线是否一致，以作校对。

（二）根据建筑方格网定位

在新建区已有建筑方格网的场地中，可根据建筑物和附近方格网点的坐标，用直角坐标法进行测设。

如图 7-25 所示，先在Ⅰ点置仪器点，在视线上量取ⅠA'距离得 A' 点，再由 A' 点沿视线量 $A'B'$ 得 B' 点，分别于 A'、B' 点置仪器测直角定 A、B 延长定 C、D，检测 AB、CD 的长度，或角 C、角 D 是否为 90°。

（三）根据建筑红线定位

建筑红线又称规划红线，是经规划部门审批并由国土管理部门在现场直接放样出来的

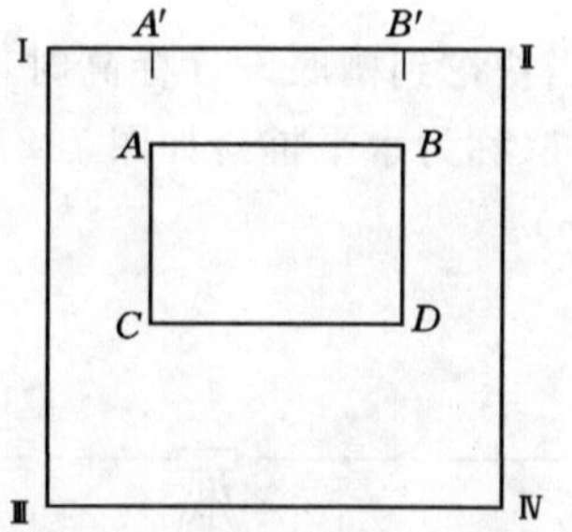

图 7-25　建筑方格网定位

建筑用地边界点的连线，规划红线具有法律效力。

测设时，可根据设计建筑物与建筑红线的位置关系，利用建筑用地边界点测设。图 7-26 中的 A、B 两点，就是规划部门在现场测设的建筑用地边界点，叫作"建筑红线"桩。楼房 1234 就是根据该红线定位的。

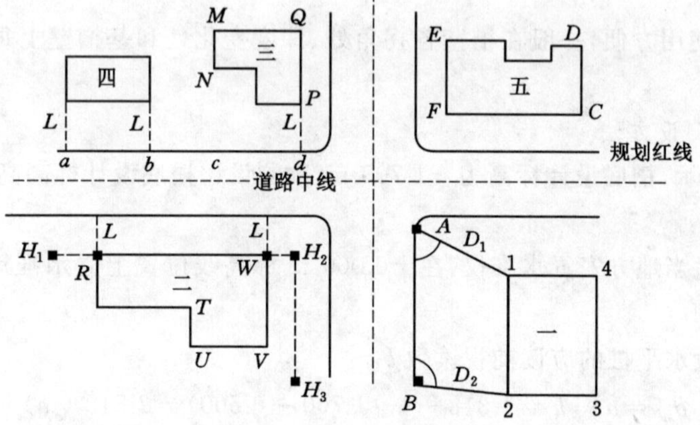

图 7-26　建筑方格网定位

（四）根据控制点定位

在山区或建筑场地障碍较多、敷设方格网比较困难时，可以根据建筑场地布设的导线点、三角点等控制点和建筑物主轴线的设计坐标，用极坐标法、角度交会法或距离交会法测设定位点。图 7-26 中，H_1、H_2、H_3 为控制点，房屋（二）$RWVUT$ 边界是经过根据控制点定位给定的。

二、基础施工测量

基础施工测量的主要任务是在槽壁上测设基槽水平桩，为指示挖槽深度、清理槽底和打垫层提供高程依据。基础施工测量实质是控制基槽开挖深度，不得超挖基底。当基槽挖到离槽底 0.3～0.5 m 时，用高程放样的方法在槽壁上钉水平控制桩。

（一）基槽抄平

建筑施工中的高程测设，又称抄平。

1. 设置水平桩

为了控制基槽的开挖深度，当快挖到槽底设计标高时，应用水准仪根据地面±0.000 m点，在槽壁上测设一些水平小木桩（称为水平桩），如图 7-27 所示，使木桩的上表面离槽底的设计标高为一固定值（如 0.500 m）。

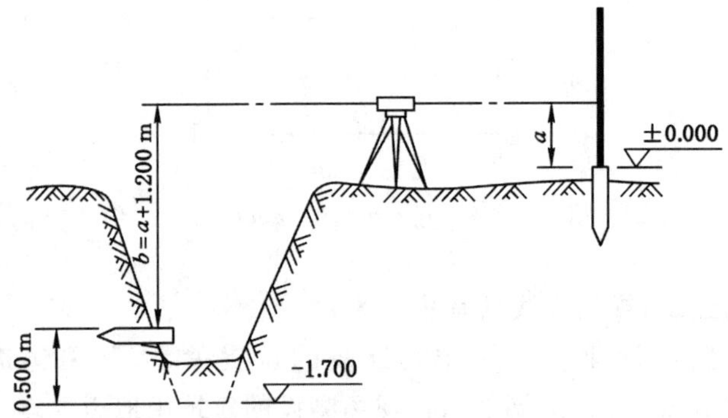

图 7-27　基槽抄平示意图

为了施工时使用方便，一般在槽壁各拐角处、深度变化处和基槽壁上每隔 3～4 m 测设一水平桩。

2. 水平桩的测设方法

如图 7-27 所示，槽底设计标高为－1.700 m，欲测设比槽底设计标高高 0.500 m 的水平桩，测设方法如下：

(1) 在地面适当地方安置水准仪，在±0.000 m 标高线位置上立水准尺，读取后视读数为1.318 m。

(2) 计算测设水平桩的应读前视读数 $b_{应}$：

$$b_{应}=a-h=1.318-(-1.700+0.500)=2.518\ (\text{m})$$

(3) 在槽内一侧立水准尺，并上、下移动，直至水准仪视线读数为 2.518 m 时，沿水准尺尺底在槽壁打入一小木桩。

（二）垫层中线的投测

基础垫层打好后，根据轴线控制桩或龙门板上的轴线钉，用全站仪或用拉绳挂垂球的方法，把轴线投测到垫层上，如图 7-28 所示，并用墨线弹出墙中心线和基础边线，作为砌筑基础的依据。由于整个墙身砌筑均以此线为准，这是确定建筑物位置的关键环节，所以要严格校核后方可进行砌筑施工。

（三）基础墙标高的控制

房屋基础墙是指±0.000 m 以下的砖墙，它的高度是用基础皮数杆来控制的。

(1) 基础皮数杆是一根木制的杆子，如图 7-29 所示，在杆上事先按照设计尺寸，将砖、灰缝厚度画出线条，并标明±0.000 m 和防潮层的标高位置。

(2) 立皮数杆时，先在立杆处打一木桩，用水准仪在木桩侧面定出一条高于垫层某一数值（如 100 mm）的水平线，然后将皮数杆上标高相同的一条线与木桩上的水平线对齐，并用大铁钉把皮数杆与木桩钉在一起，作为基础墙的标高依据。

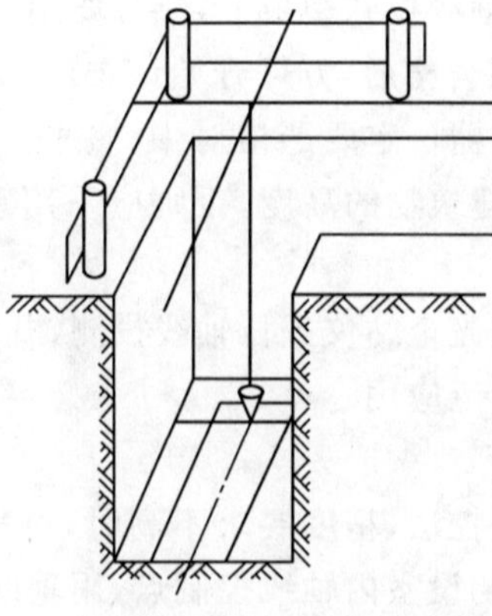

图 7-28　垫层中线的投测

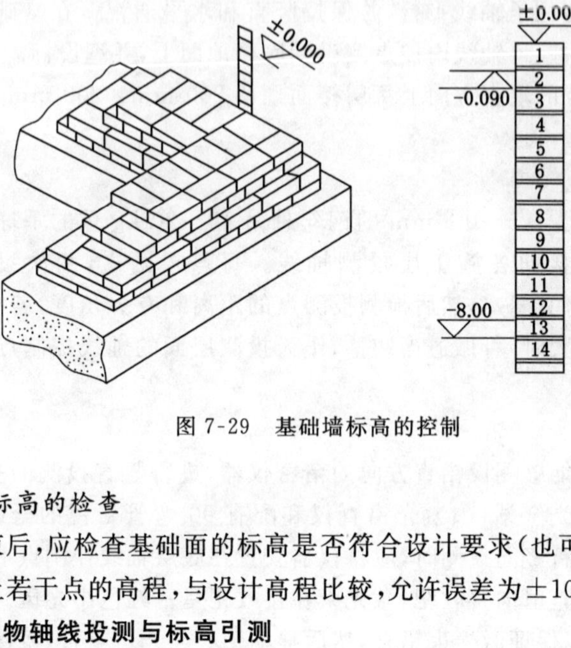

图 7-29　基础墙标高的控制

（四）基础面标高的检查

基础施工结束后，应检查基础面的标高是否符合设计要求（也可检查防潮层）。可用水准仪测出基础面上若干点的高程，与设计高程比较，允许误差为±10 mm。

三、多层建筑物轴线投测与标高引测

多层建筑物施工测量也遵循“从整体到局部，先控制后细部测量”的原则；多层建筑物的特点是建筑物层数多、高度高、建筑物复杂。在施工过程中对建筑物各部位的水平位置、高程和垂直度的精度要求较高，所以在测设前要制订测量方案，选用适当仪器，拟订检测措施，确保放样精度。在多层建筑建筑施工中施工测量的关键是轴线投测和高程传递。

（一）轴线投测

1. 外控法

外控法是在建筑物外部，利用全站仪，根据建筑物的轴线控制桩来进行轴线的竖向投测。在多层建筑墙身砌筑过程中，为了保证建筑物轴线位置正确，可用全站仪把轴线投测到各层楼板边缘或柱顶上。每层楼板中心线应测设长线（列线）1～2 条，短线（行线）2～3 条，其投点允许偏差为±5 mm。然后根据由下层投测上来的轴线，在楼板上分间弹线。投测时，把全站仪安置在轴线控制桩上，后视墙底部的轴线标点，用正倒镜取中的方法，将轴线投到上层楼板边缘或柱顶上。当各轴线投到楼板上之后，要用钢尺测量其间距作为校核，其相对误差不得大于1/2 000。经校核合格后，方可开始该层的施工。为了保证投测质量，使用的仪器一定要经检验校正，安置仪器一定要严格对中、整平。为了防止投点时仰角过大，全站仪距建筑物的水平距离要大于建筑物的高度，否则应采用正倒镜延长直线的方法将轴线向外延长，然后再向上投点。

随着现代技术的发展，采用激光全站仪进行轴线投测，既简便，精度又高，不受场地的限制，在高层建筑施工测量中得到广泛应用。

2. 内控法

在施工场地窄小、无法采用外控法、精度要求不高时，可采用内控法进行轴线投测。内控法的主要原理是在建筑物底层测设室内轴线控制点，用垂线原理将其投测到各层楼面上，作为各层轴线的测设依据。

室内轴线控制点，可视建筑物形状布设成L形或矩形。内控点应设在角点的柱子旁，相距0.5～0.8 m，边线与柱子轴线平行，并保持竖直和水平通视。在基础完工后，可根据检校后的建筑物轴线控制桩，将轴线内控点测设到底层地面上，并埋设标志作为竖向投测轴线的依据。为了投测，在点的垂直方向上每层楼面预留200 mm×200 mm的传递孔。下面介绍两种投测方法：

(1) 吊垂线法

吊垂线法是用直径为0.5～0.8 mm的钢丝悬吊10～20 kg重的垂球，以底层轴线控制点为准，通过预留孔直接向各施工层投测轴线。每点投两次，两次投点偏差不应大于±5 mm，取其平均值，将其固定，然后检测投测点的距离和有关角度，若与底层轴线点间的距离和相关角度相差不大时，可做适当调整，作为投测层面的轴线控制点，这种方法的特点是简单、直观、经济。

(2) 天顶准直法

天顶准直法是利用能够测设铅直方向的精密仪器，进行竖直投测的一种精度较高的测量方法。这种仪器有激光全站仪、激光铅直仪和配有90°弯管目镜的全站仪。若采用激光全站仪或激光铅直仪进行竖向投测时，应将仪器安置在底层轴线控制点上，严格对中、整平，使发射的激光束处于铅直射向接收靶，激光束在接收靶呈一红色小光斑。水平旋转仪器，检查光斑有无画圆情况，以保证激光束铅直，然后移动靶心与光斑重合，将接收靶固定，靶心位置即为投测的轴线点。

采用配有弯管目镜的全站仪进行竖直投测，其方法与激光全站仪或激光铅直仪一样，不同的是一个是激光斑，一个是视线点。

(二) 高程传递

多层建筑物的高程传递，一般采用钢尺沿外墙、边柱和楼梯间隙向上竖直量取，把高程传递到施工层面上，用这种方法传递高程时至少在建筑物三处位置向上传递，以便于相互校核，同时要用水准仪检查传递上来的同一层面的几个高程点是否在同一水平面上，其误差不应超过±3 mm。也可利用施工场地的水准点，采用水准仪测量的方法，借助钢尺或钢丝将高程传递到施工层面上。

四、高层建筑物轴线投测与标高引测

高层建筑物由于施工现场场地较小、施工工艺机械化程度较高、测量工作易受到限制和干扰，所以测量方法与测量手段均有别于一般建筑物施工测量。高层建筑物施工测量中的主要问题是控制垂直度，就是将建筑物的基础轴线准确地向高层引测，并保证各层相应轴线位于同一竖直面内，控制竖向偏差，使轴线向上投测的偏差值不超限。

轴线向上投测时，要求竖向误差在本层内不超过 5 mm，全楼累计误差值不应超过 $2H/10\,000$（H 为建筑物总高度），且 30 m$<H\leqslant$60 m 时，不应大于 10 mm；60 m$<H\leqslant$90 m 时，不应大于 15 mm；$H>$90 m 时，不应大于 20 mm。

（一）竖向投测

高层建筑物轴线的竖向投测，主要有外控法和内控法两种，下面分别介绍这两种方法。

1. 外控法

外控法是在建筑物外部，利用全站仪，根据建筑物轴线控制桩来进行轴线的竖向投测，亦称作“全站仪引桩投测法”。具体操作方法如下。

(1) 在建筑物底部投测中心轴线位置

高层建筑的基础工程完工后，将全站仪安置在轴线控制桩 A_1、A'_1、B_1 和 B'_1 上，把建筑物主轴线精确地投测到建筑物的底部，并设立标志，如图 7-30 中的 a_1、a'_1、b_1 和 b'_1，以供下一步施工与向上投测之用。

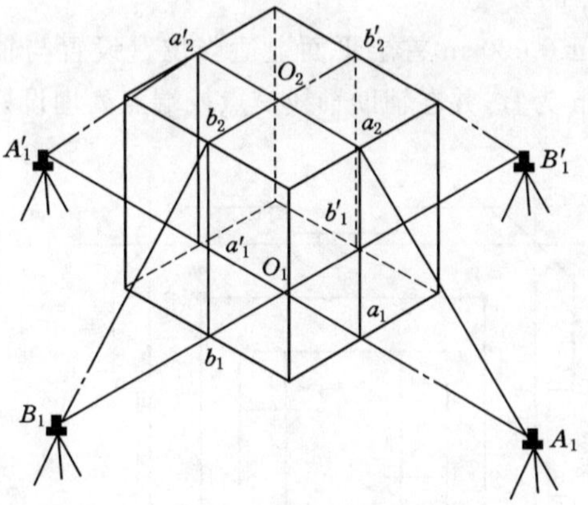

图 7-30　全站仪投测中心轴线

(2) 向上投测中心线

随着建筑物不断升高，要逐层将轴线向上传递，如图 7-31 所示，将全站仪安置在中心轴线控制桩 A_1、A'_1、B_1 和 B'_1 上，严格整平仪器，用望远镜瞄准建筑物底部已标出的轴线 a_1、a'_1、b_1 和 b'_1 点，用盘左和盘右分别向上投测到每层楼板上，并取其中点作为该层中心轴线的投影点，如图 7-31 中的 a_2、a'_2、b_2 和 b'_2。

(3) 增设轴线引桩

当楼房逐渐增高，而轴线控制桩距建筑物又较近时，望远镜的仰角较大，操作不便，投测精度也会降低。为此，要将原中心轴线控制桩引测到更远的安全地方，或者附近大楼的屋面。具体做法是：将全站仪安置在已经投测上去的较高层（如第 8 层）楼面轴线 $a_8a'_8$ 上，如图 7-31 所示，瞄准地面上原有的轴线控制桩 A_1 和 A'_1 点，用盘左、盘右分中投点法，将轴线延长到远处 A_2 和 A'_2 点，并用标志固定其位置，A_2、A'_2 即为新投测的 $A_1A'_1$ 轴控制桩。更高各层的中心轴线，可将全站仪安置在新的引桩上，按上述方法继续进行投测。

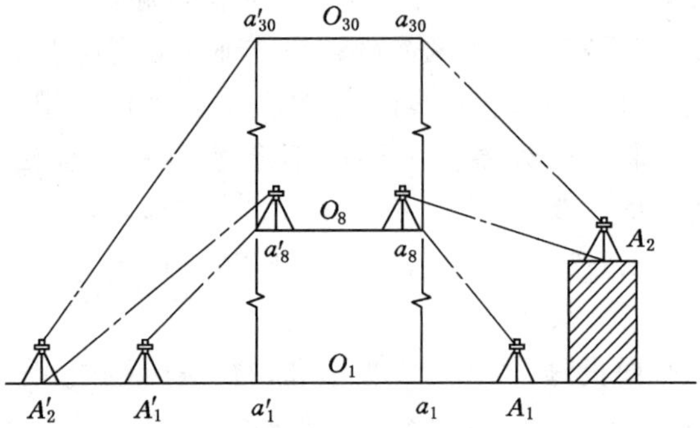

图 7-31　全站仪引桩投测

2. 内控法

内控法是在建筑物内±0.000 m 平面设置轴线控制点，并预埋标志，以后在各层楼板相应位置上预留 200 mm×200 mm 的传递孔，在轴线控制点上直接采用吊线坠法或激光铅垂仪法，通过预留孔将其点位垂直投测到任一楼层。

(1) 内控法轴线控制点的设置

在基础施工完毕后，在±0.000 m 首层平面上适当位置设置与轴线平行的辅助轴线。辅助轴线距轴线 500～800 mm 为宜，并在辅助轴线交点或端点处埋设标志，如图 7-32 所示。

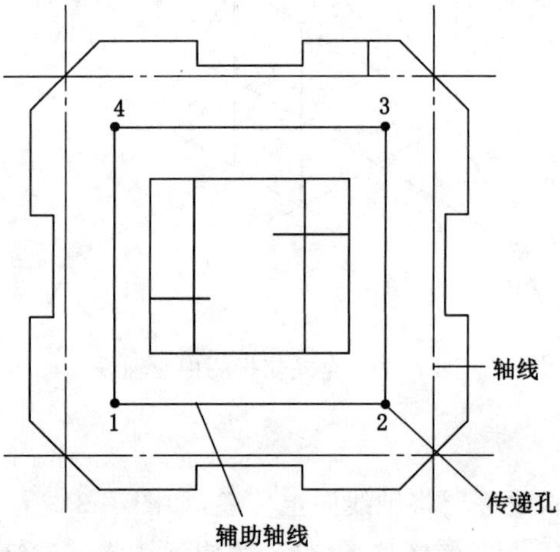

图 7-32　内控法轴线控制点的设置

(2) 吊线坠法

吊线坠法是利用钢丝悬挂垂球的方法，进行轴线竖向投测。这种方法一般用于高度在 50～100 m 的高层建筑施工中，垂球重约为 10～20 kg，钢丝的直径约为 0.5～0.8 mm。投测方法是：在预留孔上面安置十字架，挂上垂球，对准首层预埋标志。当垂球线静止时，固定十字架，并在预留孔四周做出标记，作为以后恢复轴线及放样的依据。此时，十字架中心即为轴线控制点在该楼面上的投测点，如图 7-33 所示。

用吊线坠法实测时，要采取一些必要措施，如用铅直的塑料管套着坠线或将垂球沉浸于

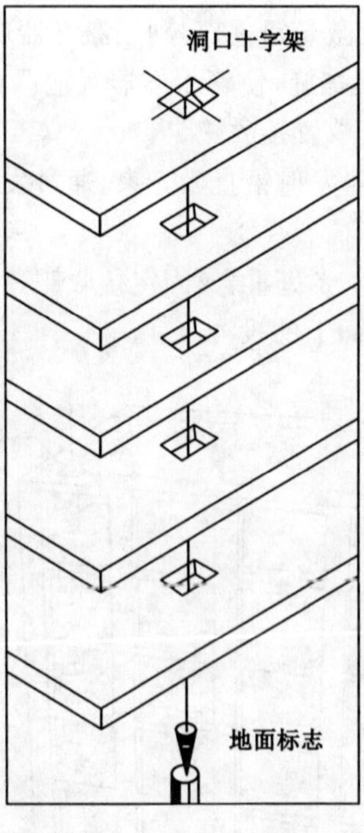

图 7-33　吊线坠法投测轴线

油中，以减少摆动。

（3）激光铅垂仪法

激光铅垂仪是一种专用的铅直定位仪器，适用于高层建筑物、烟囱及高塔架的铅直定位测量。激光铅垂仪的基本构造如图 7-34 所示，主要由氦氖激光管、精密竖轴、发射望远镜、水准器、基座、激光电源及接收屏等部分组成。

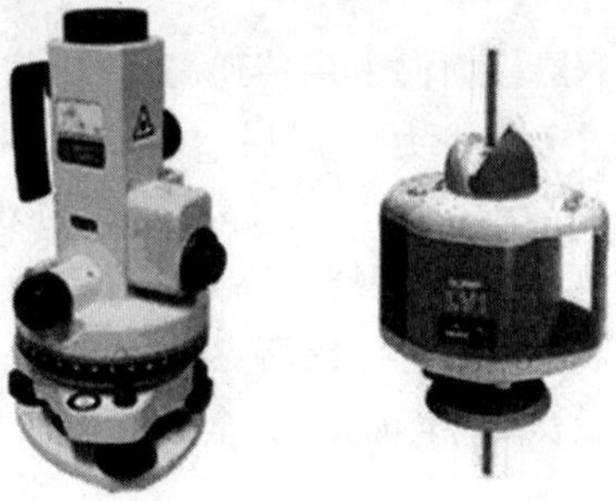

图 7-34　激光铅垂仪

激光器通过两组固定螺钉固定在套筒内。激光铅垂仪的竖轴是空心筒轴，两端有螺扣，上、下两端分别与发射望远镜和氦氖激光器套筒相连接，二者位置可对调，构成向上或向下发射激光束的铅垂仪。仪器上设置有两个互成 90°的管水准器，仪器配有专用激光电源。

激光铅垂仪投测轴线方法如下(图 7-35)：

① 在首层轴线控制点上安置激光铅垂仪，利用激光器底端(全反射棱镜端)所发射的激光束进行对中，通过调节基座整平螺旋，使管水准器气泡严格居中。

② 在上层施工楼面预留孔处放置接收靶。

③ 接通激光电源，启辉激光器发射铅直激光束，通过发射望远镜调焦，使激光束汇聚成红色耀目光斑，投射到接收靶上。

④ 移动接收靶，使靶心与红色光斑重合，固定接收靶，并在预留孔四周做出标记，此时，靶心位置即为轴线控制点在该楼面上的投测点。

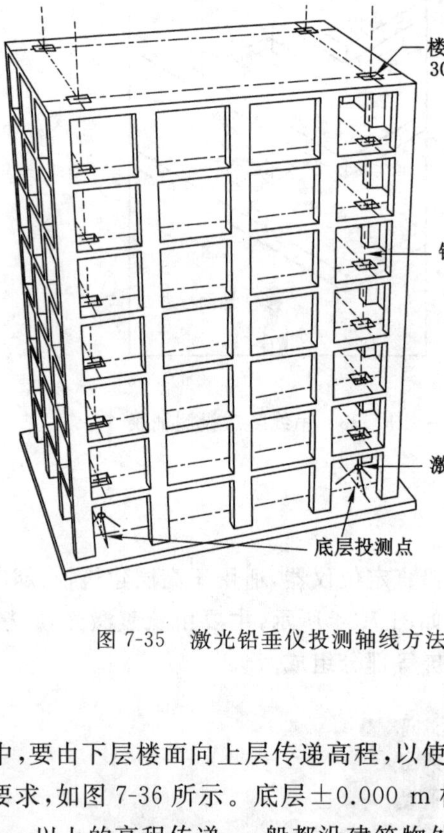

图 7-35　激光铅垂仪投测轴线方法

（二）高程传递

高层建筑物施工中，要由下层楼面向上层传递高程，以使上层楼板、门窗口、室内装修等工程的标高符合设计要求，如图 7-36 所示。底层±0.000 m 标高点可依据施工场地内的水准点来测设。±0.000 m 以上的高程传递，一般都沿建筑物外墙、边墙或电梯间等用钢尺向上量取。一幢高层建筑物至少要由三个底层标高点向上传递，由下层传递上来的同一层几个标高点，必须用水准仪进行校核，检查各标高点是否在同一水平面上，其误差不超过±3 mm。高程传递方法有钢尺测量法、水准测量法、全站仪天顶测距法等三种方法。

1. 钢尺测量法

首先根据附近水准点，用水准测量方法在建筑物底层内墙面上测设一条+0.5 m 的标高线，作为底层地面施工及室内装修的标高依据；然后用钢尺从底层+0.5 m 的标高线沿墙体或柱面直接垂直向上测量，在支承杆上标出上层楼面的设计标高线和高出设计标高+0.5 m 的标高线。为了减少逐层读数误差的影响，可采用数层累计读数的测法，如每三层楼换一次钢尺。

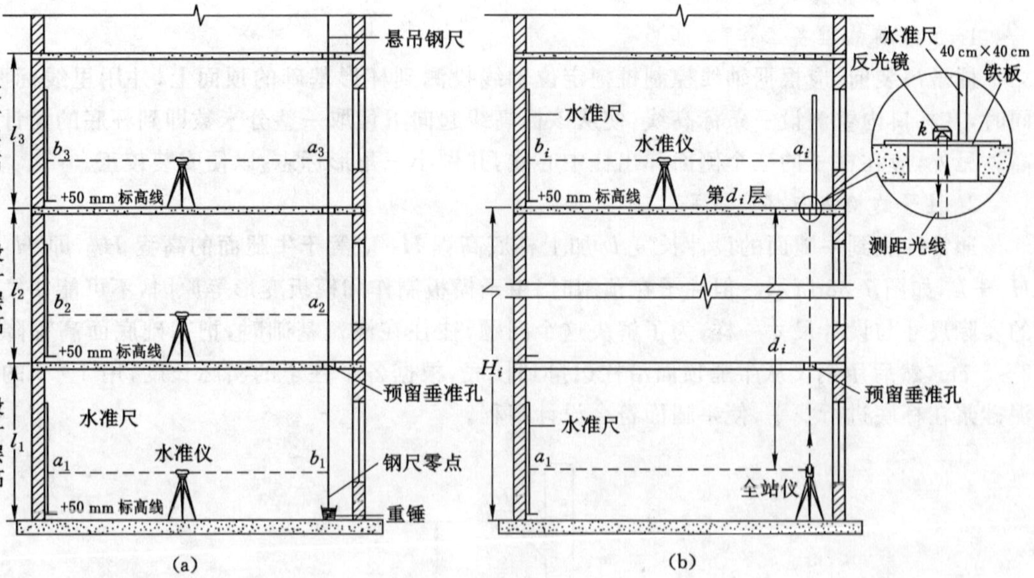

图 7-36　高层建筑物高程传递方法

2. 水准测量法

在高层建筑的垂直通道(楼梯间、电梯间、垃圾道、垂准孔等)中悬吊钢尺,钢尺下端扶一重锤,用钢尺代替水准尺,在下层与上层各架一次水准仪,根据底层＋0.5 m 的标高线将高程向上传递,从而测设出各楼层的设计标高线和高出设计标高＋0.5 m 的标高线。

3. 全站仪天顶测距法

对于超高层建筑,悬吊钢尺有困难的,可以在底层投测点或电梯井安置全站仪,通过对天顶方向测距的方法引测高程。

五、钢结构工程施工测量

一般工业厂房多采用预制构件在现场组装的办法施工(图 7-37),构件安装工程主要包括柱子、吊车梁、吊车轨、屋架、天窗架和屋面板等安装工程。本节着重介绍柱子、吊车梁和吊车轨等构件在安装时的测量工作。

图 7-37　某厂房构建结构

(一) 柱子吊装测量

1. 吊装前的准备工作

柱子吊装前,应根据轴线控制桩把定位轴线投测到杯形基础的顶面上,并用里线标明。同时,在杯口内壁测设一条标高线,使从该标高线起向下量取一整分米数即到杯底的设计标高。另外,应在柱子的三个侧面弹出柱中心线,并做小三角形标志,以便安装校正。

2. 柱子的检查与杯底找平

通常柱底到牛腿面的设计长度 L 加上杯底高程 H_1 应等于牛腿面的高程 H_2,即 $H_2=H_1+L$,如图 7-38 所示。但柱子在预制时,由于模板制作和模板变形等原因,不可能使柱子的实际尺寸与设计尺寸一样,为了解决这个问题,往往在浇筑基础时,把基础底面高程降低 2~5 cm,然后用钢尺从牛腿顶面沿柱边量到柱底,根据各个柱子的实际长度,用 1∶2 的水泥砂浆在杯底进行找平,使牛腿面符合设计高程。

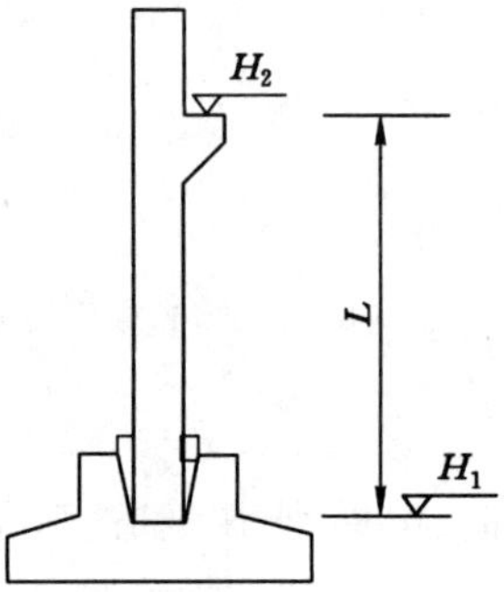

图 7-38　柱子的检查与杯底找平

3. 柱子安装时的校正工作

当柱子起吊插入杯口后,要使柱底中线与杯口中线对齐,用木楔或钢楔初步固定,允许误差为±5 mm,柱子立稳后,立即用水准仪检测柱身上的±0.000 m 标高线,看是否符合设计要求,允许误差为±3 mm。

竖直校正:如图 7-39 所示,在基础的纵、横中心线上,离开基础的距离为 1.5 倍柱高的地方,安置 2 台全站仪,用望远镜照准柱底中线,固定照准部,抬高望远镜观测柱身上的中心标志或墨线,若与十字竖丝重合,则柱子在此方向是竖直的,否则应调整,直到相互垂直的两个方向都符合要求为止。

当校正成排柱子时,为提高工作效率,可安置一次仪器,校正多根柱子,因仪器不在轴线上,故不能瞄准杯口中线,而要瞄准柱底中线,再往上瞄。也可先瞄上部,在下部正倒镜投点取平均值与中线相比较。偏差满足要求后,要立即灌浆,固定柱子位置。

(二) 吊车梁、吊车轨的安装测量

1. 吊车梁的安装测量

吊车梁的安装测量,主要是保证吊车梁中线位置和梁的标高满足设计要求。

(1) 吊车梁安装时的中线测量。根据厂房控制网或柱中心轴线端点,在地面上定出吊车梁中心线(亦即吊车轨道中心线)控制桩,然后用全站仪将吊车梁中心线投测在每根柱子的牛腿上,并弹以墨线,投点误差为±3 mm,吊装时使吊车梁中心线与牛腿上中心线对齐。

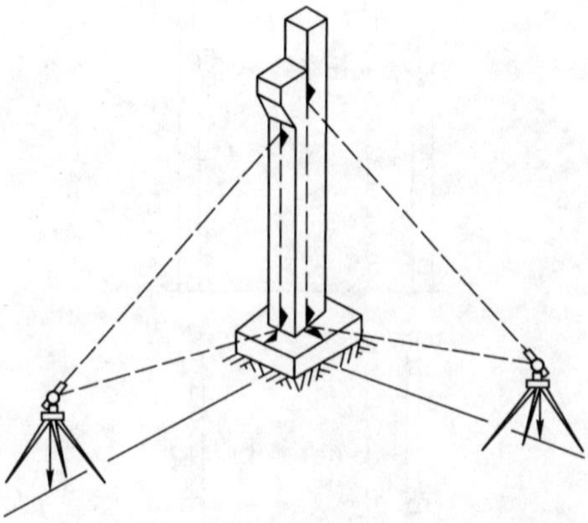

图 7-39　柱子垂直校正

(2) 吊车梁安装时的高程测量。吊车梁顶面标高，应符合设计要求。根据±0.000 m 标高线，沿柱子侧面向上量取一段距离，在柱身上定出牛腿面的设计标高点，作为整平牛腿面及加垫板的依据。同时在柱子上端比梁顶面高 5～10 cm 处测设一标高点，据此修平梁面。梁面整平以后，应置水准仪于吊车梁上，检测梁面的标高是否符合设计要求，误差应不超过±3～±5 mm。

2. 吊车轨安装测量

吊车轨安装测量在吊车梁安装好之后进行，这项工作的目的是保证轨道中心线和轨顶标高符合设计要求。

(1) 在吊车梁上测设轨道中心线

吊车梁在牛腿上安放好后，第一次投在牛腿上的中心线已被吊车梁所掩盖，所以在梁面上再次投测轨道中心线，以便安装吊车轨道。

具体做法是：先在地面上沿垂直于柱中心线的方向 AB 和 $A'B'$ 各量一段距离 AE 和 $A'E'$。令 $AE=A'E'=l+1$（l 为柱列中心线到吊车轨道中心线的距离）。EE' 为与吊车轨道中心线相距 1 m 的平行线（图 7-40）。然后将全站仪安置在 E 点，瞄准 E'，抬高望远镜向上投点。这时一人在吊车梁上横放一支 1 m 长的木尺，假使木尺一端在视线上，则另一端即为轨道中心线位置，并在梁面上画线表明。同法定出轨道中心其他各点。至于吊车轨道另一条中心线位置，可采用同样方法测设；也可以按照轨道中心线间的间距，根据已定好的一条轨道中心线，用悬空量距的方法定出来。

(2) 根据吊车梁两端投测的中线点测定轨道中心线

根据地面上柱子中心线控制点或厂房控制网点，测出吊车梁（吊车轨道）中心线点。然后根据此点用全站仪在厂房两端的吊车梁面上各投一点，两条吊车梁共投 4 点。投点允许偏差为±2 mm。再用钢尺丈量两端所投中线点的跨距是否符合设计要求，如超过±5 mm，则以实量长度为准予以调整。将仪器安置于吊车梁一端中线点上，照准另一端点，在梁面上进行中线投点加密，每隔 18～24 m 加密一点。如梁面狭窄，不能安置三脚架，应采用特殊仪器架安置仪器。

轨道中心线最好于屋面安装后测设，否则当屋面安装完毕后应重新检查中心线。在测

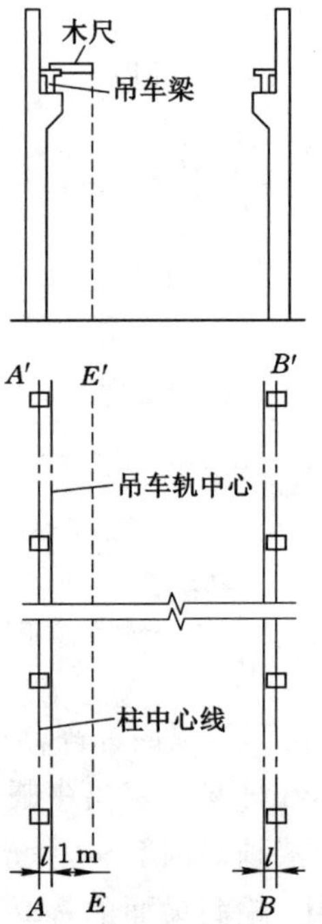

图 7-40 吊车轨道中心线的测设

设吊车梁中心线时，应将其方向引测在墙上或屋架上。

六、特殊建(构)筑物施工测量

烟囱和水塔等构筑物，虽然形式不同，但具有基础小、主体高、重心高、稳定性差的共同特点。施工时必须严格控制主体的中心位置偏差，保证主体竖直。超高烟囱采用滑模施工工艺，用激光垂准仪导向。

国家相关规范规定：烟囱(图 7-41)筒身中心线的垂直区偏差，当高度 H 为 100 m 或 100 m 以下时，误差值应小于 $0.15H$；当高度 H 为 100 m 以上时，误差值应小于 $0.1H$，但不能超过 50 cm。

(一) 基础施工测量

如图 7-42 所示，首先，根据设计要求和已有测量控制点情况拟订测设方案，准备测设数据，并在实地定出基础中心点 O 的位置。然后，将全站仪置于 O 点，定出正交的两条定性细线 AB 和 CD，轴线控制点 A、B、C、D 应选在不易碰动和便于安置仪器的地方，离中心点 O 的距离应大于烟囱或水塔底部直径的 1.5 倍。再以 O 点为圆心，以烟囱或水塔底部半径 r 与基坑开挖时放坡宽度 b 之和为半径(即 $r+b$)，在地面上画圆，并撒灰线，以标明开挖边线；同时在开挖边线外侧 2 m 左右的定位轴线方向上标定 E、G、H、F 四个定位小木桩，作为修坑和恢复基础中心用。

当基坑挖至接近设计深度时，应在坑壁测设标高桩，作为检查挖土深度和确定浇灌混凝土垫层标高用。浇灌混凝土基础时，根据定位小木桩，在基础表面中心埋设角钢，用全站仪将烟囱或水塔小心投到角钢上，并铭刻十字标记，作为主体施工时垂直导向和控制半径的依据。

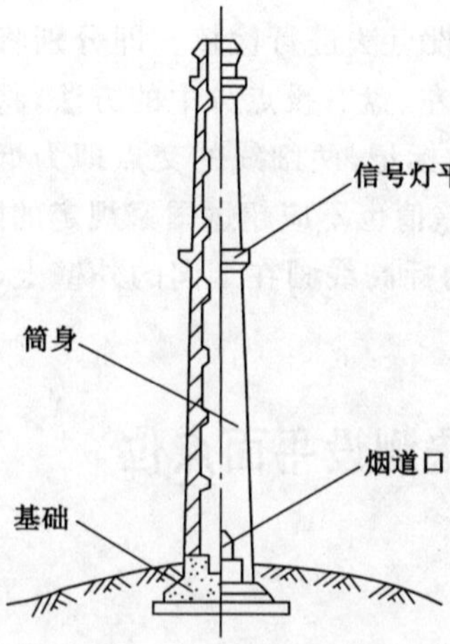

图 7-41　烟囱

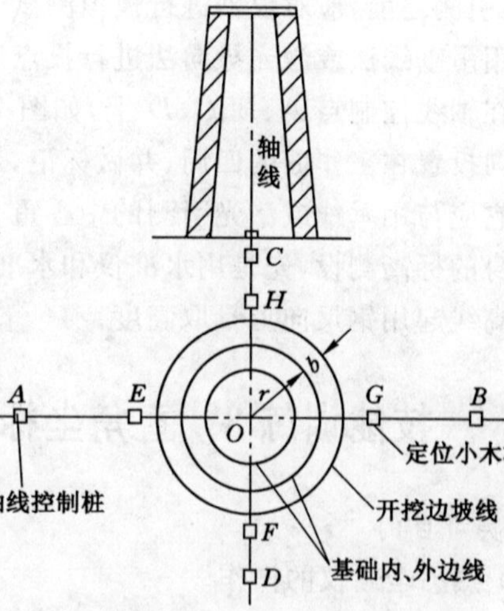

图 7-42　烟囱、水塔基础中心定位

（二）筒身施工测量

在烟囱筒身施工过程中，每提升一次模板或步架时，都要用吊垂线（图 7-43）或激光导向，将烟囱中心垂直引测到工作面上，以引测的中心为圆心，以工作面上烟囱的设计半径为半径，用木尺杆画圆，以检查烟囱壁的位置，并做下一步搭架或滑模的依据。

吊垂线法是在施工工作面的木方上用细钢丝悬吊 8～12 kg 重的垂球，调整木方，当垂球尖对准基础中心时，钢丝在木方的位置即为烟囱的中心，如图 7-43 所示。此法是一种比较原始但非常简便的方法，由于垂球容易摆动，仅适用于高度在 100 m 以下的烟囱，而且每升高 10～20 m，要用全站仪做一次复核，以免出差错。

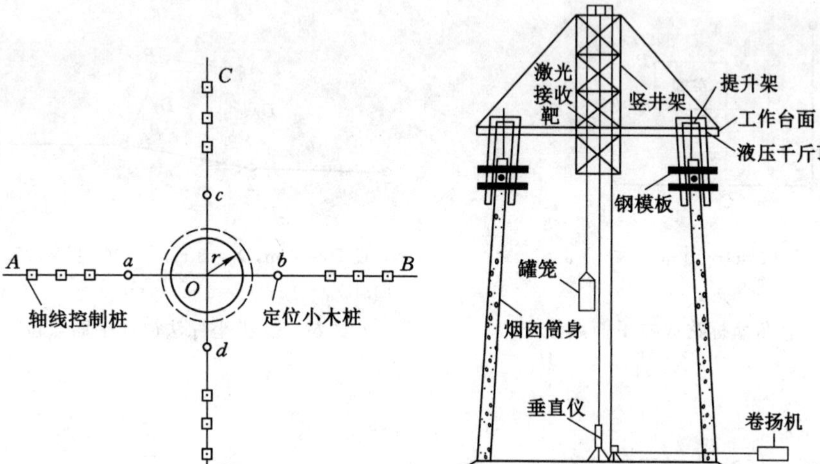

图 7-43　吊垂线法

激光导向法是将激光铅垂仪安置在烟囱中心点 O 上，接通电源后，进行对中、整平，使激光束导至铅垂位置，调整木方，当激光光斑中心与靶中心重合时，靶中心即烟囱中心。再次指出:引测之前,应对仪器进行模拟测试。

在用吊垂线法或激光导向法进行投点后,常用全站仪投点法进行检核。即分别将全站仪安置在轴线控制点 A、B、C、D 上,如图 7-43 所示,用盘左、盘右投点分中的方法,将基础轴线方向投置在工作面的四周,并做标记,用细线连接相对标记,两细线的交点即为烟囱的中心。它应与用垂线或激光引测的中心重合。否则,其偏差值也不应超过国家规定的限差。

筒身的标高测设,先是用水准仪和水准尺将+0.5 m 的标高线画在烟囱的外壁上,然后从该标高线起用钢尺向上量取高度。

技能训练 8　直角坐标法、极坐标法测设平面点位

1. 实习目的

(1) 熟悉全站仪的操作。

(2) 掌握直角坐标法放样点平面位置的方法。

(3) 掌握极坐标法放样点平面位置的方法。

2. 仪器工具

每组全站仪 1 台、棱镜 1 个。

3. 实习任务

每组用直角坐标法放样 4 点、用极坐标法放样 2 点。

4. 实习要点及流程

(1) 要点:注意角度的正拨和反拨。

(2) 流程:

① 如图 7-44 所示,利用直角坐标法放样出 M、N、P、Q 点。

② 如图 7-45 所示,利用极坐标法放样出 A、B 点。

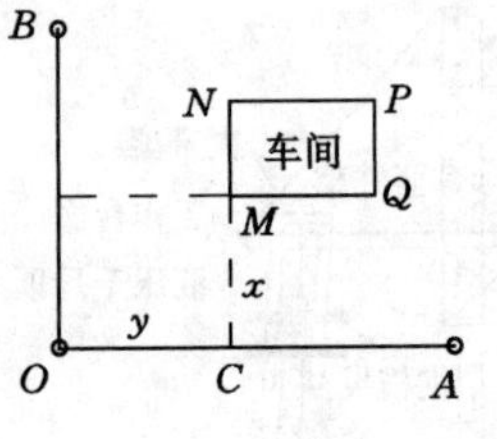

设 $x=3$, $y=5$, $MQ=10$ m, $MN=6$ m。

图 7-44　直角坐标法放样平面点位

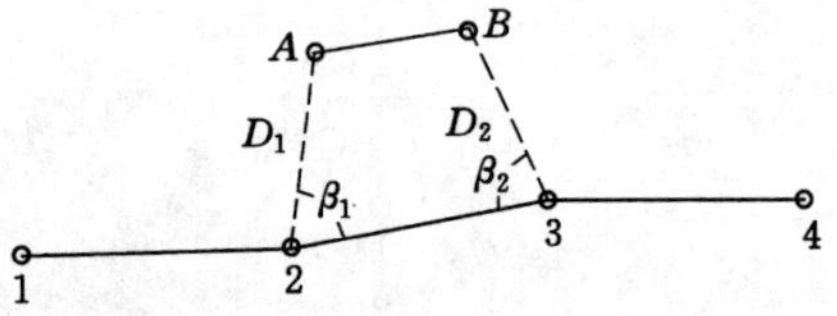

设 $D_1=6$ m, $D_2=8$ m, $\beta_1=30°$, $\beta_2=60°$,
同时 $x_2=0$ m, $y_2=0$ m, $x_3=0$ m, $y_3=10$ m。

图 7-45　极坐标法放样平面点位

5. 实习记录

(1) 直角坐标法放样平面点位

角桩点 M 设计坐标 $x=$____ m, $y=$____ m;放样后实测坐标 $x=$____ m, $y=$____ m。

角桩点 Q 设计坐标 $x=$____ m, $y=$____ m;放样后实测坐标 $x=$____ m, $y=$____ m。

角桩点 N 设计坐标 $x=$____ m, $y=$____ m;放样后实测坐标 $x=$____ m, $y=$____ m。

(2) 极坐标法放样平面点位

① 测站点____的坐标 $x=$________ m, $y=$________ m;
后视点____的坐标 $x=$________ m, $y=$________ m;
待放样点____的坐标 $x=$________ m, $y=$________ m。
经计算得：测设水平角 $\beta=$__________, 水平距离 $D=$__________。
实测坐标 $x=$________ m, $y=$________ m。
② 测站点____的坐标 $x=$________ m, $y=$________ m;
后视点____的坐标 $x=$________ m, $y=$________ m;
待放样点____的坐标 $x=$________ m, $y=$________ m。
经计算得：测设水平角 $\beta=$__________, 水平距离 $D=$__________。
实测坐标 $x=$________ m, $y=$________ m。

技能训练 9　全站仪平面点坐标放样

1. 实习目的
(1) 熟悉全站仪的操作。
(2) 掌握全站仪平面坐标放样方法。
2. 仪器工具
每组全站仪 1 台、棱镜 1 个。
3. 实习任务
每组用全站仪利用坐标放样 4 点。
4. 实习要点及流程
(1) 要点：注意角度的正拨和反拨。
(2) 流程：如图 7-46 所示，利用全站仪坐标法放样出 A、B、C、D 点。已知控制点 2(0,0), 3(0,17.564)；设计点坐标 A(4,5)、B(4,10)、C(8,10)、D(8,5)。

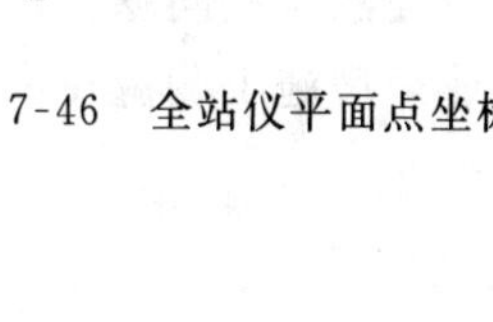

图 7-46　全站仪平面点坐标放样

5. 实习记录
测站点____的坐标 $x=$________ m, $y=$________ m;
后视点____的坐标 $x=$________ m, $y=$________ m。
① 待放样点____的坐标 $x=$________ m, $y=$________ m;
实测坐标 $x=$________ m, $y=$________ m。
② 待放样点____的坐标 $x=$________ m, $y=$________ m;

实测坐标 $x=$________ m，$y=$________ m。

③ 待放样点____的坐标 $x=$________ m，$y=$________ m；

实测坐标 $x=$________ m，$y=$________ m。

④ 待放样点____的坐标 $x=$________ m，$y=$________ m；

实测坐标 $x=$________ m，$y=$________ m。

思考与练习

1. 施工测量的主要任务有哪些？

2. 测设已知水平角、水平距离和高程与测定水平角、水平距离和高程有何区别和联系？

3. 欲在地面上测设一个直角$\angle AOB$，先按一般方法测设出该直角，经检验测得其角值为 $90°01'36''$，若 $OB=160$ m，为了获得正确的直角，试计算 B 点的调整量并绘图说明其调整方向。

4. 测设点的平面位置有哪些方法？各适用于什么场合？各需要哪些测设数据？

5. 某建筑场地上有一水准点 A，其高程 $H_A=138.416$ m，欲测设高程为 139.000 m 的室内± 0.000 m 标高，设水准仪在水准点所立水准尺上的读数为 1.034 m，试说明其测设方法。

6. 设 A、B 为已知平面控制点，其坐标分别为 $A(156.32,576.49)$、$B(208.78,482.36)$，欲根据 A、B 两点测设 P 点的位置，P 点设计坐标为(180,500)。试分别计算用极坐标法、角度交会法和距离交会法测设 P 点的测设数据，并绘出测设略图。

7. 建筑场地平面控制网的形式有哪些？它们各适用于哪些场合？

8. 在测设三点一字形的建筑基线时，为什么基线点不应少于三个？当三点不在一条直线上时，为什么横向调整量是相同的？

9. 民用建筑施工测量包括哪些主要测量工作？

10. 试述基槽开挖时控制开挖深度的方法？

11. 轴线控制桩和龙门板的作用是什么？如何设置？

12. 建筑施工中，如何由下层楼板向上层传递高程？试述基础皮数杆和墙身皮数杆的立法。

13. 为了保证高层建筑物沿铅垂方向建造，在施工中需要进行垂直度和水平度观测，试问两者间有何关系？

14. 高层建筑物施工中如何将底层轴线投测到各层楼面上？

15. 如何进行柱子的竖直校正？应注意哪些问题？

16. 比较民用建筑施工测量与工业厂房施工测量在内容、要求、方法等方面的异同点。

项目八 道路与桥梁工程测量

任务一 道路中线测量

知识要点

路线交点和转点测设;路线转折角测定;里程桩设置。

技能目标

能够进行交点、转点、转折角、里程桩的测设。

道路中线测量的任务是将线路的中心线测设到地面上,作为道路工程施工的依据。中线测量是由设计单位在定测阶段完成的。在交接桩以后施工单位要进行施工复测,校核设计单位的测量成果,补钉丢失的桩点,加钉施工所需要的桩点。在施工过程中,要经常进行中线测量以控制各工程建筑物的正确位置。竣工后,还要进行全面系统的中线测量,为编制竣工文件提供依据。在不同阶段,尽管中线测量的具体条件、测量方法、施测要求等可能有所不同,但其基本内容都是相同的,主要包括直线的定向和距离测量、线路转向角测量、道路曲线控制桩及中桩的测设等。

一、路线交点和转点测设

中线测量是把道路的中心线标定在地面上。中线的平面几何线型是由直线和曲线组成的,如图 8-1 所示。中线测量主要包括测设中线起点、终点及各交点(JD)、主点和转点(ZD),量距和钉桩,测量路线各偏角(α),测设圆曲线及缓和曲线等。

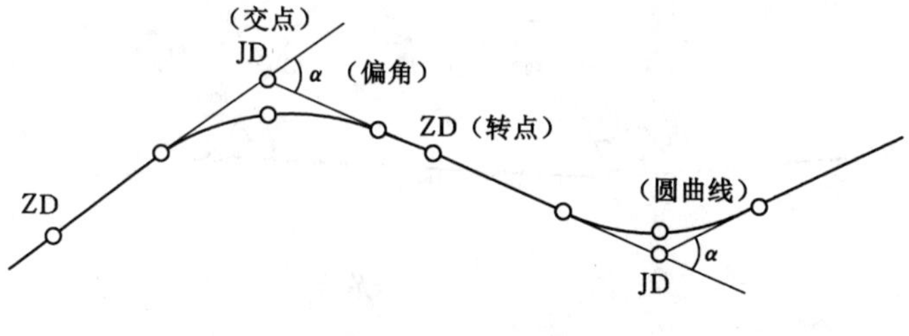

图 8-1 道路中线

1. 交点的测设

由于定位条件和现场情况不同,交点测设方法也需灵活多样,工作中应根据实际情况合理选择测设方法。目前常用的方法有距离交会法、直角坐标法和极坐标法。

距离交会法主要是根据测试点与地物的关系测设交点。如图 8-2 所示，JD_{12} 的位置已在地形图上确定，可事先在图上量出 JD_{12} 到两房角和电线杆的距离，在现场根据相应的房角和电线杆，用钢尺分别量取相应的距离，用距离交会测设出 JD_{12} 点。

(1) 根据导线点与交点的设计坐标测设交点

根据附近导线点(测站点)和交点(放样点)的设计坐标，反算出有关的测设数据，按直角坐标法或极坐标法测设出交点，如图 8-3 所示。根据导线点 5、6 和 7 三点的坐标，反算夹角和测站点到放样点之间的距离 D，用极坐标法测设交点，或者是用全站仪直接用直角坐标法测设 JD_1。

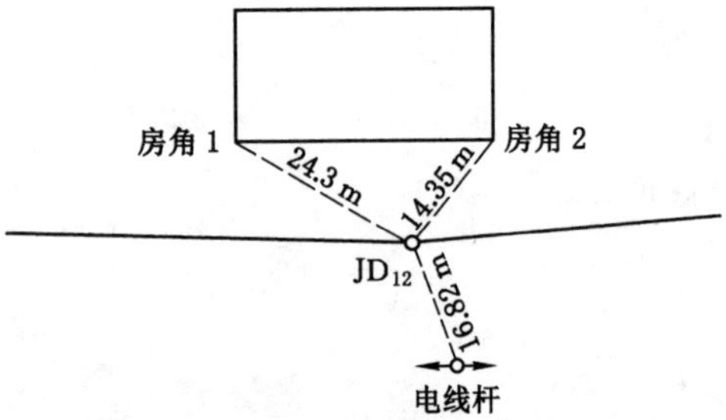

图 8-2　距离交会测设交点

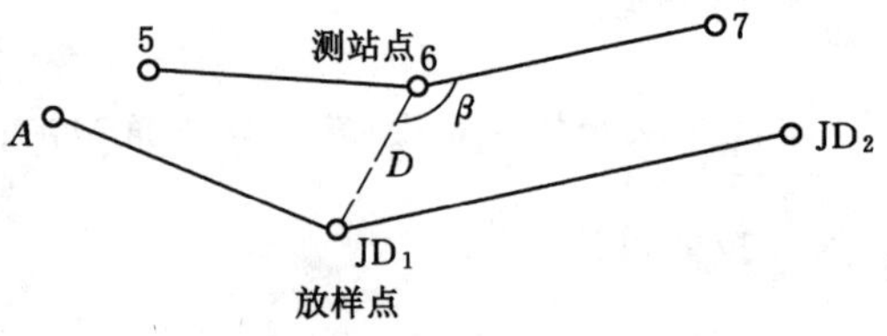

图 8-3　根据导线点测设交点

(2) 穿线交点法测设交点

穿线交点法是利用图上就近的导线点或地物点与纸上定线的直线段之间的角度和距离，用图解法求出测设数据，通过实地的导线点或地物点，把中线的直线段独立地测设到地面上，然后将相邻直线延长相交，定出地面交点桩的位置。其程序是:放点→穿线→交点。

① 放点

放点常用的方法有极坐标法。在图 8-4 中，P_1、P_2、P_3、P_4 为定线的某直线段欲放的临时点。在图上以附近的导线点 4、5 为依据，计算或图上量出 β_1、L_1，β_2、L_2，… 等放样数据。实地放点时，可用全站仪分别在 4、5 点按极坐标法定出各临时点的位置。

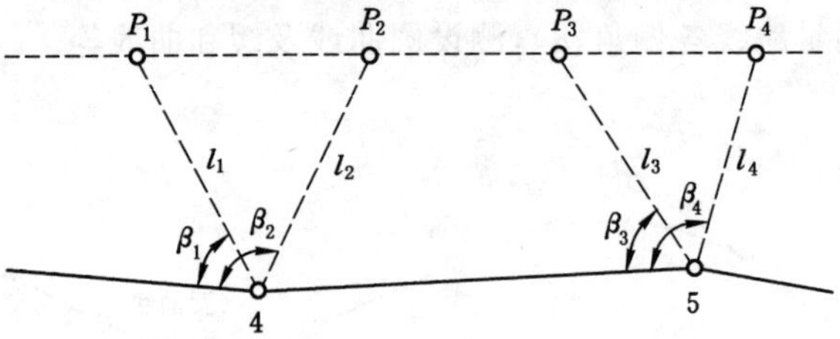

图 8-4　极坐标法放点

② 穿线

放出的临时各点理论上应在一条直线上，由于图解数据和测设工作均存在误差，实际上并不严格在一条直线上，在这种情况下可根据现场的实际情况，采用全站仪视准法穿线，通过比较和选择，定出一条尽可能多地穿过或靠近临时点的直线 AB，最后在 A、B 或其方向上打下两个以上的转点桩，取消临时点桩。

③ 交点

如图 8-5 所示，当两条相交的直线 AB、CD 在地面上确定后，可进行交点。将全站仪置于 B 点瞄准 A 点，倒镜，在视线上接近交点 JD 的概略位置前、后打下两桩(骑马桩)。采用正倒镜分中法在桩上定出 a、b 两点，并钉以小钉，挂上细线。仪器搬至 C 点，同法定出 c、d 两点，挂上细线，两细线的相交处打下木桩，并钉以小钉，得到 JD 点。

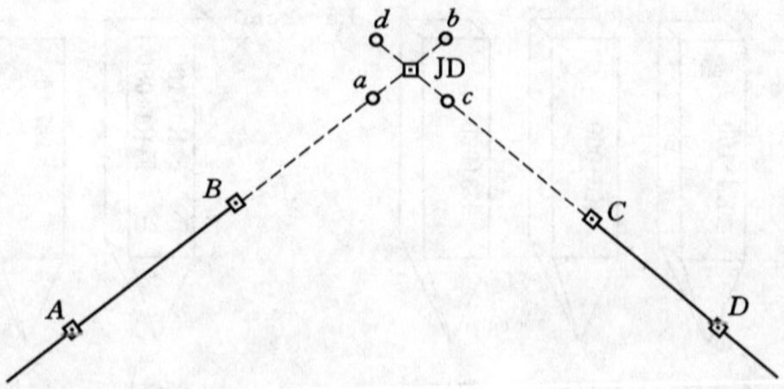

图 8-5　交点

2. 归化法测设交点和转点

归化法测设交点和转点(以及线路中心线上的任何一点)，是先用极坐标法放样一个点作为临时过渡点，放样后埋设标志桩，待埋设的标志桩稳定后，再用附和导线的方法，测量过渡点与已知点之间的关系(边长、夹角或坐标)，并与导线点联测。然后按导线坐标计算的方法进行平差计算求得测算值，将其与设计值比较得其差数，最后从该过渡点出发修正这一差数，把点归化到更精确的位置上去，从而在实地上得到更准确的交点和转点。

二、路线转角测定

转角是路线由一个方向偏转到另一方向时，偏转后的方向与原方向的水平夹角。转角有左、右之分。如图 8-6 所示，偏转后的方向位于原方向左侧的转角称为左转角，用 α_z 表示；位于原方向右侧的转角称为右转角，用 α_y 表示。转角一般不采用直接测定，而是根据实测的路线右角 $\beta_右$ 按下式计算而得：

$$\begin{cases}若\ \beta_右 < 180° 时，\alpha_y = 180° - \beta_右 \\ 若\ \beta_右 > 180° 时，\alpha_z = \beta_右 - 180°\end{cases} \tag{8-1}$$

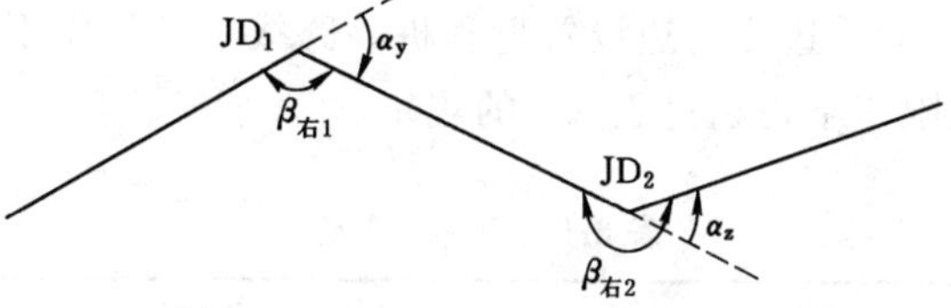

图 8-6　转角测定示意图

右角 $\beta_右$ 的观测通常采用全站仪以测回法观测一测回，两半测回角值差的不符值视道路等级而定，一般不超过±40″，在允许范围内取其平均值作为观测成果。

三、里程桩的设置

里程桩不仅具体标定出路线中线的实地位置，而且通过书写在桩上的桩号表达桩位距路线起点的里程。如某中桩距路线起点的里程为 7 814.19 m，则它的桩号应写为 K7＋814.19。在中线测量中，一般多用 1.5 cm×5 cm×30 cm 的板桩或竹桩作里程桩，如图 8-7 所示。

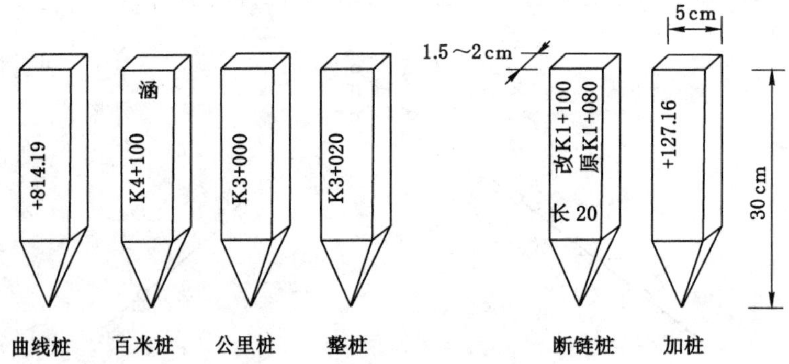

图 8-7　里程桩图

里程桩分为整桩和加桩两种。整桩是基本桩距为 20 cm 或 50 cm，桩号为整数的里程桩。百米桩和公里桩均属于整桩。

加桩有：

(1) 地形加桩：凡沿中线方向纵、横地形起伏突变处以及天然河沟处应设置的里程桩。

(2) 地物加桩：路线与其他道路、铁路、便道交叉处，路线与水渠、管道、电力线等交叉点或干扰地段起终点；拆迁建筑处、占有耕地及经济林的起终点，均应设置里程桩。

(3) 人工结构物加桩：拟建桥梁、涵洞、水管、挡土墙及其他人工结构物处的加桩。

(4) 工程地质加桩：地质不良地段和土壤地质变化处的里程桩。

(5) 曲线加桩：曲线点桩。

(6) 断链桩：由于局部地段改线或量距计算中发生错误，出现实际里程与原桩号不一致的现象，即为断链。为了不牵动全线桩号，在局部改线或差错地段改用新桩号，其他不变动地段仍采用老桩号，并在新、老桩号变更处打断链桩，其写法为：改 K1＋100 原 K1＋080，长链 20 m。

在路线交点、转点及转角测定后，即可进行中线丈量和设置里程桩。从路线起点开始，沿路线中线连续丈量，一般是边丈量边设置里程桩。路线中桩间应不大于表 8-1 的规定，中线量距精度和中桩桩位限差不得超过表 8-2 的规定。

表 8-1　中 桩 间 距

直线/m		曲线/m			
平原微丘区	山岭重丘区	不设超高的曲线	$R>60$	$30<R<60$	$R<30$
≤50	≤25	25	20	10	5

注：表中 R 为曲线半径，以“m”计。

表 8-2　中线量距精度和中桩桩位限差

道路等级	距离限差	桩位纵向误差/m		桩位横向误差/cm	
		平原微丘区	山岭重丘区	平原微丘区	山岭重丘区
高速道路、一级道路	1/2 000	S/2 000+0.05	S/2 000+0.10	5	10
二级以下道路	1/1 000	S/1 000+0.10	S/1 000+0.10	10	15

注：表中 S 为转点或交点至桩位的距离，以“m”计。

任务二　道路圆曲线测设

知识要点

圆曲线主点测设；圆曲线详细测设。

技能目标

能够进行圆曲线主点里程计算与测设；能够进行偏角法圆曲线详细测设。

一、圆曲线主点测设

在路线平曲线测设中，圆曲线是路线平曲线的基本组成部分，且单圆曲线是最常见的曲线形式。圆曲线的测设工作一般分两步进行，先定出曲线上起控制作用的点，称为曲线的主点测设；然后在主点基础上进行加密，定出曲线上的其他各点，完整地标定出圆曲线的位置，这项工作称为曲线的详细测设。

1. 圆曲线测设元素的计算

图 8-8 中，P 点为道路路线测量中所测定的交点 JD 位置；α 为路线转角；R 为圆曲线半径；A 点和 B 点为直线与圆曲线的切点，即圆曲线的起点 ZY 和终点 YZ；M 点为分角线与圆曲线的相交点，即圆曲线的中点 QZ；T 为圆曲线的切线长；L 为圆曲线的曲线长；E 为交点 JD 至圆曲线中点 M 的距离，称为外距。

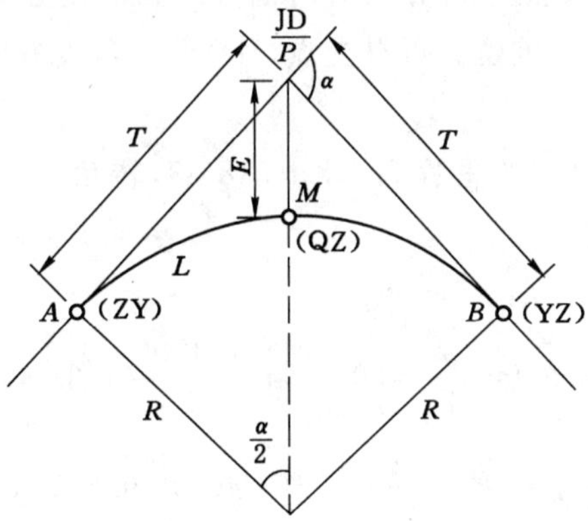

图 8-8　圆曲线主点及测设元素

根据图中的几何关系，单圆曲线元素按下列公式计算：

切线长：$$T=R\tan\frac{\alpha}{2}$$

曲线长：$$L=\frac{\pi}{180^\circ}\alpha R$$

外距：$$E=R(\sec\frac{\alpha}{2}-1)$$

另外，为了计算里程和校核，还应计算切曲差（超距），即两切线长与曲线长的差值。

切曲差（超距）：$$D=2T-L$$

2. 圆曲线的主点测设

单圆曲线有三个主点，即曲线起点（ZY）、曲线中点（QZ）和曲线终点（YZ）。它们是确定圆曲线位置的主要点位。在其点位上的桩称为主点桩，是圆曲线测设的重要标志。

（1）主点里程桩号的计算

在中线测设中，路线交点（JD）的里程桩号是实际丈量的，而曲线主点的里程桩号是根据交点的里程桩号推算而得的。其计算步骤如下：

交点：	JD	里程
	−）	T
圆曲线起点：	ZY	里程
	+）	L
圆曲线终点：	YZ	里程
	−）	$L/2$
圆曲线中点：	QZ	里程
	+）	$D/2$
校核：	JD	里程

（2）主点的测设

如图 8-8 所示，自路线交点（JD）分别沿后视方向和前视方向量取切线长 T，即得曲线起点（ZY）和曲线终点（YZ）的桩位。再自交点（JD）沿分角线方向量取外距 E，便是曲线中点（QZ）的桩位。

【例 8-1】 路线交点 JD_{12} 的里程为 K8+518.88，转角 $\alpha=104^\circ40'$，圆曲线半径 $R=30$ m，求圆曲线的主点里程。

解：（1）圆曲线元素的计算：

$$T=R\times\tan\frac{\alpha}{2}=30\times\tan\frac{104^\circ40'}{2}=38.86\ (\text{m})$$

$$L=\frac{\pi}{180^\circ}\cdot\alpha R=\frac{\pi}{180^\circ}\times104^\circ40'\times30=54.80\ (\text{m})$$

$$E=R(\sec\frac{\alpha}{2}-1)=30\times(\sec\frac{104^\circ40'}{2}-1)=19.09\ (\text{m})$$

$$D=2T-L=2\times 38.862-54.803=22.92\ (\mathrm{m})$$

(2) 圆曲线主点里程计算：

	JD_{12}	K8+518.88
	−) T	38.86
	ZY	K8+480.02
	+) L	54.80
	YZ	K8+534.82
	−) $L/2$	27.40
	QZ	K8+507.42
	+) $D/2$	11.46
校核：	JD_{12}	K8+518.88

二、圆曲线详细测设

在道路中线测量中，为更详细、更准确地确定路中线位置，除测定圆曲线主点外，还要按有关技术要求和规定桩距在曲线主点间加密设桩，进行圆曲线的详细测设。加密设桩的方法通常有两种：一种是整桩距法，即从曲线起点（或终点）开始，以相等的整桩距（整弧段）向曲线中点设桩，最后余下一段不足整桩距的零桩距。这种方法的桩号除加设百米和公里桩外，其余桩号均不为整数；另一种是整桩号法，即将靠近曲线起点（或终点）的第一个桩号凑为整数桩号，然后再按整桩距向曲线中点连续设桩，这种方法除个别加桩外，其余的桩号均为整桩号。

1. 偏角法原理

如图 8-9 所示，偏角法是以曲线起点（或终点）至曲线上任一点 P 的弦线与切线之间的偏角（弦切角）Δ 和弦长 C 来确定 P 点的位置的。

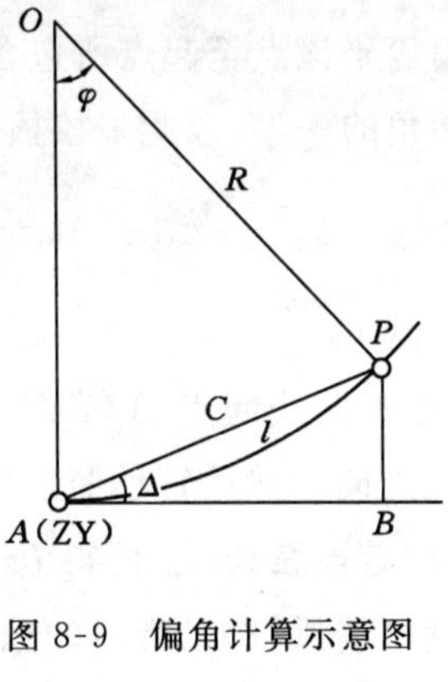

图 8-9　偏角计算示意图

根据几何原理，偏角应等于相应弧长所对圆心角之半，即：

偏角：
$$\Delta=\frac{\varphi}{2}=\frac{l}{2R}\cdot\frac{180^\circ}{\pi}$$

弦长：
$$C=2R\sin\frac{\varphi}{2}=2R\sin\Delta$$

弧弦差：$$\delta=l-C\ \frac{l^3}{24R^2}$$

2. 偏角法的测设方法

(1) 计算测设数据

偏角法测设曲线，一般以整桩号法设桩。如图 8-9 所示，除首尾段的弧长 l_A、l_B 小于整弧段(整桩距)l_O 外，其余均为整弧段。设 l_A、l_B 和 l_O 相对应的圆心角为 φ_A、φ_B 和 φ_O，相对应的偏角为 Δ_A、Δ_B 和 Δ_O，按式(8-2)则有：

$$\begin{cases} P_1\text{点}:\Delta_1=\dfrac{\varphi_A}{2}=\dfrac{l_A}{2R}\cdot\dfrac{180^\circ}{\pi}=\Delta_A \\ P_2\text{点}:\Delta_2=\dfrac{\varphi_A+\varphi_O}{2}=\Delta_A+\varphi_O \\ P_3\text{点}:\Delta_3=\dfrac{\varphi_A+2\varphi_O}{2}=\Delta_A+2\Delta_O \\ \cdots\cdots \\ P_{n+1}\text{点}:\Delta_{n+1}=\dfrac{\varphi_A+n\varphi_O}{2}=\Delta_A+n\Delta_O \\ \text{终点}:\Delta_{YZ}=\dfrac{\varphi_A+n\varphi_O+\varphi_B}{2}=\Delta_A+n\Delta_O+\Delta_B \\ \text{弦长}:C_i=2r\sin\dfrac{\varphi_i}{2}=2R\sin\Delta_i \\ \text{弧弦差}:\delta_i=l_i-C_i=\dfrac{l_i^3}{24R^2} \end{cases} \tag{8-2}$$

式中 $$\varphi_i=\frac{l}{2R}\cdot\frac{180^\circ}{\pi}$$

由上可知，曲线上各点的偏角等于该点至起点所包含弧段偏角的总和，而以曲线起点至终点的偏角称为总偏角，应等于转角的一半，以此来校核偏角计算的正确性，即：

$$\Delta_{YZ}=\Delta_A+n\Delta_O+\Delta_B=\frac{\alpha}{2} \tag{8-3}$$

(2) 测设方法

如图 8-10 所示，先将全站仪置于曲线起点 A(ZY)，使水平度盘读数配置为起始读数($360^\circ-\Delta_A$)，后视交点(JD)得切线方向。然后转动照准部，使水平度盘读数为 $00^\circ00'00''$，即得 AP_1 方向，从 A 点沿此方向量取首段弦长 C_A 便得 P_1 点；再转动照准部使水平度盘读数为 Δ_O，即得 AP_2 方向，从 P_1 点量出整弧段 l_O 所对的弦长 C_O 与 AP_2 方向相交得 P_2 点。同法依法次转动照准部，使水平度盘读数分别为 $2\Delta_O,3\Delta_O,\cdots,n\Delta_O$，即得 $AP_3,AP_4,\cdots,AP_{n+1}$方向，再依次最取弦长 C_O 与上述方向线相交便得 $P_3,P_4,\cdots,P_{n+1}$ 等点，后由 P_{n+1} 点量取尾段弦长 C_B 与 A_B 方向相交，其交点应闭合在曲线终点 YZ 上。

需要注意的是：用偏角法设置曲线时，若从切线方向开始顺时针拨角(如图 8-10 所示的拨角形式)，称为正拨，其偏角是正拨偏角；若从切线方向开始逆时针拨角，称为反拨，其偏角是反拨偏角。反拨偏角＝360°－正拨偏角。

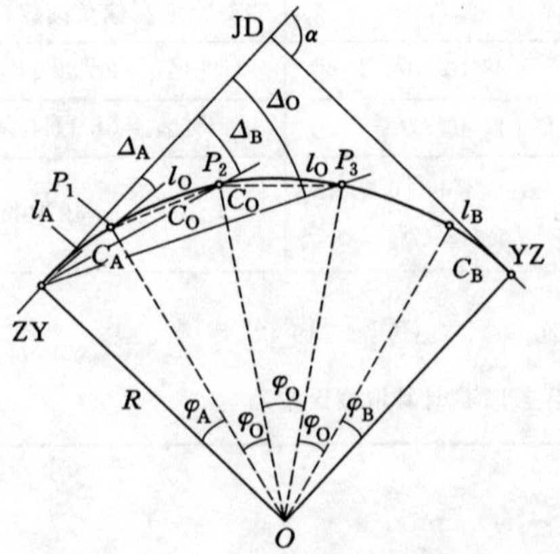

图 8-9　偏角法测设圆曲线原理图

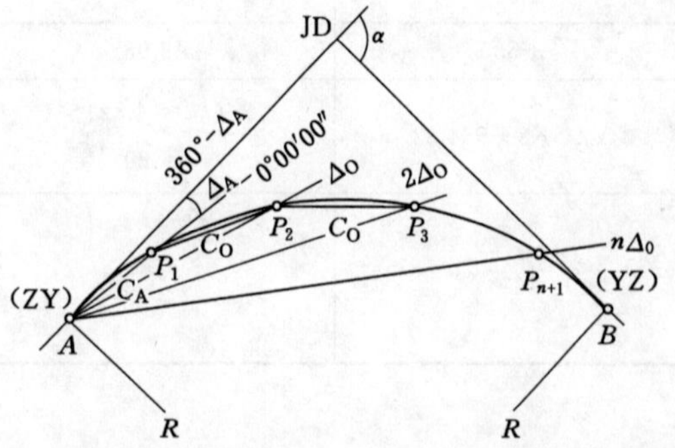

图 8-10　偏角法测设圆曲线

(3) 检查

曲线测设至终点的闭合差一般不应超过表 8-3 的规定。

表 8-3　曲线测量闭合差

道路等级	纵向闭合差/m		横向闭合差/cm		曲线偏角闭合差/(″)
	平原微丘区	山岭重丘区	平原微丘区	山岭重丘区	
高速道路、一级道路	1/2 000	1/1 000	10	10	60
二级以下道路	1/1 000	1/500	10	15	120

否则，应查明原因，并予以纠正。

偏角法是一种测设精度较高、实用性较强、灵活性较大的常用方法。但这种方法若依次从前一点量取弦长，则存在着测点误差累积的缺点，所以测设中宜在曲线中点分别向两端测设或由两端向中点测设。

【例 8-2】　在例 8-1 的基础上，取用桩距 $l_O=10$ m，试按整桩号法设桩，计算偏角法详细测设圆曲线的测设数据。

解：依据例 8-1 所求圆曲线主点里程和桩距 $l_O=10$ m 的设桩要求，应用式(8-2)所计算的测设数据列于表 8-4。

表 8-4　圆曲线偏角计算表

桩号	各桩至起点曲线长	偏角	度盘偏角读数
ZY　K8＋480.02	0.00	0°00′00″	$360°-\Delta_A=$ 350°28′11″
＋490	9.98	$\Delta_A=$9°31′49″	0°00′00″
＋500	19.98	19°04′46″	$\Delta_O=$9°32′57″
QZ　K8 ＋ 507.42			
＋510	29.98	28°37′43″	$2\Delta_O=$19°05′54″

表 8-4(续)

桩号	各桩至起点曲线长	偏角	度盘偏角读数
+520	39.98	38°10′40″	$3\Delta_O$=28°38′51″
+530	49.98	47°43′37″	$4\Delta_O$=38°11′48″
YZ K8+534.82	(l_B= 4.82) 54.80	(Δ_B=4°36′10″) 52°18′47″	$4\Delta_O+\Delta_B$=42°19′47″
校核	$\frac{\alpha}{2}$=52°20′00″ Δ_{YZ}=52°19′47″ 两者相差 13″属计算取位误差		

任务三 道路缓和曲线测设

知识要点

缓和曲线主点计算;缓和曲线测设。

技能目标

能够进行缓和曲线主点计算;能够进行缓和曲线主点测设。

一、缓和曲线计算

如图 8-11 所示,回旋线是曲率半径随曲线长度的增大而成反比均匀减小的曲线,即回旋上任一点的曲率半径 r 与曲线的长度 l 成反比。以公式表示为:

$$Rl = A^2 \tag{8-4}$$

式中 r——回旋线上某点的曲率半径;

l——回旋线上某点到回旋线起点($r=\infty$)的曲线长;

A——回旋曲线的参数。

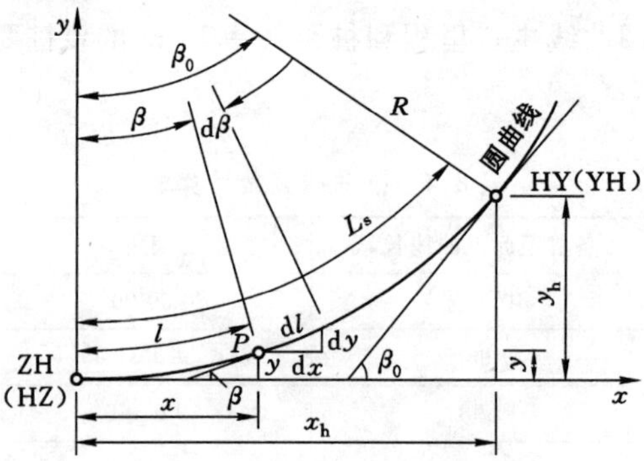

图 8-11 缓和曲线示意图

在缓和曲线的终点 HY(YH)，曲率半径等于圆曲线的半径 R，曲线长度即是缓和曲线的全长 L_s，按式(8-4)可得：

$$RL_s = A^2 \tag{8-5}$$

式中　L_s——缓和曲线长度；

R——缓和曲线终点的曲率半径。

A 的大小表示缓和曲线半径的变化率，与车速有关。目前我国道路采用：

$$A^2 = 0.035v^3$$

式中　v——计算行车速度，km/h。

缓和曲线全长：

$$L_s = 0.035\frac{v^3}{R} \tag{8-6}$$

我国的《公路工程技术标准》中规定：缓和曲线采用回旋线。缓和曲线的长度应根据其计算行车速度求算，并尽量采用大于表 8-5 所列数值。

表 8-5　各级道路缓和曲线最小长度

道路等级	高速道路				一		二		三		四	
计算行车速度/(km/h)	120	100	80	60	100	60	80	40	60	30	40	20
缓和曲线最小长度/m	100	85	70	50	85	50	70	35	50	25	35	20

注：四级道路为超高、加宽缓和段长度。

二、缓和曲线测设

在直线与圆曲线之间插入缓和曲线时，必须将原来的圆曲线向内移动，这样才能保证缓和曲线起点切于直线上，而缓和曲线终点又与圆曲线上某一点相切。也就是当圆曲线设置缓和曲线后，圆曲线的位置将发生变化，它和直线的衔接关系是通过缓和曲线来实现的。

道路上一般采用圆心不动的移动方法，如图 8-12 所示，JD 处的转角为 α，未设缓和曲线时的圆曲线半径为$(R+p)$，插入缓和曲线后，圆曲线向内移动 p，半径变为 R，其保留部分即 HY～YH 段所对圆心角为$(\alpha-2\beta_0)$。测设时必须满足条件 $2\beta_0 \leqslant \alpha$，否则应缩短缓和曲线长度或加大圆曲线半径，使之满足要求。

带有缓和曲线段的平曲线有五个主点：直缓点(ZH)、缓圆点(HY)、曲中点(QZ)、圆缓点(YH)、缓直点(HZ)。下面介绍设置缓和曲线后有关常数的计算公式和主点测设方法。

1. 内移值 p 和切线增长值 q 的计算

如图 8-12 所示，以$(R+p)$为半径的圆曲线起点(或终点)至缓和曲线起点的距离为 q，即圆曲线内移距离 p 后切线的增长值。内移后的圆曲线称为主圆曲线，其半径为 R，从图中可得出：

$$p = y_h + R\cos\beta_0 - R$$

$$q = x_h - R\sin\beta_0$$

将 $\cos\beta_0$ 和 $\sin\beta_0$ 按级数展开，代入整理得：

$$p = \frac{L_s^2}{24R} \tag{8-7}$$

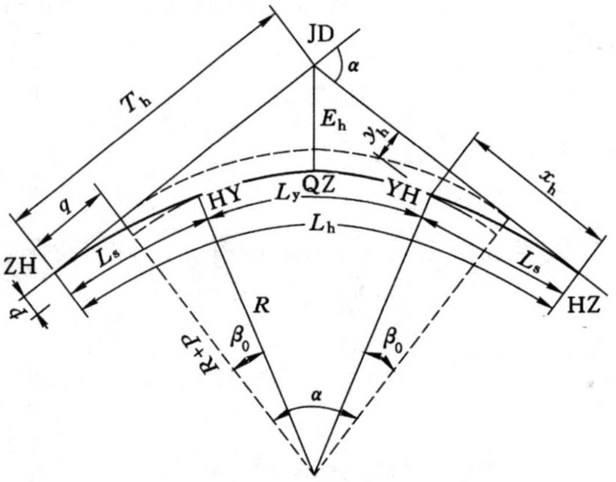

图 8-12　圆曲线带有缓和曲线段的主点及测设元素

$$q = \frac{L_s}{2} - \frac{L_s^3}{240R^2} \tag{8-8}$$

2. 缓和曲线起点、终点切线长 t_d 和 t_k 计算

如图 8-13 所示，缓和曲线起、终点的切线交于 Q 点，Q 点至缓和曲线起、终点的距离 t_d、t_k 可按下式计算：

$$\begin{cases} t_d = x_h - y_h \cot \beta_0 \\ t_k = y_h \csc \beta_0 \end{cases}$$

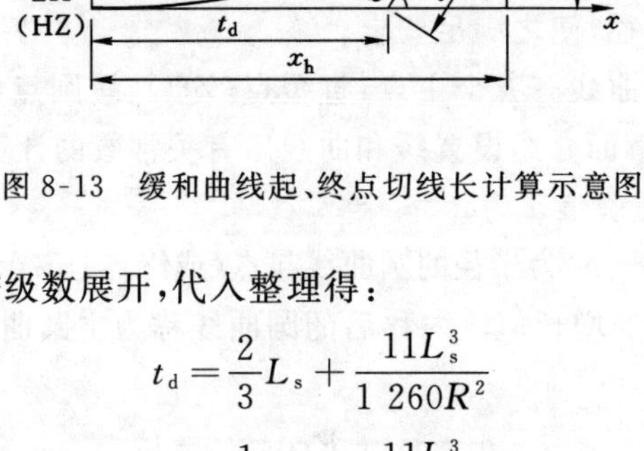

图 8-13　缓和曲线起、终点切线长计算示意图

将 $\cot \beta_0$ 和 $\csc \beta_0$ 按级数展开，代入整理得：

$$t_d = \frac{2}{3}L_s + \frac{11L_s^3}{1\,260R^2} \tag{8-9}$$

$$t_k = \frac{1}{3}L_s + \frac{11L_s^3}{1\,260R^2} \tag{8-10}$$

3. 曲线测设元素计算

如图 8-13 所示，带有缓和曲线的平曲线主点测设元素可按下列公式计算：

切线长：　$T_h=(R+p)\tan\frac{\alpha}{2}+q$

主圆曲线段长：　$L_y=\frac{\pi}{180°}(\alpha-2\beta_0)R=\frac{\pi}{180°}\alpha R-L_s$

曲线总长：　$L_h=L_y+2L_s=L+L_s$

外距：　$E_h=(R+p)\sec\frac{\alpha}{2}-R$

切曲差：　$D_h=2T_h-L_h$

4. 主点里程桩号的计算

根据交点的里程桩号和曲线测设元素，可按下列顺序依次计算曲线各主点的里程桩号，并作校核。

交点：	JD	里程	
	$-)T_h$		
直缓点：	ZH	里程	
	$+)L_s$		
缓圆点：	HY	里程	
	$+)L_y$		
圆缓点：	YH	里程	
	$+)L_s$		
缓直点：	HZ	里程	
	$-)L_h/2$		
曲中点：	QZ	里程	
	$+)D_h/2$		
交点：	JD	里程	（校核）

5. 曲线主点的测设

如图 8-13 所示，曲线主点的测设方法与单圆曲线基本相同。ZH、HZ 两点由切线长 T_h 来确定，QZ 点由外距 E_h 来确定，HY、YH 两点均可根据其坐标值(x_h,y_h)用切线支距法确定。

【例 8-3】 某计算行车速度为 60 km/h 的三级道路，交点桩号为 K0+518.66，转角 $\alpha=18°18'36''$，圆曲线半径 $R=300$ m，缓和曲线长 $L_s=50$ m，试计算平曲线测设元素和主点里程桩号，并测设主点桩。

解：(1) 计算缓和曲线常数：

$$\beta=\frac{L_s}{2R}\cdot\frac{180°}{\pi}=\frac{50\times180°}{2\times300\times\pi}=4°46'29''$$

$$p=\frac{L_s^2}{24R}=\frac{50^2}{24\times300}=0.35\ (\text{m})$$

$$q=\frac{L_s}{2}-\frac{L_s^3}{240R^2}=\frac{50}{2}-\frac{50^3}{240\times300^2}=25\ (\text{m})$$

$$x_h=L_s-\frac{L_s^3}{40R^2}=50-\frac{50^3}{40\times300^2}=49.65\ (\text{m})$$

$$y_h = \frac{L_s^2}{6R} = \frac{50^2}{6 \times 300} = 1.39\ (\text{m})$$

$$t_d = \frac{2}{3}L_s + \frac{11L_s^3}{1\,260R^2} = \frac{2}{3} \times 50 + \frac{11 \times 50^3}{1\,260 \times 300^2} = 33.34\ (\text{m})$$

$$t_k = \frac{1}{3}L_s + \frac{L_s^3}{1\,260R^2} = \frac{1}{3} \times 50 + \frac{50^3}{1\,260 \times 300^2} = 16.68\ (\text{m})$$

（2）测设元素计算：

$$T_h = (R + p)\tan\frac{\alpha}{2} + q = (300 + 0.35)\tan\frac{18°18'36''}{2} + 25 = 73.40\ (\text{m})$$

$$L_h = R \cdot 2 \cdot \frac{\pi}{180°} - L_s = 300 \times 18°18'36'' \times \frac{\pi}{180°} + 50 = 145.87\ (\text{m})$$

$$E_h = (R + p)\sec\frac{\alpha}{2} - R = (300 + 0.35)\sec\frac{18°18'36''}{2} - 300 = 4.22\ (\text{m})$$

$$D_h = 2T_h - L_h = 2 \times 3.40 - 145.87 = 0.93\ (\text{m})$$

（3）主点里程桩号计算：

JD	K0+518.66
−）T_h	73.40
ZH	K0+445.26
+）L_s	50
HY	K0+95.26
+）L_y	45.87
YH	K0+541.13
+）L_s	50
HZ	K0+591.13
−）$L_h/2$	145.87/2
QZ	K0+518.95
+）$D_h/2$	0.46
JD	K0+518.66 （校核无误）

（4）主点桩测设

① 由 JD 沿前、后切线方向分别量取 T_h=73.40 m，得 ZH 和 HZ 点桩位。

② 由 JD 沿分角线方向量取 E_h=4.22 m，得 QZ 点桩位。

③ 根据 x_h=49.65 m，y_h=1.39 m，分别以 ZH 和 HZ 点为原点，用切线支距法定出 HY 和 HY 点的位置。

任务四　道路施工测量

知识要点

施工控制桩的测设；路基边桩测设；竖曲线的测设。

技能目标

能够进行施工控制桩、路基边桩、竖曲线的测设。

一、施工控制桩的测设

施工开挖后，道路中线桩将要被挖掉，为了施工中能及时、方便、准确地控制道路中线位置，需在不易受施工破坏、便于引测、易于保存桩位的地方测设施工控制桩（也称护桩）。测设的方法有平行线法和延长线法。

1. 平行线法

平行线法是在设计路基宽度以外，距线路中线等距离处分别测设两排平行于中线的施工控制桩，如图 8-14 所示。平行线法通常适用地势平坦、直线段较长的线路。为了方便施工，控制桩间距一般在 10～20 m。

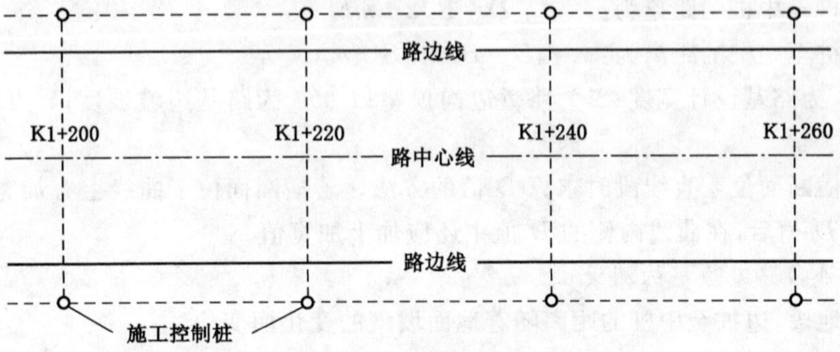

图 8-14　平行线法测设施工控制桩

2. 延长线法

延长线法是在道路转弯处的中线延长线上以及曲线中点至交点的延长线上，分别设置施工控制桩，主要用于控制交点桩的位置，如图 8-15 所示。延长线法通常适用于地势起伏较大、直线段较短的山区道路。为了便于恢复损坏的交点，应量出各控制桩至交点的距离。

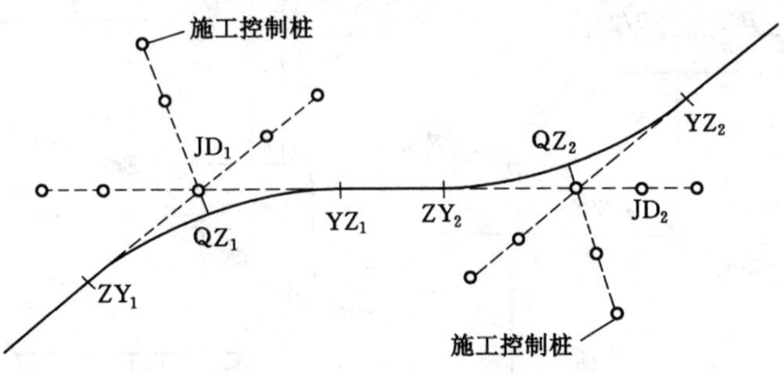

图 8-15　延长线法测设施工控制桩

二、路基边桩测设

路基边桩测设就是在地面上将每一个横断面的路基边坡线与地面的交点用木桩标定出

来。边桩的位置由两侧边桩至中桩的距离来确定。

1. 平坦地段路基边桩的测设

填方路基称为路堤，挖方路基称为路堑，如图 8-16 所示。

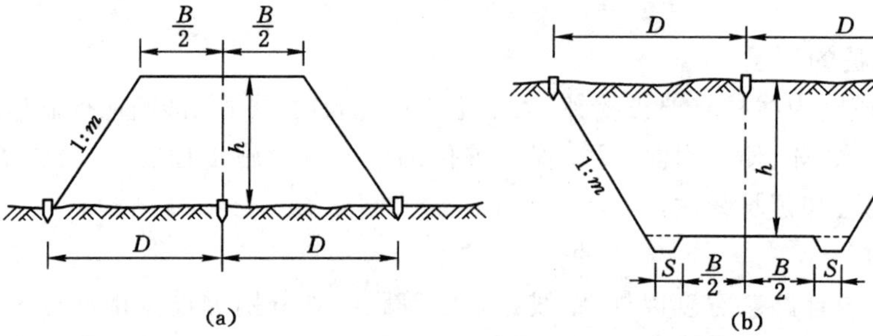

图 8-16　路堤、路堑

路堤边桩至中桩的距离为：　　$D=B/2+mh$　　(8-11)

路堑边桩至中桩的距离为：　　$D=B/2+S+mh$　　(8-12)

其中，B 为路基设计宽度；S 为路堑边沟顶宽；$1:m$ 为路基边坡坡度；h 为填土高度或挖土深度。

以上是横断面位于直线段时求算 D 值的方法。若横断面位于曲线上有加宽时，在按上面公式求出 D 值后，在曲线内侧的 D 值中还应加上加宽值。

2. 倾斜地段路基边桩的测设

在倾斜地段，边桩至中桩的距离随着地面坡度的变化而变化。

如图 8-17 所示，路堤边桩至中桩的距离为：

$$\begin{cases}\text{斜坡上侧}:D_{上}=B/2+m(h_{中}-h_{上})\\ \text{斜坡下侧}:D_{下}=B/2+m(h_{中}+h_{下})\end{cases}\tag{8-13}$$

如图 8-18 所示，路堑边桩至中桩的距离为：

$$\begin{cases}\text{斜坡上侧}:D_{上}=B/2+S+m(h_{中}+h_{上})\\ \text{斜坡下侧}:D_{下}=B/2+S+m(h_{中}-h_{下})\end{cases}\tag{8-14}$$

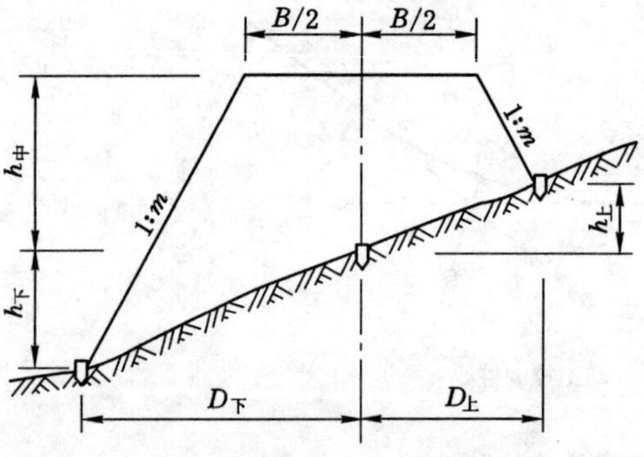

图 8-17　斜坡地段路堤边桩测设

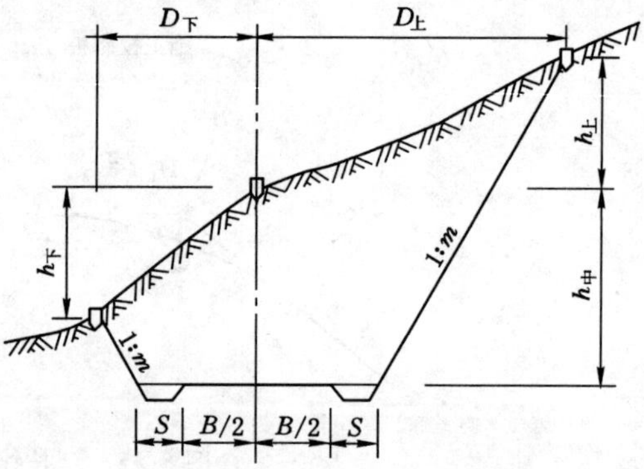

图 8-18　斜坡地段路堑边桩测设

其中，B、S、m、$h_{中}$（中桩处的填挖高度）为已知；$h_{上}$、$h_{下}$ 为斜坡上、下侧边桩与中桩的高差，在边桩未定出之前为未知数。由于 $h_{上}$、$h_{下}$ 未知，不能计算出边桩至中桩的距离值，因此在实际工作中采用逐点趋近法测设边桩。

逐点趋近法测设边桩位置的步骤是：先根据地面实际情况并参考路基横断面图，估计边桩的位置 D'，然后测出该估计位置与中桩的高差 h，按此高差 h 可以计算出与其相对应的边桩位置 D。若计算值 D 与估计值 D' 相符，即得边桩位置。若 $D>D'$，说明估计位置需要向外移动，再次进行试测，直至 $\Delta D=|D-D'|<0.1$ m 时，可认为该估计位置即为边桩的位置。逐点趋近法测设边桩，需要在现场边测边算，有经验后试测一两次即可确定边桩位置。

逐点趋近法测设边桩，若使用全站仪，利用其对边测量功能，可同时获得估计位置与中桩的高差和水平距离，较之使用尺子量距、水准仪测高差的测设速度快，并且可以任意设站，一测站测设多个边桩，工作效率较高。

三、竖曲线的测设

在路线纵坡变更处，为了行车的平稳和视距的要求，在竖直面内应以曲线衔接，这种曲线称为竖曲线。竖曲线有凸形和凹形两种，如图 8-19 所示。

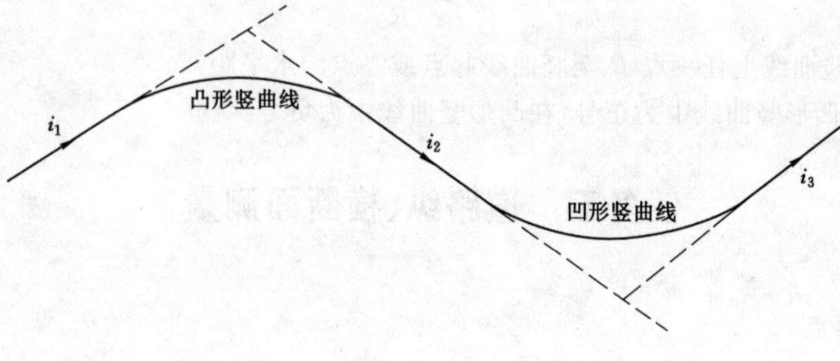

图 8-19　竖曲线

竖曲线一般采用圆曲线，这是因为在一般情况下，相邻坡度差都很小，而选用的竖曲线半径都很大，因此即使采用二次抛物线等其他曲线，所得到的结果也与圆曲线相同。

如图 8-20 所示，两相邻纵坡的坡度分别为 i_1、i_2，竖曲线半径为 R，则曲线长为：

$$L=\alpha R$$

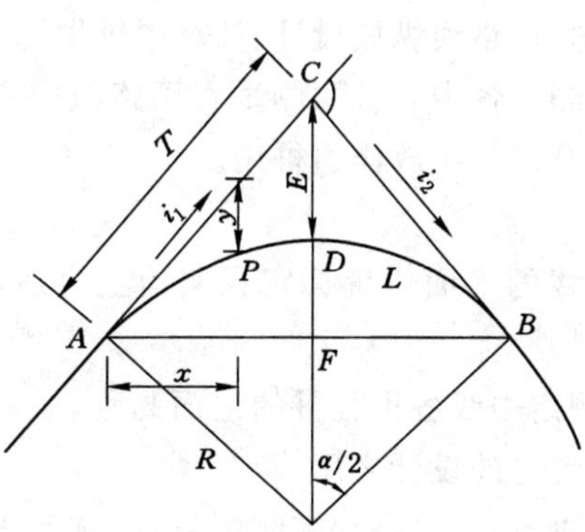

图 8-20　竖曲线测设元素

由于竖曲线的转角 α 很小，故可认为：

$$\alpha = i_1 - i_2$$

于是：

$$L = R(i_1 - i_2)$$

则有：

$$T = R\tan\frac{\alpha}{2} \tag{8-15}$$

因 α 很小，$\tan\frac{\alpha}{2} \approx \frac{\alpha}{2}$，则切线长为：

$$T = R\frac{\alpha}{2} = \frac{L}{2} = \frac{1}{2}R(i_1 - i_2) \tag{8-16}$$

又因为 α 很小，可以认为 $DF \approx E$，$AF \approx T$ 根据△ACO 与△ACF 相似，可以列出：

$$R : T = T : 2E$$

外距：

$$E = \frac{T^2}{2R} \tag{8-17}$$

同理，可导出竖曲线上任一点 P 距切线的纵距（亦称高程改正值）的计算公式为：

$$y = \frac{x^2}{2R} \tag{8-18}$$

式中　x——竖曲线上任一点 P 至竖曲线起点或终点的水平距离。

y 值在凹形竖曲线中为正号，在凸形竖曲线中为负号。

任务五　道路纵、横断面测量

知识要点

路线纵断面测量；路线横断面测量。

技能目标

能够进行道路纵断面测量、横断面测量以及相应断面图的绘制。

线路纵断面测量又称为线路水准测量，它是把线路上各里程桩（即中线桩）的地面高程测出来，绘制成中线纵断面图，供路线纵坡设计、计算中桩填挖高度之用，以解决线路在竖直面上的位置。横断面测量是测定各中心桩两侧垂直于路线中心线的地面高程，绘制横断面图，供路基设计、土石方量计算及施工放样边桩用。

一、路线纵断面测量

中线测量将设计道路中线的平面位置标定在实地上之后，还需进行道路纵、横断面测量，为施工设计提供详细资料。

道路纵断面测量，就是测定中线各里程桩的地面高程，绘制道路纵断面图，供道路纵向坡度、桥涵位置、隧道洞口位置等的设计之用。

纵断面测量一般分两步进行：一是高程控制测量，又称基平测量，即沿道路方向设置水准点并测量水准点的高程；二是中桩高程测量，又称中平测量，即根据基平测量设立的水准点及其高程分段进行测量，测定各里程桩的地面高程。

1. 基平测量

基平测量水准点的布设应在初测水准点的基础上进行。先检核初测水准点，尽量采用初测成果，对于不能再使用的初测水准点或远离道路的点，应根据实际需要重新设置。在大桥、隧道口及其他大型构造物两端还应增设水准点。定测阶段基平测量水准点的布设要求和测量方法均与初测水准点高程测量中的相同。

2. 中平测量

中平测量是测定中线上各里程桩的地面高程，为绘制道路纵断面提供资料。道路中桩的地面高程，可采用水准测量的方法或光电测距三角高程测量的方法进行观测。无论采用何种方法，均应起闭于水准点，构成附合水准路线，路线闭合差的限差为 $50\sqrt{L}$ (mm)(L 为附合路线的长度，以 km 为单位)。

(1) 水准测量方法

中平测量一般是以两相邻水准点为一测段，从一个水准点出发，逐个测定中桩的地面高程，直至附合于下一个水准点上。施测时，在每一个测站上首先读取后、前两转点的尺上读数，再读取两转点间所有中间点的尺上读数。转点尺应立在尺垫、稳固的桩顶或坚石上，尺读数至毫米，视线长不应大于 150 m；中间点立尺应紧靠桩边的地面，读数可至厘米，视线也可适当放长。

如图 8-21 所示，将水准仪安置于①站，后视水准点 BM_1，前视转点 ZD_1，将读数记入表 8-6 中后视、前视栏内，然后观测 BM_1 与 ZD_1 间的中间点 K0＋000、＋050、＋100、＋123.6、＋150，将读数记入中视栏；再将仪器搬至②站，后视转点 ZD_1、前视转点 ZD_2，然后观测各中间点 K0＋191.3、＋200、＋243.6、＋260、＋280，将读数分别记人后视、前视和中视栏内；按上述方法继续往前测，直至闭合于水准点 BM_2，完成一个测段的观测工作。

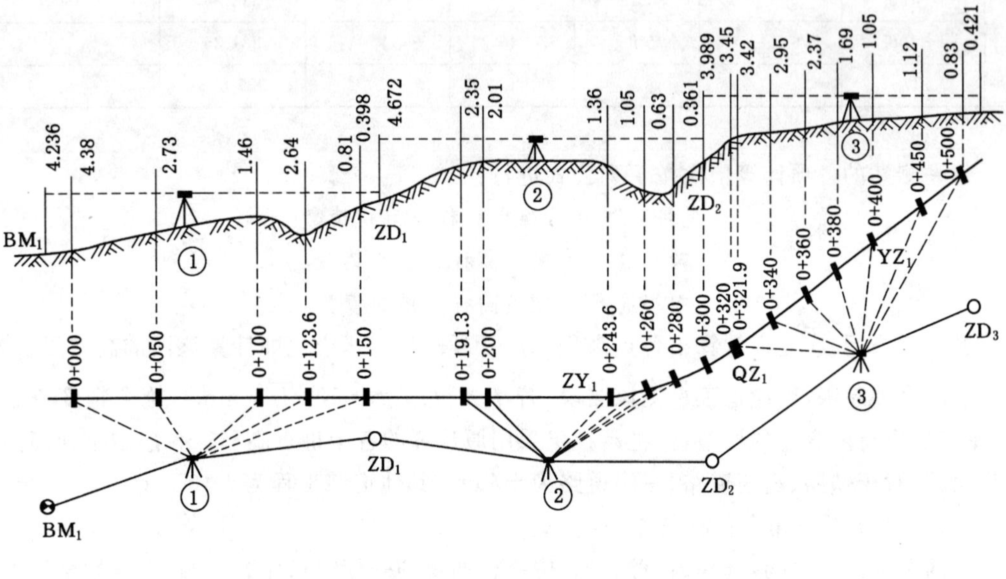

图 8-21　中平测量

表 8-6　道路纵断面水准(中平)测量记录

测站	测点	水准尺读数/m			视线高程	高程	备注
		后视	中视	前视			
Ⅰ	BM_1	4.236			330.174	325.938	
	K0+000		4.38			325.79	BM_1 位于K0+000桩右侧 50 m 处
	+050		2.73			327.44	
	+100		1.46			328.71	
	+123.6		2.64			327.53	
	+150		0.81			329.36	
	ZD_1	4.672		0.398	334.448	329.776	
Ⅱ	+191.3		2.35			332.10	
	+200		2.01			332.44	
	+243.6		1.36			333.09	ZY_1
	+260		1.05			333.40	
	+280		0.63			333.82	
	ZD_2(+300)	3.989		0.361	338.076	334.087	
Ⅲ	+320		3.45			334.63	
	+321.9		3.42			334.66	QZ_1
	+340		2.95			335.13	
	+360		2.37			335.71	
	+380		1.69			336.39	
	+400.0		1.05			337.03	YZ_1
	+450		1.12			336.96	
	+500		0.83			337.25	
	ZD_3			0.421		337.655	

每一测站的各项计算依次按下列公式进行：

视线高程＝后视点高程＋后视读数

转点高程＝视线高程－前视读数

中桩高程＝视线高程－中视读数

各站记录后，应立即计算出各点高程，每一测段记录后，应立即计算该段的高差闭合差。若高差闭合差超限，则应返工重测该测段；若 $f_h \leqslant f_{h允} = \pm 50\sqrt{L}$ (mm)，施测精度符合要求，则不需进行闭合差的调整，中桩高程仍采用原计算的各中桩点高程。一般中桩地面高程允许误差，对于铁路、高速道路、一级道路为±5 cm；其他道路工程为±10 cm。

(2) 光电测距三角高程测量方法

在两个水准点之间，选择与该测段各中线桩通视的一导线点作为测站，安置好全站仪或测距仪，量仪器高并确定反射棱镜的高度，观测气象元素，预置仪器的测量改正数并将测站高程、仪器高及反射棱镜高输入仪器，以盘左位置瞄准反射镜中心，进行距离、角度的一次测量并记录观测数据，之后根据光电测距三角高程测量方法计算两点间高差，从而获得所观测中桩点的高程。

为保证观测质量，减少误差影响，中平测量的光电边长宜限制在 1 km 以内。另外，中平测量亦可利用全站仪在放样中桩同时进行，它是在定出中桩后利用全站仪的高程测量功能随即测定中桩地面高程。

3. 纵断面图的绘制

道路纵断面图以中桩的里程为横坐标、其高程为纵坐标进行绘制。常用的里程比例尺有 1∶5 000、1∶2 000、1∶1 000 几种，为了明显表示地面的起伏，一般取高程比例尺为里程比例尺的 10～20 倍。

通常纵断面图的绘制步骤如下：

(1) 打格制表。按照选定的里程比例尺和高程比例尺打格制表，根据里程按比例标注桩号，按中平测量成果填写相应里程桩的地面高程，用示意图表示道路平面。

在道路平面中，位于中央的直线表示道路的直线段，向上或向下凸出的折线表示道路的曲线，折线中间的水平线表示圆曲线，两端的斜线表示缓和曲线，上凸表示道路右转，下凸表示路线左转。

(2) 绘出地面线。首先选定纵坐标的起始高程，使绘出的地面线位于图上适当位置。为便于绘图和阅图，通常是以整米数的高程标注在高程标尺上。然后根据中桩的里程和高程，在图上依次点出各中桩的地面位置，再用直线将相邻点连接就得到地面线。

根据表 8-6 中数据所绘制的纵断面图如图 8-22 所示。

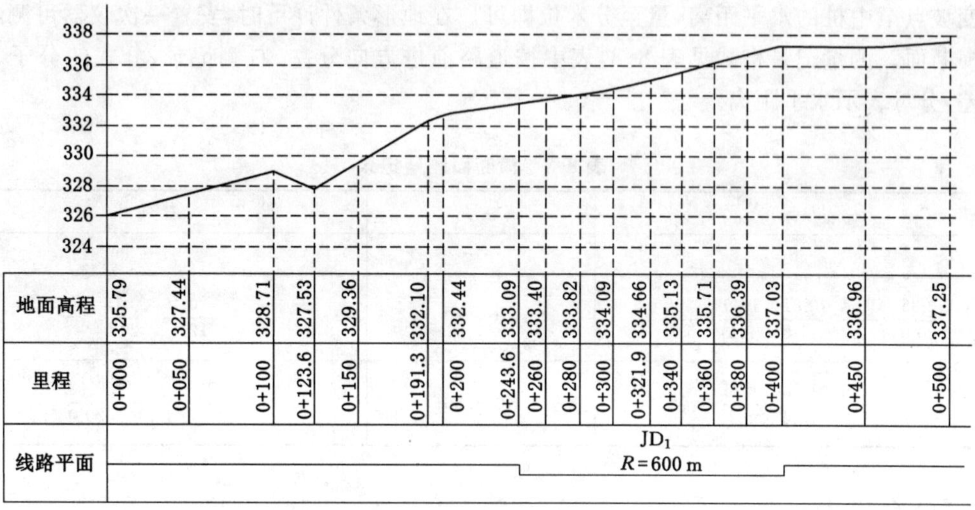

图 8-22　道路纵断面示意图

二、路线横断面测量

道路横断面测量，就是测定中线各里程桩两侧一定范围的地面起伏形状并绘制横断面图，供路基等工程设计、计算土石方数量以及边坡放样之用。横断面的方向，在直线段是中线的垂直方向，在曲线段是道路切线的垂线方向。

1. 横断面测量的密度、宽度

横断面测量的密度，应根据地形、地质及设计需要确定，一般除施测各中桩处横断面外，在大中桥头、隧道洞口、高路堤、深路堑、挡土墙、站场等工程地段和地质不良地段，应适当加大横断面的测绘密度。

横断面测量的宽度，根据道路宽度、填挖高度、边坡大小、地形情况以及有关工程的特殊要求而定，应满足路基及排水设计的需要。

2. 横断面测量的方法

横断面测量的实质，是测定横断面方向上一定范围内各地形特征点相对于中桩的平距和高差。根据使用仪器工具的不同，横断面测量可采用水准仪皮尺法、全站仪视距法、全站仪法等。无论采用何种方法，检测限差应符合表 8-7 的规定。

表 8-7　横断面检测限差　　单位：m

道路等级	距离	高程
高速道路、一级道路	$\pm(L/100+0.1)$	$\pm(h/100+L/200+0.1)$
二级及以下道路	$\pm(L/50+0.1)$	$\pm(h/50+L/100+0.1)$

注：L 为测点至中桩的水平距离，m；h 为测点至中桩的高差，m。

(1) 水准仪皮尺法

此法适用于地势平坦且通视良好的地区。使用水准仪施测时，以中桩为后视，以横断面方向上各变坡点为前视，测得各变坡点与中桩间高差，水准尺读数至厘米，用皮尺分别量取各变坡点至中桩的水平距离，量至分米位即可。在地形条件许可时，安置一次仪器可测绘多个横断面。测量记录格式见表 8-8，表中按道路前进方向分左、右侧记录，分式的分子表示高差，分母表示水平距离。

表 8-8　横断面测量记录

左侧	桩号	右侧
……	……	……
$\frac{2.35}{20.0}$　$\frac{1.84}{12.7}$　$\frac{0.81}{11.2}$　$\frac{1.09}{9.1}$　$\frac{1.35}{6.8}$	K0+340	$\frac{-0.46}{12.4}$　$\frac{0.15}{20.0}$
$\frac{2.16}{20.0}$　$\frac{1.78}{13.6}$　$\frac{1.25}{8.2}$	K0+360	$\frac{-0.7}{7.2}$　$\frac{-0.33}{11.8}$　$\frac{0.12}{20.0}$

(2) 全站仪法

此法适用于任何地形条件。将仪器安置在道路附近任意点上，利用全站仪的对边测量功能可测得横断面上各点相对于中桩的水平距离和高差。

3. 横断面图的绘制

横断面图的水平比例尺和高程比例尺相同，一般采用 1∶200 或 1∶100。绘图时，先将中桩位置标出，然后分左、右两侧，依比例按照相应的水平距离和高差，逐一将变坡点标在图上，再用直线连接相邻各点，即得横断面地面线。根据表 8-8 中数据所绘制的横断面图，如图 8-23 所示。

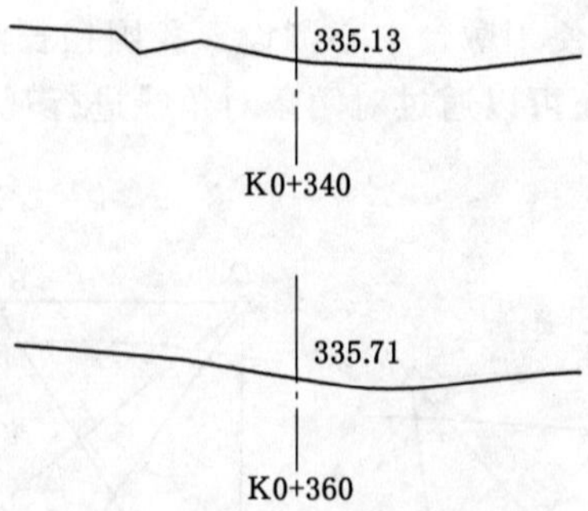

图 8-23　横断面图

任务六　桥梁工程控制测量

知识要点

桥梁平面控制测量；桥梁高程控制测量。

技能目标

能够进行道路纵断面测量、横断面测量以及相应断面图的绘制。

桥位控制测量的目的，就是要保证桥梁轴线(即桥梁的中心线)、墩台位置在平面和高程位置上符合设计要求而建立的平面控制和高程控制。

一、桥梁平面控制测量

建立桥梁施工平面控制网的方法较多，根据桥梁的大小、精度要求和地形条件，桥梁施工平面控制网的网形布设有以下几种形式。

(1) 桥渡两岸，当一岸较为平坦，另一岸较为陡峻时，可布设为双三角形，如图 8-24(a)所示；当两岸均比较平坦时，可布设为大地四边形，如图 8-24(b)所示。这两种网形适用于桥长较短且需要交会的水中墩台数量不多的情况。

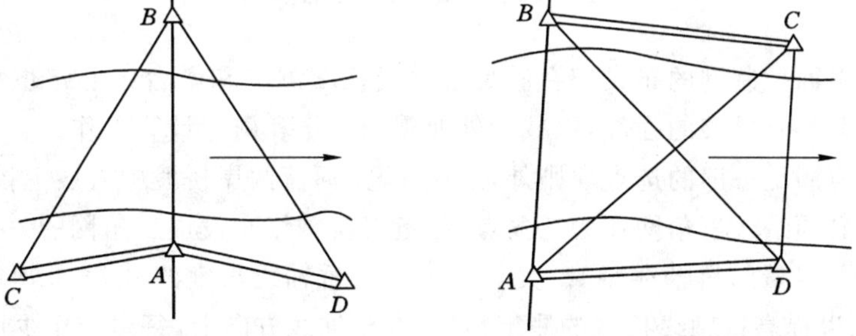

(a) 双三角形控制网　　(b) 大地四边形控制网

图 8-24　桥梁施工平面控制网

(2) 特大桥,可采用如图 8-25(a)所示的双大地四边形。这种网形强度高,控制点数量多,不但有利于提高精度,而且便于墩台中心测设。我国在长江上修建的几座大桥,大多采用这种网形。对于这种网形,还可以通过对两条对角线进行观测的办法来增加多余观测,以提高精度,如图 8-25(b)所示。

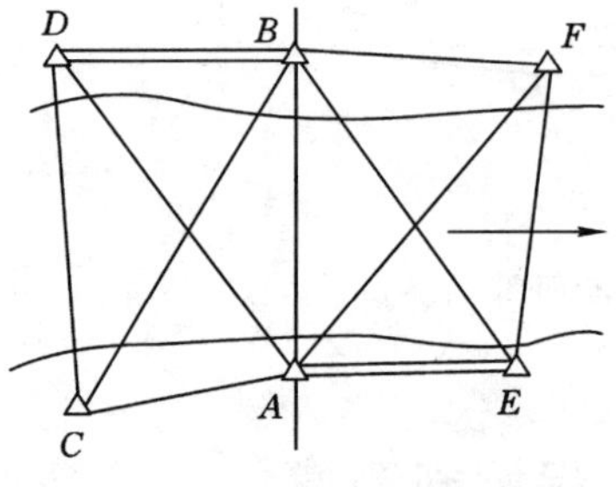

(a) 双大地四边形控制网

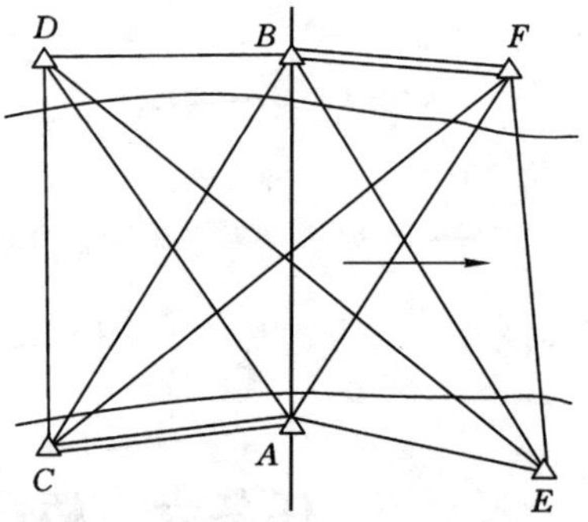

(b) 加强型双大地四边形控制网

图 8-25　桥梁施工平面控制网

(3) 当两岸地势平坦且比较开阔时,桥梁施工平面控制网也可布设成如图 8-26 所示的由单三角形和大地四边形组成的网形。这种网形与双大地四边形比较,其控制点离桥轴线较近,能够充分发挥其作用;缺点是多余观测条件少,且桥轴线不是控制网的一条边。

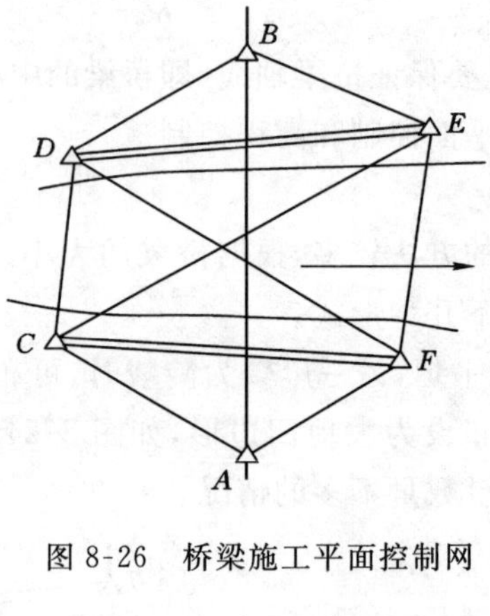

图 8-26　桥梁施工平面控制网

桥梁施工平面控制网的布设应在满足桥轴线长度测定和墩台中心定位精度的前提下,力求图形简单并具有足够的强度,以减少外业观测工作和内业计算工作。

控制点除应满足一般的选点原则外,还应注意:河流两岸桥渡中心线上控制点或曲线桥的切线控制点必须纳入三角网作为三角点,尽量将桥轴线布设成三角网的一条边;基线一端与桥轴线连接并尽量与桥轴线垂直,其长度不短于桥轴线长度的 0.7～0.8 倍,困难地区亦不短于 0.5 倍,以提高桥轴线长度的测定精度;在桥轴线方向上,每岸应至少设立 1～2 个方向控制点。

二、桥梁高程控制测量

桥位高程控制一般是在道路勘测中的基平测量时已经建立。桥梁施工前，一般还应根据现场工作情况增加施工水准点。在桥位施工场地附近的所有水准点应组成一个水准网，以便定期检测，及时发现问题。高程控制应采用国家高程基准。

跨河水准测量必须按照国家各等级水准测量规范，采用精密水准测量方法进行观测。如图 8-27 所示，在河的两岸设测站点及观测点各一个，两岸对应观测距离尽量相等。测站应选在视野开阔处，两岸仪器的水平视线距水面的高度应相等，且视线距水面高度不应小于2 m。

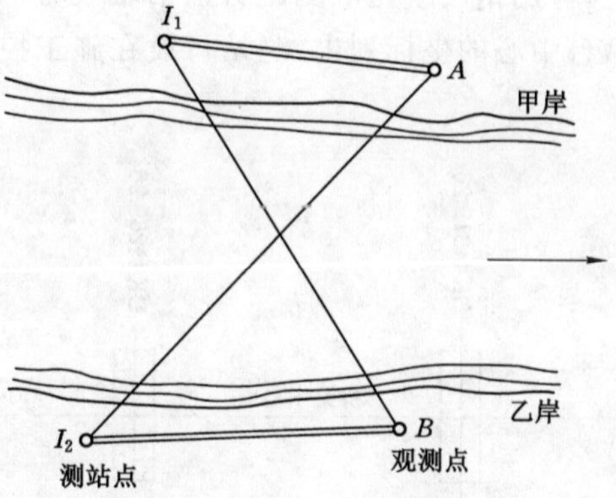

图 8-27　跨河水准测量

水准观测：在甲岸，仪器安置在 I_1，观测 A 点，读数为 a_1，观测对岸 B 点，读数为 b_1，则高差 $h_1=a_1-b_1$。搬仪器至乙岸，注意搬站时望远镜对光不变，两水准尺对调。仪器安置在 I_2，先观测对岸 A 点，读数为 a_2，再观测 B 点，读数为 b_2，则 $h_2=a_2-b_2$。

四等跨河水准测量规定，两次高差不符值应≤±16 mm。在此限量以内，取两次高差平均值为最后结果，否则应重新观测。

任务七　桥梁施工测量

知识要点

桥梁墩台中心的测设；桥梁墩台施工测量；桥梁架设施工测量。

技能目标

能够进行桥梁墩台中心的测设、桥梁墩台施工测量以及桥梁架设施工测量。

桥梁按其轴线长度一般分为特大型桥（＞500 m）、大型桥（100～500 m）、中型桥（30～100 m）和小型桥（＜30 m）四类；按平面形状可分为直线桥和曲线桥；按结构形式又可分为简支梁桥、连续梁桥、拱桥、斜拉桥、悬索桥等。随着桥梁的长度、类型、施工方法以及地形复杂情况等因素的不同，桥梁施工测量的内容和方法也有所不同，概括起来主要有：桥梁施工控制测量、墩台定位及轴线测设、墩台细部放样等。

一、中小型桥梁施工测量

1. 桥梁墩台中心的测设

桥梁墩台中心的测设即桥梁墩台定位，是建造桥梁最重要的一项测量工作。测设前，应仔细审阅和校核设计图纸与相关资料，拟订测设方案，计算测设数据。

中小型桥梁的墩台中心均位于桥梁轴线上，而曲线桥梁的墩台中心则处于曲线的外侧。直线桥梁如图 8-28 所示，墩台中心的测设可根据现场地形条件，采用直接测距法或交会法。在陆地、干沟或浅水河道上，可用钢尺或光电测距方法沿轴线方向量距，逐个定位墩台。如使用全站仪，应事先将各墩台中心的坐标列出，测站可设在施工控制网的任意控制点上（以方便测设为准）。

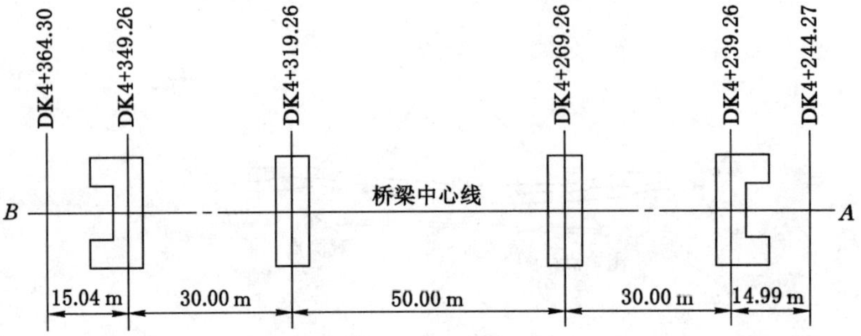

图 8-28　中小型桥梁施工控制网

中小型桥梁的测设比较简单，因为桥梁中线（轴线）与道路中线吻合。

2. 桥梁墩台施工测量

桥梁墩台中心定位以后，还应将墩台的轴线测设于实地，以保证墩台的施工。墩台轴线测设包括墩台纵轴线，是指过墩台中心平行于道路方向的轴线；而墩台的横轴线，是指过墩台中心垂直于道路方向的轴线。如图 8-29 所示，直线桥墩的纵轴线，即道路中心线方向与桥轴线重合，无须另行测设和标志。墩台横轴线与纵轴线垂直。

在施工过程中，桥梁墩台纵、横轴线需要经常恢复，以满足施工要求。为此，纵、横轴线必须设置保护桩，如图 8-29 所示。保护桩的设置要因地制宜，方便观测。

二、大型桥梁施工测量

1. 桥墩中心位置的测设

如图 8-30 所示，A、B、C、D 四点为桥梁施工平面控制网的控制点，其中 A、B 两点为桥轴线上的控制点。交会角 α_i、β_i 可根据控制点的坐标和第 i 号墩中心的坐标计算。测设时，置镜于 C、D 两点，分别后视 B 和 A 定向，再分别测设 α_i、β_i，则两条方向线的交点即为第 i 号墩中心的位置。

理论上，根据上述两条方向线即可交出第 i 号墩中心的位置，但为了防止发生错误及检核交会的精度，实际作业时，要求交会方向线不得少于三条。如果为直线桥，应尽量利用桥轴线，如图 8-30 所示，置镜于 A 点，后视 B 点，即以桥轴线方向为第三条交会方向线。

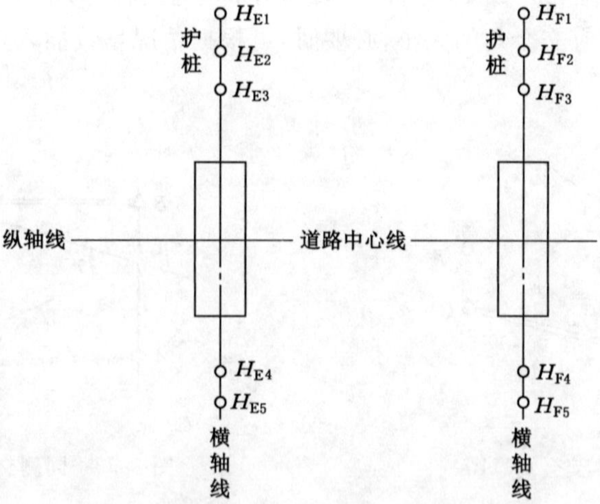

图 8-29　桥梁桥墩纵、横轴线

实地测设时，通常将三台全站仪分别安置于三个控制点上，用三条方向线同时交会。理论上三条方向线应交于一点，而实际上由于控制点误差和交会测设误差的共同影响，三条方向线一般不会交于一点，而是形成一个小三角形，如图 8-31 所示。该三角形的大小反映交会的精度，故称其为示误三角形。

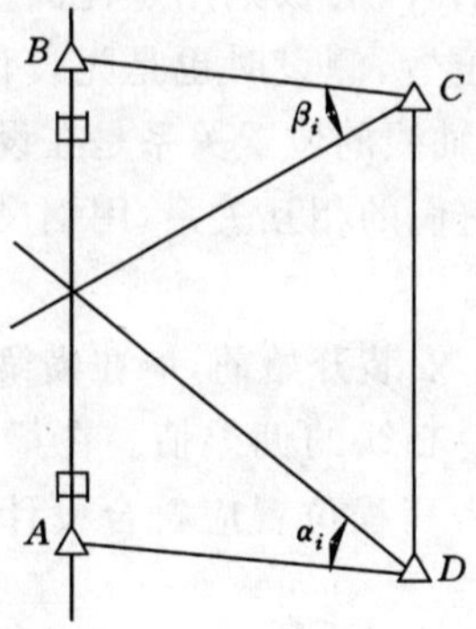

图 8-30　方向交会法测设桥墩

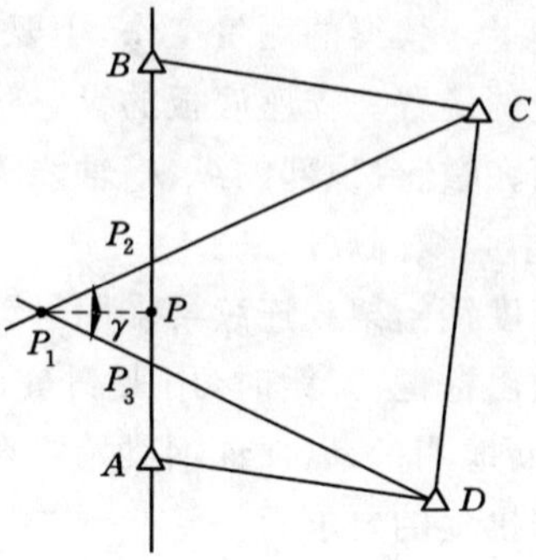

图 8-31　示误三角形示意图

示误三角形的最大边长或两交会方向与桥中线交点间的长度，在墩台下部（承台、墩身）不应大于 25 mm，在墩台上部（托盘、顶帽、垫石）不应大于 15 mm。若交会的一个方向为桥轴线，则以其他两个方向线的交会点 P_1 投影在桥轴线上的 P 点作为墩台中心。交会方向中不含桥轴线方向时，示误三角形的边长不应大于 30 mm，并以交会得到的示误三角形的重心作为桥墩台中心。

墩台中心交会的精度，不仅和测量误差的大小有关，而且还与示误三角形的形状有关，即与交会角 γ 的大小有关。为保证墩台交会必要的精度，必须对交会角的大小加以限制。如果交会的一个方向为桥轴线方向，则其他两交会方向线之间的夹角 γ，当置镜点位于桥轴线两侧时，如图 8-32 所示，交会角应在 90°～150°之间；当置镜点位于桥轴线一侧时，如

图 8-33 所示，交会角应在 60°～110°之间。因此，在桥梁控制网网形设计和布网时，应充分考虑每个墩台中心交会时交会角的大小，必要时，可根据情况增设插入点或精密导线点作为次级控制点。

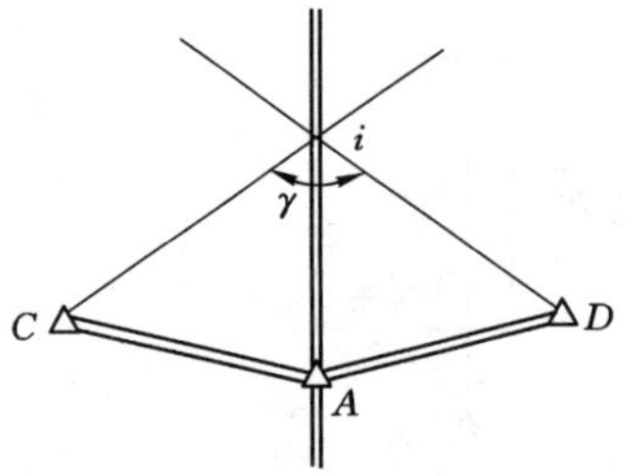

图 8-32　异侧交会示意图

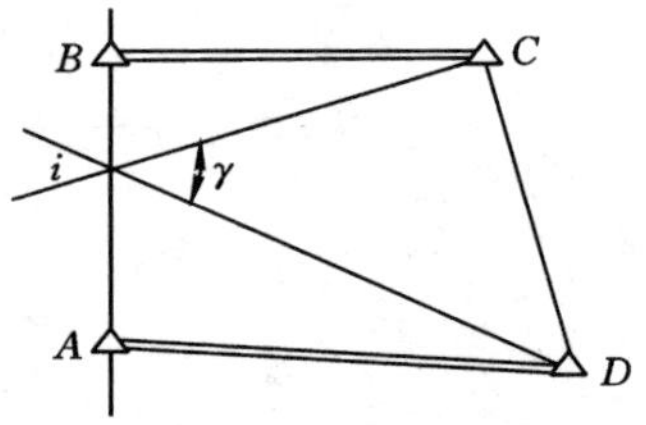

图 8-33　同侧交会示意图

2. 桥梁架设施工测量

桥梁架设是桥梁施工的最后一道工序。对于钢梁或混凝土梁，多数是在预制厂预制后，再运到工地架设。桥梁梁部结构比较复杂，要求对墩台方向、距离和高程用较高的精度测定，作为架梁的依据。墩台施工时，对其中心点位、中线点位和垂直方向以及墩顶高程都应做精密测设。架梁就是用梁将相邻的墩台联系起来，考虑其相关精度，要求中心点间的方向、距离和高差符合设计要求。

梁的两端是用位于墩顶的支座支撑，支座放在底板上，而底板则用螺栓固定在墩、台的支承垫石上。架梁的测量工作，主要是测设支座底板的位置，测设时也是先设计出它的纵、横中心线的位置。支座底板的纵、横中心线与墩、台纵横轴线的位置关系是在设计图上给出的。因而在墩、台顶部的纵、横轴线测出以后，即可根据它们的相互关系，用钢尺将支座底板的纵、横中心线测放出来。

大跨度钢桁架或连续梁采用悬臂或半悬臂安装架设，安装开始前，应在横梁顶部和底部的中点做出标记；架梁时，用来测量钢梁中心线与桥梁中心线的偏差值。在梁的安装过程中，应不断地测量，以保证钢梁始终在正确的平面位置上，高程位置应符合设计的大节点挠度和整跨拱度的要求。

全桥架通后，作为一次方向、距离和高程的全面测量，其成果资料可作为桥梁整体纵横移动和起落调整的施工依据，称为全桥贯通测量。

三、大型斜拉桥施工测量

现代大型斜拉桥主要是斜拉索、主梁和主塔三大部分组成，而在索、梁、塔三者之间又有一定的内在联系，一般常用双塔三跨连续梁布置，其跨度从最初的百余米发展到 600 多米。斜拉桥一般采用平衡悬臂架设施工，从架设开始到中跨合拢，其结构体系在不断变化，斜拉桥的施工是一个比较复杂的过程。图 8-34 所示为斜拉桥悬臂法施工。

1. 高塔柱施工测量

高塔柱的基本结构如图 8-35 所示，其施工测量与桥梁墩、台的施工测量相同，但作为斜拉桥或悬索桥的主塔施工测量有其特殊性。高塔柱施工测量的重点是保证塔柱各部分的空间位置，其主要任务有：塔柱各节段的轴线放样、劲性骨架与劲性柱的定位与检查、模板的定位与检查、预埋件定位、各节段的竣工测量、索道管的精密定位与竣工测量等。由于篇幅所

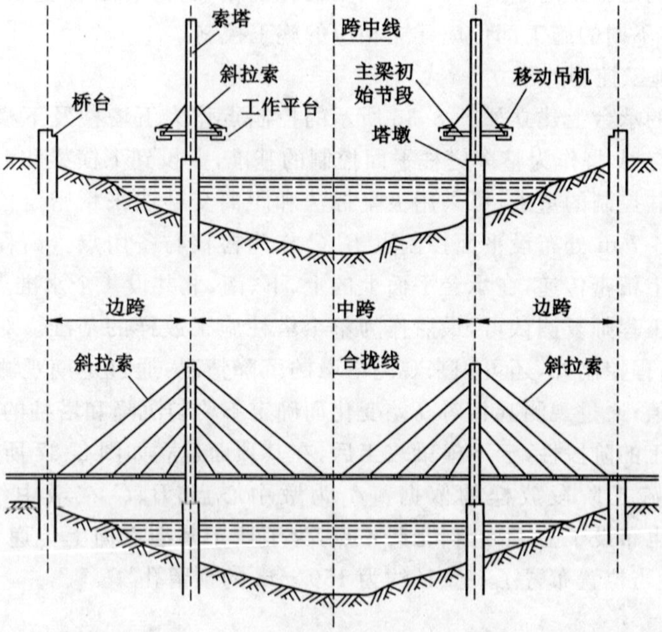

图 8-34　斜拉桥悬臂法施工

限，在此主要介绍高塔柱的施工控制与高程传递。

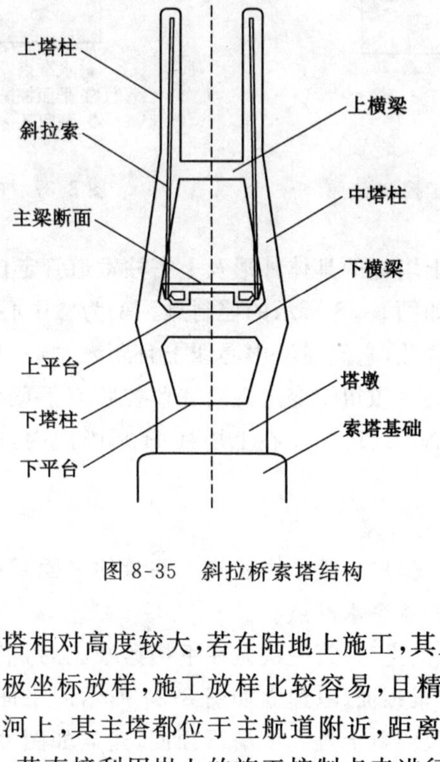

图 8-35　斜拉桥索塔结构

斜拉桥或悬索桥的主塔相对高度较大，若在陆地上施工，其上述的各项测量工作都可以在施工控制点上直接进行极坐标放样，施工放样比较容易，且精度也容易保证。然而，大部分斜拉桥或悬索桥位于江河上，其主塔都位于主航道附近，距离岸边较远，要完成塔柱轴线及其以上所述的测量任务，若直接利用岸上的施工控制点来进行放样，无论是在精度上还是在速度上都无法满足施工的需要。因此，根据塔柱的结构特点，结合施工现场情况，对于不同的施工阶段，在不同的施工部位应建立相应的施工控制。

(1) 高塔柱施工控制的建立

在塔桩基础的承台上建立如图8-36所示的控制点作为下塔柱及下横梁施工阶段放样的依据。墩中心点 A 将作为整个塔柱平面控制的基准，上投到下横梁和上横梁。A 点的位置确定是整个塔柱控制的重点，可采用极坐标法和距离交会法来精密定位。在墩中心线上距 A 点上、下游各7 m处布设平面控制点 B、C 作为检核与备用点。高程基准采用三角高程测量方法由岸上精密传递，在承台平面上的上、下、南、北共设4个水准点。中心点和高程点须由测量监理工程师复测认可，最后作为整个塔柱施工放样的基准。对称于中心的4个水准点，除作为高程控制外，还可用来观测塔墩的沉降情况：通过定期观测其绝对高程变化可确定绝对沉降值；通过观测其相对高差变化而确定不均匀沉降和塔柱的倾斜情况。

根据主塔施工的阶段性，于下横梁竣工后，在其顶面建立如图8-37所示的控制点，作为中塔柱及上横梁施工阶段放样的依据。A 为墩中心点，B、C 在墩中线上且皆距 A 为11.7 m。水准点也布设了上、下、南、北共4点，为了便于基准点向上传递，结合下横梁的结构，在桥轴线上适当位置布置了一直径约为150 mm的预留孔。

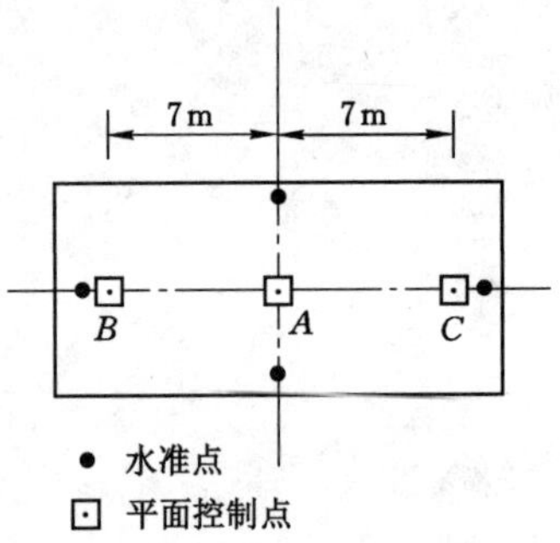

图8-36　下塔柱施工控制点

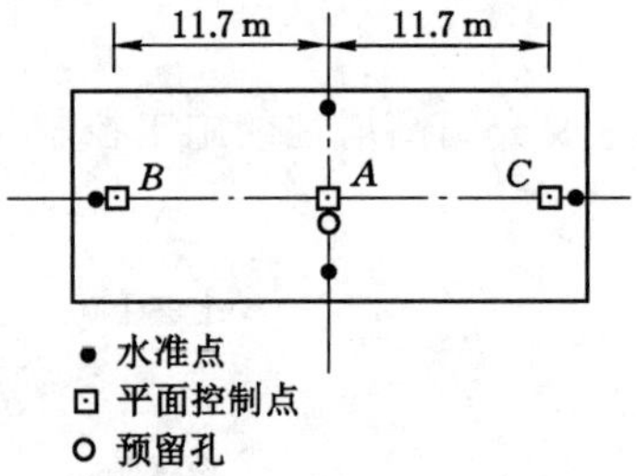

图8-37　中塔柱施工控制点

上横梁竣工后，考虑到上塔柱的具体外形及上塔柱索道管定位的特殊要求，为便于上塔柱施工，在其顶面上布设了如图8-38所示的控制点。A 为墩中心点，J 为预留孔，供传递中心基准点用。另设有 I、K 两孔，它们在墩中心线上且距墩中心 A 为11.7 m，孔 I、K 可作为投点检核用，同时也是塔柱日照扭转变形观测和监控状态下梁体施工时观测塔柱变形的预留孔。矩形控制网点 M、N、L、P 建立在上塔柱H形断面内，可直接用来控制上塔柱及索道管的施工。

(2) 塔柱施工测量基准的传递

由各层控制点的布设情况可知，整个塔柱施工测量的平面基准为基础承台平面的墩中心点，高程基准为该平台上的4个水准点。

平面基准的传递分为两次进行，第一次是在下横梁竣工后，借助于预留孔，将承台顶面的墩中心点铅直地投到下横梁顶面，以建立如图8-37所示的平面控制点线；第二次是在上横梁竣工后，将墩中心点再次铅直上投到上横梁顶面，建立如图8-38所示的上塔柱及索道管定位平面控制网点。墩中心点的传递是整个塔柱施工测量的关键，其正确与否直接影响

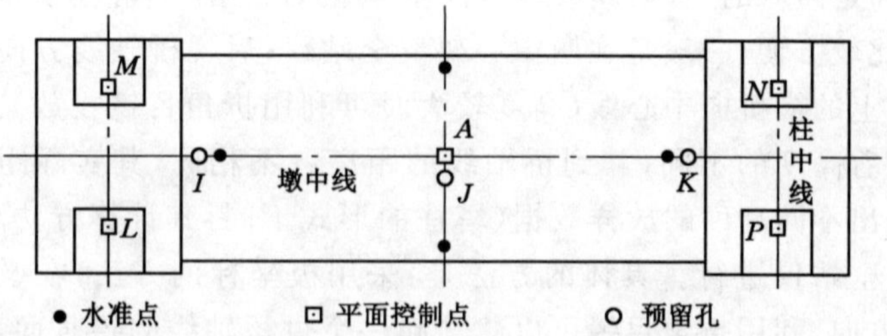

图 8-38　主塔上部结构施工控制点分布图

塔柱及索道管定位的质量，基准点向上传递的方法很多，精密投点是其中方法之一，而具体的精密投点也随仪器设备的不同而异。国内外有很多类型的激光铅直仪，利用激光铅直仪可直接向上投点。

高程基准的传递，常采用检定过的钢尺传递，传递时如图 8-39 所示，须同时设置两台水准仪、两根水准尺、一把钢尺。将钢尺悬挂在固定架上，零点端在下，下挂一与钢尺检定时同重的重锤。下水准仪 1，在起始水准点上的水准尺 3 上读数得 a，在钢尺上读取 r_1，上水准仪 2，同时在钢尺上读取 r_2，在待定水准点上的水准尺 4 上读取 b，并同时测定温度，则待定点的高程可用下式计算：

$$H_B = H_A + [(r_2 - r_1) + \Delta l_t + \Delta l] - b \tag{8-19}$$

式中　Δl_t——温度改正数；

Δl——钢尺的检定改正数。

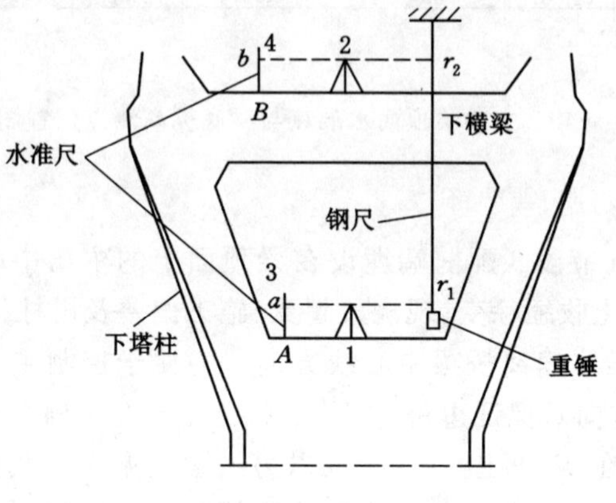

图 8-39　高程基准传递示意图

为检核，后视 3 应分别立于上、下、南、北的 4 个水准点上，钢尺应变换 3 次高度，再取均值作为最后结果。对于整个塔柱的高程基准，即基础承台顶面上的 4 个水准点应定期与岸上水准点进行联测，以确定其沉降量。

(3) 高塔柱施工放样的方法

在塔柱的施工放样中，劲性骨架或劲性架的放样和塔柱中心十字线的放样方法基本相同，这里仅以塔柱中心十字线的放样为例来具体说明。

下、中塔柱都是倾斜的柱体，其放样方法基本相同。下、中塔柱横桥向中心线与墩中心线一致，放样比较方便，一般是在墩中心架设全站仪，后视桥轴线方向，旋转 90°就可直接投放不同高度上的横桥向中心线（高度较大时可利用折角目镜投放）。但下、中塔柱的顺桥向中心线随着高度的不同，其到桥轴线的距离各不相同，其实际距离可以根据图纸的详细尺寸计算出不同高度的放样数据（塔柱的形式不同，其计算方法也不相同）。而实际放样都是采用全站仪进行。具体的方法是：采用极坐标的方法，在墩中心点架设全站仪，后视桥轴线方向，利用折角目镜可以建立起一个过桥轴线的铅直面，能够方便地确定不同高度上的桥轴线的位置，这样可以通过测距或直接测量中心点的坐标，来测设塔柱不同高度上的中心点。

2. 主梁施工测量

(1) 主梁横断面线型测量

主梁横断面线型指主梁梁底线型，每一个 8 m 节段均由它匹配前端梁底 1、2、3、4 四个测点的标高来表示，如图 8-40 所示。每增加一个 8 m 节段，加劲梁的线型长度就增加 8 m。在实际作业中，不可能直接测量梁底 4 个测点的高程，而是测定它们对应的梁顶面上两高程控制点 2 和 4。因此，线型测量实际上是采用直接测量梁顶面上高程点的瞬时绝对标高，然后根据梁顶面高程点与梁底测点的相对高差值，推算出梁底测点的瞬时绝对标高。

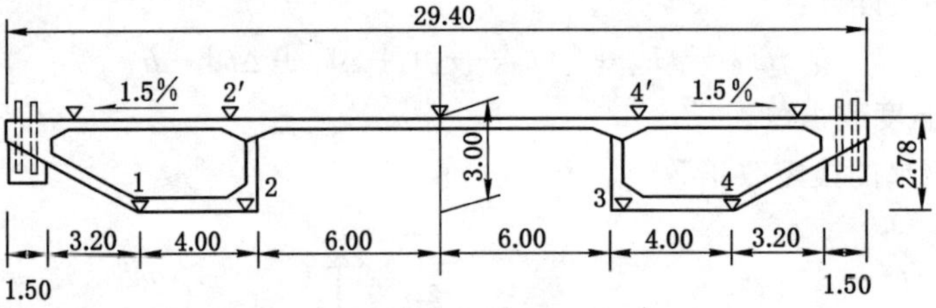

图 8-40　主梁梁顶面水准点与梁底标高测点位置图

(2) 主梁中线测量

主梁中线系指由 8 m 节段匹配前端埋设在梁顶面上的主梁中心点所构成的主梁中心线，由于梁体受钢筋混凝土收缩徐变、现浇段超重、施工偏差及塔柱扭转影响，将导致梁体产生局部变形或引起整个梁体偏离桥梁中心线方向。为便于控制主梁中线偏差在±10 mm 以内（“±”系指上、下游方向），保证边跨、中跨在中线方向上正确合拢，必须进行中线测量。其方法是：将全站仪安置在 0# 块主梁中心点，以另一墩主梁中心线为后视定向点。对于与后视方向同侧的主梁中心线测量，采用视准线法直接利用小钢尺测量每一块主梁中心线的偏离值；而对于与后视方向异侧的主梁中线测量，则采用正、倒镜观测法，依次测量每一块主梁中心点的偏离值，最后取两次结果的平均值作为该块主梁中心点的偏离值。后者还可采用更简捷的方法，即先用正、倒镜观测确定最前端一块主梁中心线方向，然后以此方向定向，依视准线法直接一次读取其他块主梁中心点的偏离值。

3. 索道管施工测量

斜拉索是连接主塔和主梁并使之构成斜拉桥的重要组成部分，而索道管是将缆索两端分别锚固在主塔和主梁上的重要构件，如图 8-41 所示，在大型斜拉桥的施工中，索道管的定位是一项精度要求最高、工作难度最大、对成桥质量影响显著的测量工作。

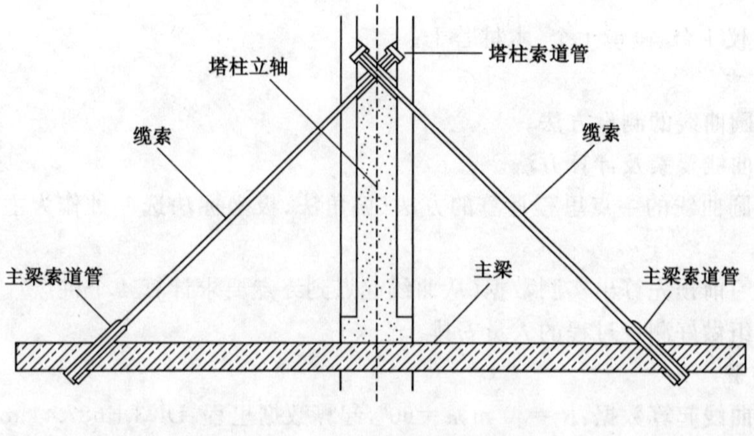

图 8-41 斜拉桥的缆索和索道管

索道管的布置与斜拉桥的类型和塔柱与主梁的结构形状有关。一般来讲，缆索采用扇形布置时，主塔上的索道管均布置在主塔的上塔柱段，它们的分布比较密集，倾角变化大。对于采用双索面布置的索道管，除在顺桥向上两侧的索道管对称于墩中心线外，在横桥向上还对称于桥轴线(当上、下游两侧采用双索布置时，索道管则对称于上塔柱的柱中心)。索道管的长度与塔柱形状、施工方法、张拉作业的空间布置及倾角等因素有关。

在斜拉桥的主梁上，同样也布置有与主塔一一对应、数量相同的主梁索道管。它们的位置与主梁斜拉段的长度、梁体结构有关。一般来讲，相对主塔而言，索道管的布置要稀得多。

索道管的定位精度可以从两个方面的因素考虑：一是按设计要求，在静态状况下，由于缆索拉力的作用点位置不正确而产生的附加弯矩不得超过某一数值；二是在斜拉桥的施工中，按施工工艺要求缆索中心应与索道管口中心同心，即使最不利的情况下，也不能因管口中心位置偏差而与缆索发生摩擦，以致影响缆索的使用寿命或造成质量事故。因此，根据相关标准的规定，目前较多的斜拉桥对索道管管口中心三维坐标提出了高达±5 mm 的定位精度要求。

索道管精密定位的方法：一般是先建立过桥轴线或平行于桥轴线的铅直面作为基准面，然后利用空间点到面的距离来确定空间点的平面位置。因此，在定位前必须结合塔柱高度大、施工空间小而且干扰大的现场条件，建立定位控制。在主塔靠近岸边的情况下，可直接利用施工控制点，用极坐标放样的方法进行精密定位。而在很多情况下，斜拉桥的主塔墩不仅高，往往还位于远离岸边的大江、大河主航道附近。这时利用施工控制点作为索道管调整的基准控制则难以奏效。因此，在这种情况下往往采用劲性骨架或空中架线为基准，采用空中弦线法进行索道管的精密定位。

技能训练 10 道路圆曲线测设

1. 实习目的

(1) 掌握圆曲线测设过程及测设方法。

(2) 利用全站仪实地测设圆曲线。

2. 仪器工具

每组全站仪 1 台、棱镜 1 个、木桩若干。

3. 实习要求

(1) 掌握圆曲线的测设方法。

(2) 了解曲线要素及计算方法。

(3) 掌握圆曲线的主点里程计算的方法(偏角法、极坐标法选一种作为主测设,另一种检验)。

(4) 在实习前预先算出实测数据(从曲线起点到终点要求计算 4 个桩点)。

(5) 各小组做好测设过程的人员安排。

4. 实习步骤

(1) 测设曲线起算数据:$R=50$ m,$\alpha=60°$,起算数据里程:DK3+687.44 m,计算曲线要素得:

$$T=R\times\tan\frac{\alpha}{2}=28.868\ (\mathrm{m})$$

$$L=\frac{R\times\alpha\times\pi}{180°}=52.359\ (\mathrm{m})$$

$$E=R\times(\sec\frac{\alpha}{2}-1)=7.735\ (\mathrm{m})$$

$$Q=2T-L=5.377\ (\mathrm{m})$$

如图 8-42 所示,将圆曲线三等分得到 $\delta=10°$。

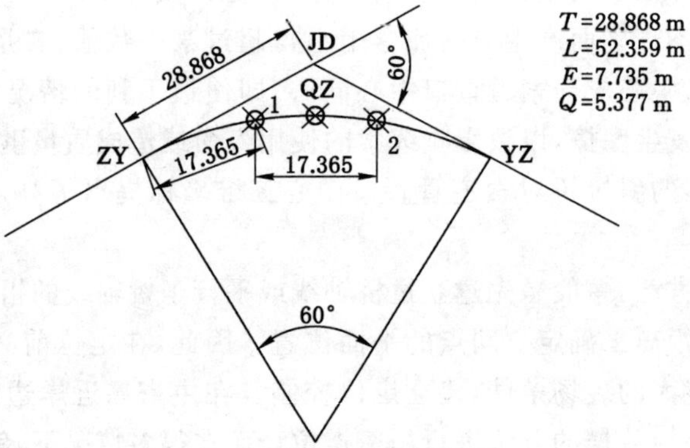

图 8-42 道路圆曲线测设实例

(2) 使用偏角法测设曲线,在 JD 点上架设仪器,瞄准线路前进方向的后方,沿视线方向量切线长 $T=28.868$,即得到 ZY 点。

(3) 同理瞄准前进方向,在视线上量 T 可得 YZ 点。

(4) 后视 YZ 转拨 $\beta=(180°-\alpha)/2=60°$,沿视线方向量出 $E=7.735$ m,即得到 QZ 点。

(5) 在 ZY 上安置仪器,检查∠JD-ZY-YZ 是否等于 $\frac{\alpha}{2}=30°$,和∠JD-ZY-QZ 是否等于 15°。

(6) 仪器架在 ZY 点上，瞄准 JD 点，将度盘置零，沿着前进方向转动 $\delta=10°$，得到圆曲线上点 1。

(7) 将仪器架设在 1 点上，后视 ZY 点，然后倒转望远镜，得到 1 点的切线方向，然后在沿着前进方向转动 $\delta=10°$，得到 2 点。这样就将一条圆曲线放样完成。

思考与练习

1. 道路中线测量包括哪些内容？各如何进行？

2. 简述用全站仪测设圆曲线的方法与步骤。

3. 直线、圆曲线、缓和曲线横断面方向如何确定？

4. 线路复测的目的是什么？

5. 某路线交点的里程为 K0＋500，坐标为 $x=382\ 300.500$，$y=482\ 500.600$，交点到直缓的坐标方位角 $\alpha_{JD\text{-}ZH}=240°00'00''$，切线长为 180 m，求直缓点(ZH)坐标及其里程。

6. 桥梁控制网的布设形式有哪几种？

7. 曲线桥墩、墩中心位置怎样测设？

项目九　隧道与地下工程测量

在隧道施工中，尤其是山岭隧道，为了加快工程进度，一般都由隧道两端洞口进行对向开挖。长隧道中，往往在两洞口间还增加平硐、斜井或竖井，以增加掘进工作面。

隧道测量工作的主要任务：准确测出洞口、井口、坑口的平面位置和高程，隧道开挖时测设隧道设计中心线的方向与高程，以保证隧道按要求的精度正确贯通，并按设计要求对隧道各个部位的断面尺寸进行放样。

地下隧道工程一般投资大、周期长。地下隧道工程中的测量工作与地面测量工作又不相同，如隧道施工的掘进方向在贯通前无法通视，完全依据敷设支导线形式的隧道中心线或地下导线指导施工，若因测量工作的一时疏忽或错误，将引起对向开挖隧道不能正确贯通，就可能造成不可挽回的巨大损失。所以在工作中要十分认真细致，特别注意采取多种措施做好校核工作，避免发生错误。

地下工程施工对测量精度的要求，要根据工程的性质、隧道长度和施工方法而定。在对向开挖隧道的汇合面上，其中线不能完全吻合的，这种偏差称为贯通误差。贯通误差包括纵向误差、横向误差、高程误差。其中，纵向误差仅影响隧道中线的长度，施工测量时较易满足设计要求，因此一般只规定贯通面上横向及高程的限差。例如《铁路测量技术规则》中就规定：长度小于 4 km 的铁路隧道，横向贯通误差允许值为 100 mm，高程贯通误差允许值为 50 mm。地下建筑工程测量一般要求具有较高的测量精度。

任务一　地下工程地面控制测量

知识要点

地下工程平面控制测量；地下工程高程控制测量。

技能目标

掌握地下工程平面控制测量、高程控制测量方法。

地下工程的地面平面控制测量根据地下工程的特点、范围、地形条件，采用精密导线、三角测量以及 GPS 测量技术进行；高程控制测量可采用精密水准测量或光电测距三角高程测量进行。

一、地下工程平面控制测量

平面控制测量的主要任务是测定各洞口控制点的相对位置，以使根据洞口控制点按设计方向进行开挖，并能以规定精度贯通。因此，要求选点时平面控制点应尽可能包括隧道的洞口控制点，这样既可以在施工测量时提高贯通测量的精度，又可以减少测量的工作量。常用的平面控制测量方法有以下几种：

1. 直接定线法

对于比较短的直线隧道，可以采用直接定线法，它是隧道测量中最简便的方法。如图 9-1 所示，A、D 两点是在现场选定的直线隧道的洞口点，直接定线法就是把 AD 直线方向在地面上标定出来，即求出位于 AD 直线上的 B、C 两点，作为向洞内引线的方向。

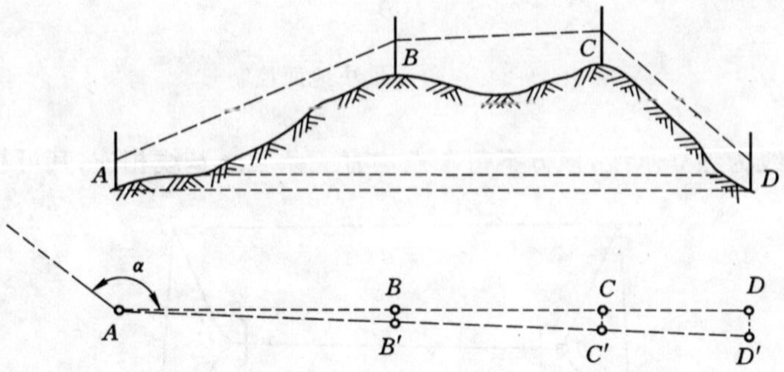

图 9-1　直线定线法

2. 导线测量法

短隧道通常可采用光电测距导线作为平面控制，精度要求较高，导线相对闭合差一般要求达到 1/5 000～1/10 000。导线的布设需根据隧道线型来确定。对于直线隧道，其导线应尽量沿两洞口连线的方向布设成直伸形式，因直伸导线的量距误差主要影响隧道的长度，而对横向贯通误差影响较小。对于曲线隧道，当两端洞口附近为曲线时，则两端应沿切线布设导线点；中部为直线时，则中部沿中线布设导线点；当整个隧道在曲线上时，应尽量沿两端洞口的连线布设导线点。

3. 三角测量法

对于隧道较长且地形复杂的山岭地区，可采用三角测量法，一般布设成沿与路线相同方向延伸的单三角锁。三角锁的图形取决于隧道中线的形状、施工方法及地形条件。对于直线隧道，三角点尽量靠近中线，以减少测量误差对横向贯通的影响，其图形如图 9-2(a)所示。曲线隧道的三角锁，以沿两端洞口的连线方向布设较为有利，如图 9-2(b)所示。

4. GPS 控制测量

GPS 全球定位系统的应用，导致测绘行业发生了一场深刻的技术革命。GPS 控制测量在隧道施工控制测量中已得到广泛的应用，而且取得了优于常规控制测量的结果。GPS 网的布网原则与常规的平面控制网相同。应在洞口处设点给出精确的进洞方向以指导隧道开挖，确保贯通质量，同时一般遵循“网中每个点至少独立设站两次”的原则。如图 9-3 所示的布网方

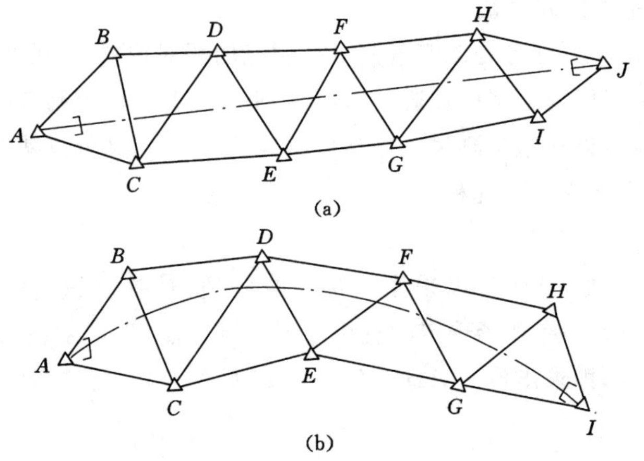

图 9-2　三角测量法地面控制

案,图中两点间连线为独立基线,该方案每个点均有三条独立基线相连,其可靠性较好。

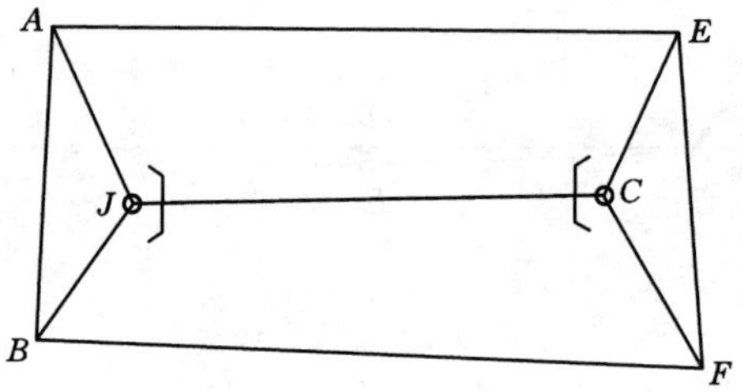

图 9-3　隧道外 GPS 布点方案

二、地下工程高程控制测量

高程控制测量的任务是按规定的精度施测隧道洞口(包括隧道的进出口、竖井口、斜井口和坑道口)附近水准点的高程,作为高程引测进洞的依据。

水准路线应选择连接洞口最平坦和最短的线路,以期达到设站少、观测快、精度高的要求。每一洞口埋设的水准点应不少于两个,且以能安置一次水准仪即可联测为宜。两端洞口之间的距离大于 1 km 时,应在中间增设临时水准点。隧道高程控制通常采用三、四等水准测量的方法(见表 9-1),按往返或闭合水准路线施测。

表 9-1　地下工程高程控制测量的等级划分

测量等级	每千米水准测量偶然中误差/mm	两开挖洞口间高程路线长度/km	水准仪等级/测距仪等级	水准尺类型
二	≤±1.0	>36	$DS_{0.5}$、DS_1	铟瓦水准尺
三	≤±3.0	13～36	DS_1	铟瓦水准尺
			DS_3	区格式水准尺
四	≤±5.0	5～13	DS_3/Ⅰ、Ⅱ	区格式水准尺
五	≤±7.5	<5	DS_3/Ⅰ、Ⅱ	区格式水准尺

任务二　地下工程联系测量

知识要点

隧道平硐联系测量；竖井联系测量。

技能目标

能够进行隧道平硐联系测量；了解竖井一井定向、两井定向、高程传递的测量方法。

在地下工程中，可使用平硐、斜井及竖井进行地下的开挖工作。为保证地下工程沿设计方向掘进，应通过平硐、斜井及竖井将地面的平面坐标系统及高程系统传递到地下，该项工作称为联系测量。通过平硐、斜井的联系测量可由导线测量、水准测量、三角高程测量完成。竖井联系测量工作分为平面联系测量和高程联系测量。平面联系测量又分为几何定向（包括一井定向和两井定向）和陀螺定向。

一、隧道平硐联系测量

为了建立隧道井上、下统一的坐标系统，需要把地面坐标系统中的平面坐标及方向传递到隧道中去。在定向之前，必须在隧道洞口附近设立作为定向时与垂球线连接的点，叫作"连接点"。由于洞口建筑物很多，因而连接点通常不能直接与隧道工程地面控制点通视，为此，还必须在定向洞口附近设立"近井点"。为传递高程，还应设置洞口水准基点（一般近井点也可作为水准基点）。

近井点可在三、四等角网、导线网和 GPS 网的基础上，用插网、插点、全站仪导线、GPS 等方法测设。近井点的精度，应满足两相邻洞口间进行隧道贯通的要求。

井口水准点，其水准路线可布设成附（闭）合路线、高程网或水准支线。除水准支线必须往返测或用单程双转点法观测外，其余均可只进行单程测量，并按四等水准测量的精度要求测设。用三角高程测量时应采用精度不低于 J_2 级的全站仪测量垂直角，用测距精度为Ⅱ级的光电测距仪测量边长，但应使高程中误差不超过 ±3 cm，对于不涉及两井口间贯通问题的高程基点的高程精度不受此限。

在地面由近井点至洞口（定向连接点）的连接导线，边数应不超过 3 条。导线点（不包括连接点）应埋设标石，并尽可能与等级控制点进行方向联测，以备检查近井点和导线点是否发生移动，或当近井点遭到破坏时可用联测导线点测量定向连接点的坐标。

二、竖井联系测量

（一）一井定向

通过一个立井进行的几何定向，称为一井定向。其方法是在一个井筒内悬挂两根钢丝，将地面点的坐标和边的方位角传递到井下的测量工作。一井定向设备系统如图 9-4 所示，钢丝的一端固定在井口上方，另一端系有定向专用的垂球，自由悬挂于定向水平。通过地面坐标系统测量和计算求出两根垂球线的平面坐标及其连线的方位角，在定向水平通过测量把垂线与井下永久导线点联系起来，这项工作称为连接。这样便能将地面的坐标和方向传递到井下，从而达到定向的目的。由此可见，一井定向工作可分为两个部分：一是由地面向井下定向水平投点(简称投点);二是在地面和井下定向水平上与垂球线进行连接测量(简称连接)。

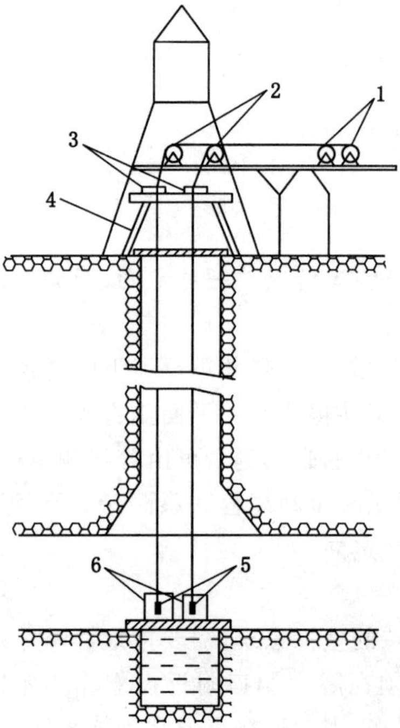

1—缠绕钢丝的手摇车;2—导向滑轮;3—定点板;4—定点板固定架;5—垂球;6—水桶。

图 9-4 一井定向示意图

1. 投点

所谓投点,就是在井筒中悬挂铅垂线至定向水平,然后利用悬挂的两钢丝将地面的点位坐标和方位角传递到井下。投点的设备如图 9-4 所示。

在由地面向井下定向水平投点时,由于井筒内风流、滴水等因素的影响,使钢丝的井上、井下位置不在同一铅垂线上而产生的误差,称为投点误差。如图 9-5 所示,A、B 为两根钢丝在地面的位置,由于悬挂钢丝的偏斜,使得它们在定向水平的位置 A'、B'分别相对于 A、B 产生线量偏差 e_A、e_B 的投点误差。由投点误差引起的两垂球线连线方向的误差 θ,称为投向误差。在最不利的情况下,即两根钢丝分别向 A、B 连线两侧偏斜时(两根钢丝的偏斜方向相反)的投向误差为:

$$\tan\theta=\frac{e_A+e_B}{AB}$$

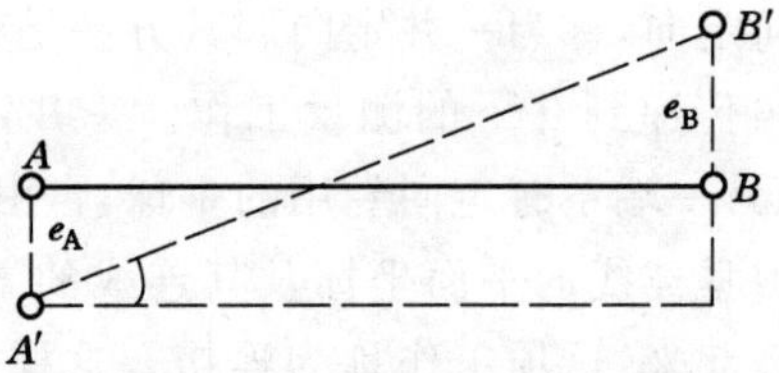

图 9-5 投点误差和投向误差

因 e_A、e_B 很小，θ 角也很小，上式可简化为：

$$\theta=\frac{e_A+e_B}{AB}\times\rho \tag{9-1}$$

式中，$\rho''=20\ 625''$（一弧度所对的秒值）。

例如，设 $e_A=e_B=1$ mm，$AB=4$ m，则投向误差为：

$$\theta=\frac{e_A+e_B}{AB}\times\rho=\frac{2\times206\ 265}{4\ 000}\approx103''$$

上例说明，仅 1 mm 的投点误差，却能引起方位角误差达 1′53″之多。由式(9-1)看出，要减少投向误差，必须加大两垂线间的距离和减少投点误差 。但由于井筒直径有限，两垂线间的距离不能无限增大，一般不超过 3～5 m。因此，在投点时必须采取措施减少投点误差。

减少投点误差通常用下述方法：

(1) 采用抗拉高的小直径钢丝，以便加大垂球质量（一般 30～50 kg），并减少对风流的阻力。

(2) 将重锤置于稳定液中（如机油或米汤等），以减少钢丝绳摆动。

(3) 测量时，应关闭风门或暂停扇风机，并给钢丝安上挡风套筒，以减少风流的影响等。

(4) 尽量增大两钢丝绳间的间距。

(5) 采取防水措施减少滴水的影响。

此外，挂上铅垂线后，还应检查钢丝是否自由悬挂。常见的检查方法有比距法（比较井上、下两钢丝间距）、信号圈法（自地面沿钢丝下放小铁丝圈，看是否受阻）、钟摆法（使钢丝摆动，观察摆动周期是否正常）等。确认钢丝自由悬挂后，即可开始连接工作。

2. 连接

连接测量分为地面连接测量和井下连接测量两部分。地面连接测量是在地面测定两钢丝的坐标及其连线的方位角；井下连接测量是在定向水平根据两钢丝的坐标及其连线的方位角确定井下导线起始点的坐标与起始边的方位角。

连接测量的方法很多，这里仅以连接三角形法为例予以介绍。

连接三角形法是在井上的下井筒附近选定连接点 C 和 C'［图 9-6(a)］，在井上形成以垂线 AB 为公共边的两个三角形△ABC 和△ABC'，称这两个三角形为连接三角形。为了提高精度，CD 和 $C'D'$ 边长应大于 20 m，连接三角形应布设成延伸三角形，即尽可能将连接点 C 和 C' 设在 AB 延长线上，而使 γ、α 和 γ'、β' 尽量小（不大于 2°），同时，连接点 C 和 C' 还应尽量靠近最近的一根垂球线。

(1) 连接三角形法的外业工作

① 地面连接测量时，分别在 D、C 点安置仪器，测量出 δ、φ 和 γ 角，丈量延伸三角形的 a、b 和 c 边。

② 井下连接时，分别在 C'、D' 点安置仪器，测量出 γ'、φ' 和 δ' 角，丈量延伸三角形的 a、b 和 c 边。

(2) 连接三角形的解算

连接三角形法的内业包括解三角形和导线计算两部分。

① 解算三角形

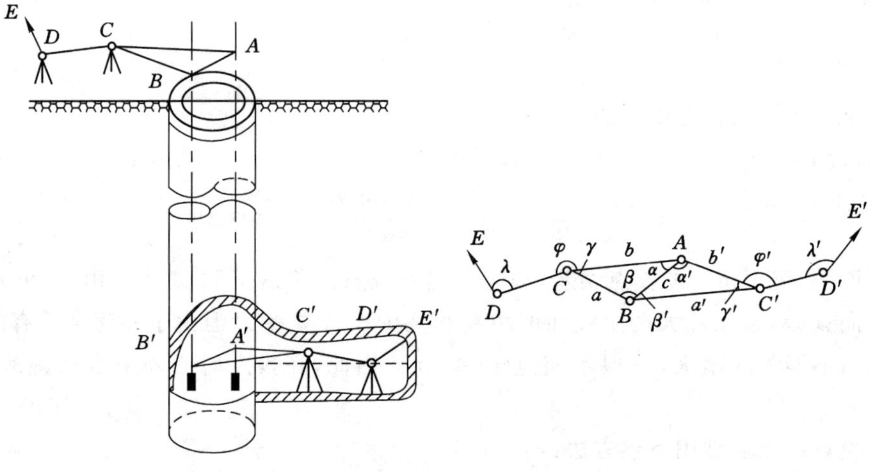

(a)　　(b)

图 9-6　一井定向井上、下连接图

在图 9-6(b)中，在△ABC 和△ABC'中，可按正弦定理求 α、β 和 α'、β' 角，即：

$$\begin{cases} \sin\alpha = \dfrac{a\sin\gamma}{c}, \sin\beta = \dfrac{b\sin\gamma}{c} \\ \sin\alpha' = \dfrac{a'\sin\gamma'}{c'}, \sin\beta' = \dfrac{b\sin\gamma'}{c'} \end{cases} \tag{9-2}$$

② 检查测量和计算成果

连接三角形的三个内角 α、β、γ 以及 α'、β'、γ' 的和均应为 180°，一般均能闭合。若有少量残差，可平均分配到 α、β 和 α'、β' 上。

其次，井上丈量所得的两钢丝间的距离 $c_{丈}$ 与按余弦定理计算出的距离 $c_{计}$，两者的差值 d，井上相差应不大于 2 mm，井下相差应不大于 4 mm。可在丈量的边长上加入改正数：

$$v_a = -\frac{d}{3},\ v_b = +\frac{d}{3}, v_c = -\frac{d}{3} \tag{9-3}$$

根据上述方法求得的水平角和边长，将井上、井下看成一条导线，如 $EDCABC'D'E'$，按照导线的计算方法求出井下起始点 C' 的坐标及井下起始边 $C'D'$ 的方位角。

一井定向应独立进行两次，两次求得的井下起始边方位角之差不得超 1′，然后取两次定向的平均值作为最终定向成果。

(二) 两井定向

当施工隧道有两个立井，且在定向水平有隧道相通并能进行测量时，就要采用两井定向。所谓两井定向，就是在两个井筒中各挂一个垂球线，然后在地面和井下把两个垂球线连接起来，如图 9-7 所示，从而把地面坐标系统中的平面坐标及方向传递到井下。

两井定向是把两个垂球分别挂在两个井筒内，因此两垂球之间的距离比一井定向大得多。当两个井筒之间的最短距离约为 30 m，这比一井定向来说两垂球线间的距离就大大增加了，因而大大减少了投向误差。假设投点误差 e=1 mm，则其投向误差即为：

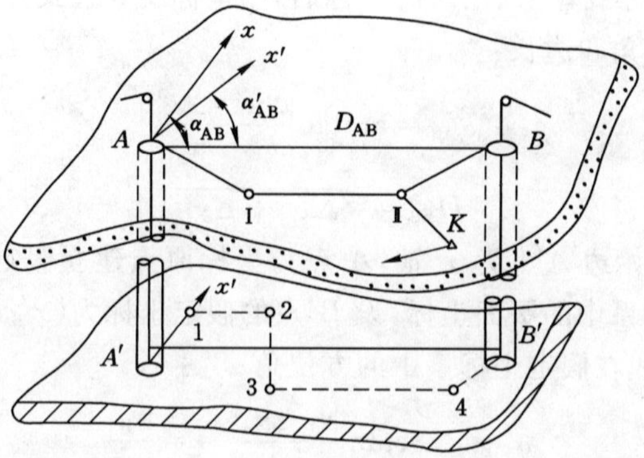

图 9-7 两井定向示意图

$$\theta=\pm\frac{2e}{c}\rho''=\pm\frac{2\times 206\ 265}{30\ 000}\approx 13.8''$$

对比前面一井定向所举的例子可看出，其误差缩小了 10 倍。这是因为两垂球线间的距离比它增大了 10 倍的缘故。对于两井定向来说，投点误差不是主要问题。这是两井定向最大的优点。此外，两井定向外业测量简单，占用井筒时间短，所以凡是能进行两井定向的矿井，均应采用两井定向。

同一井定向一样，两井定向的全部工作包括投点、连接和内业计算。

1. 投点

在两竖井内各悬挂一根垂球线，投点的方法与一井定向相同，但因两井定向投点误差对方位角的影响小、投点精度要求较低，而且每个井筒上悬挂钢丝，所以投点工作比一井定向简单且时间短。

2. 连接

(1) 地面连接

从近井点 K 分别向两垂球线 A、B 测设连接导线 K Ⅱ Ⅰ A 及 K Ⅱ B，以确定 A、B 两点的坐标和 AB 边的坐标方位角。连接导线敷设时，应使其具有最短的长度，尽可能沿两垂球线连线的方向延伸，因为此时量边误差对连线的方向不产生影响。导线可采用一级或二级导线测量的方法测量。

(2) 井下连接测量

在井下定向水平，测设全站仪导线 $A'1234B'$，导线可采用 7″或 15″基本控制导线测量的方法测量。

3. 内业计算

两井定向是在两个井筒内各投下一个点，它们的坐标是通过地面连接导线测设后计算出来的。而到了井下，它们之间是不能通视的，这样井下连接导线 $A'1234B'$就形成一条定向附合导线。具体解算步骤如下：

(1) 计算地面钢丝点 A、B 坐标

根据地面连接测量的成果，按照导线的计算方法，计算出地面两钢丝点 A、B 的坐标 (x_A, y_A)与(x_B, y_B)。

(2) 根据地面连接导线算出 A、B 的坐标后，用坐标反算公式计算出两悬的连线 AB 在地面坐标系统中的方位角和边长：

$$\alpha_{AB}=\arctan\frac{y_B-y_A}{x_B-x_A} \tag{9-4}$$

$$D_{AB}=\sqrt{\Delta x^2+\Delta y^2} \tag{9-5}$$

(3) 以井下导线起始边 $A'1$ 为 x'轴，A 点为坐标原点建立假定坐标系，计算井下导线各连接点在此假定坐标系中的平面坐标，设 B'点的假定坐标为(x'_B，y'_B)。

(4) 计算 A、B 连线在假定坐标系中的方位角 α'_{AB}：

$$\alpha'_{AB}=\arctan\frac{y_B{}'-y_A{}'}{x_B{}'-x_A{}'}=\frac{y_B{}'}{x_B{}'} \tag{9-6}$$

(5) 计算井下起始边在地面坐标系统中的方位角 $\alpha_{A'1}$：

$$\alpha_{A'1}=\alpha_{AB}-\alpha_{AB'} \tag{9-7}$$

(6) 然后根据 $\alpha_{A'1}$ 和 A 点的地面坐标计算出井下导线各点在地面坐标系统中的坐标和方位角，最后算得悬线垂线 B 的坐标。

井下连接导线按地面坐标系统算出 B 点的坐标值应和地面连接导线所算得的 B 点坐标值相等。如其相对闭合差不超过井下连接导线的精度时，则认为井下连接导线的测量和计算是正确的，可作为测量和计算的第二检核。

为了检核，两井定向也应独立进行两次，两次求得的井下起始边方位角之差不得超 1′，然后取两次定向的平均值作为最终定向成果。

(三) 高程传递

竖井高程传递如图 9-8 所示，其任务是根据地面上水准点 A 的高程，求出井下水准点 B 的高程。在 A、B 点上立水准尺，竖井中悬挂钢丝。水准仪在水准尺上读数为 a_1、b_1，在钢丝上只能做记号 b_1、a_2。则 B 点的高程为：

$$H_B=H_A+(a_1-b_1)+(a_2-b_2) \tag{9-8}$$

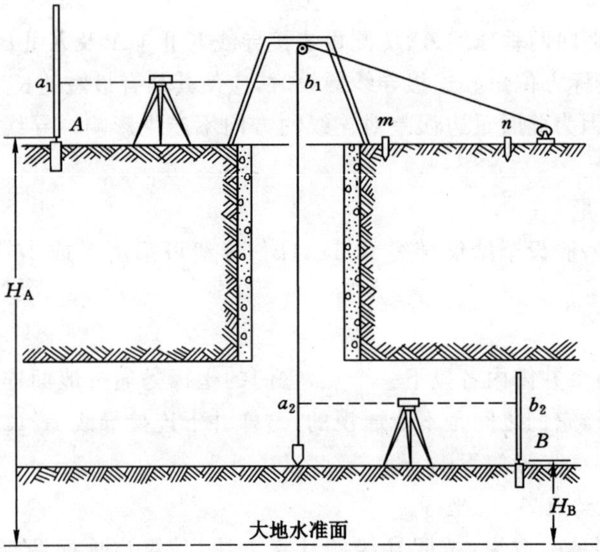

图 9-8 竖井高程传递

为了求出(a_2-b_1)的长度，一般在地面上先量出 m、n 两桩间长度，当用绞车绕起细钢丝时，就可用 m、n 两桩来量度 b_1 和 a_2 两个记号间的长度，余长用钢尺量出，即可求得(a_2-b_1)的值。

当竖井地面和井底高差不大时，也可用悬挂钢尺代替钢丝，要求钢尺刻划的零端处悬挂重锤，b_1 和 a_2 分别表示安置于地面和井下的水准仪在钢尺上的读数。

任务三　地下工程施工测量

知识要点

隧道内中线和腰线测设；地下隧道施工控制测量；隧道盾构施工测量。

技能目标

能够进行隧道中线和腰线测设；能够进行隧道施工控制测量，包括地下导线测量、地下高程控制测量；了解隧道盾构施工测量方法。

一、隧道中线和腰线测设

（一）隧道中线的标定

隧道水平投影的几何中心线称为隧道中线，它体现了隧道在水平面内的方向。隧道中线测设就是按设计要求给定隧道在水平面内的方向。中线测设工作是一项非常重要的工作，一旦出现差错，将会造成很大的经济损失，严重的甚至会酿成重大安全事故。因此，它要求测量人员具有高度的责任心，及时、认真、准确地测设出隧道中线。

1. 直线隧道中线的标定

如图 9-9 所示，P_3、P_4 为导线点，A 为隧道中线点，根据已知数据，即可计算出放样中线点所需的有关数据，将全站仪安置在导线点 P_4 上，用盘左后视导线点 P_3，拨角度 β_4，并在视线方向上丈量距离 L，即得中线点 A_1。然后盘右用同法可得 A_2，取 A_1A_2 的分中点即得到 A 点。

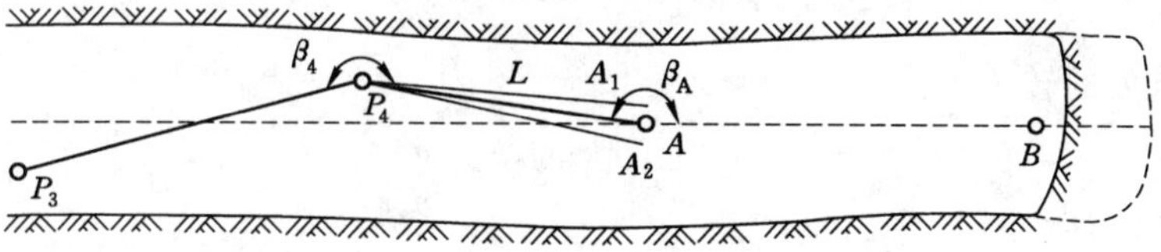

图 9-9　直线隧道中线的标定

在 A 点上埋设与导线点相同的标志。用全站仪重新测定出 A 点的坐标。标定开挖方向时将仪器安置于 A 点，后视导线点 P_2，拨角 β_1，即得中线方向。随着开挖面向前推进，A 点距开挖面越来越远，这时需要将中线点向前延伸，埋设新的中线点。

2. 曲线隧道中线的标定

曲线隧道的中线是弯曲的，不能直接标出，只能以适当长度的折线（分段圆弧的弦线）代替弯曲的中线，将折线的方向标出，用以指示弯曲隧道的掘进施工。设计图上一般给出了弯曲隧道的起点、终点、曲线半径、中心角等元素。

用弦线来代替弧线，首先要确定合理的弦长，如果弦线太短，则所标定的弦线过多，会增加标定的时间并影响掘进施工进度；若弦线太长，则弦线中央离帮壁的距离太近，会给施工造成困难，甚至两端不能通视。因此，最好是在隧道的放大样图（1∶100 或者更大）上确定弦线的合适长度。

(1) 计算标定数据

如图 9-10 所示，曲线隧道起点为 A，终点为 B，半径为 R，中心角为 α。

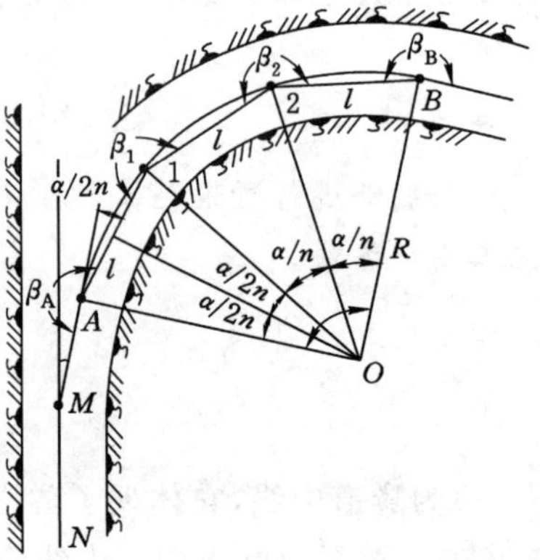

图 9-10 曲线隧道标定数据的计算

① 弦线长度计算。将曲线隧道 AB 分为 n 个等份，则每根弦所对圆心角为$\frac{\alpha}{n}$，弦长为：

$$l = 2R\sin\frac{\alpha}{2n} \tag{9-9}$$

② 各点转角的计算。由图中可以看出，起点 A 和终点 B 处的转角为：

$$\beta_A = \beta_B = 180° + \frac{\alpha}{2n} \tag{9-10}$$

中间各点处的转角为：

$$\beta_1 = \beta_2 = 180° + \frac{\alpha}{n} \tag{9-11}$$

(2) 实地标定

如图 9-11 所示，当隧道从直线段掘进到曲线的起点 A 后，先标出 A 点，并在 A 点安置全站仪，后视中线点 M，顺时针方向转动照准部 β_A，即得 $A1$ 段方向，倒转望远镜在隧道顶板上标出 $1'$点和 $1''$点，用 A、$1'$、$1''$指示隧道的掘进方向。当从 A 点掘进到 1 点后，再安置全站仪于 A 点，后视 M 点，拨角 β_A，用钢尺沿视线方向量出弦长 l，标出 1 点；再将仪器安置于 1 点，拨角 β_1 后，倒转望远镜在隧道顶板上标出点 $2'$和点 $2''$，用点 $2'$、点 $2''$和 1 点再指示隧道 1 至 2 段的掘进施工。其余各段的方向用同样的方法标设。

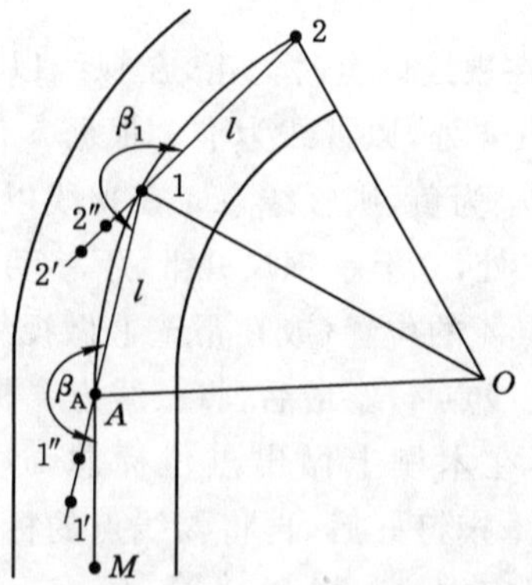

图 9-11　曲线隧道标定

（二）隧道腰线测设

高程由洞口水准点引入，当隧道向前延伸时，每隔 10 m 应在岩壁上设置一个临时水准点，每隔 50 m 设置一个固定水准点，以保证隧道顶部和底部按设计纵坡开挖，并保证永久性衬砌的正确放样。所有水准点的高程均应往返观测。隧道底部的高程则通过由水准点放样而获得。在隧道施工过程中，为了随时控制洞底的高程，以及进行断面放样，通常在隧道岩壁上沿中线方向每隔一定距离(5～10 m)，标出比洞底设计地坪高出 1 m 的抄平线，称为腰线。由于隧道有一定的设计坡度，因此腰线也按此坡度变化，它和隧道底设计地坪高程线是平行的。腰线标定后，对于隧道断面的放样或指导断面的开挖都十分方便。

如图 9-12 所示，隧道中已有一组腰线点 1、2、3，需要在前端新设一组腰线点 4、5、6，点 3 到点 4 的水平距离为 $l_{3\text{-}4}$，隧道的设计坡度为 i，则腰线上 3、4 两点间的高差为：

$$h_{34}=H_4-H_3=l_{3\text{-}4}\times i \tag{9-12}$$

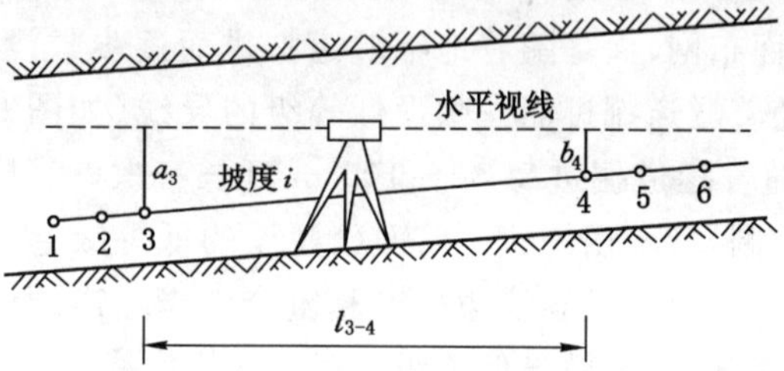

图 9-12　水准仪标定腰线

隧道腰线标定步骤如下：

(1) 检查原有腰线点。将水准仪安置在两组腰线点的中间，依次照准腰线点 1、2、3 上所立的小钢尺(代替水准尺)并读数，再计算各点间的高差，用以判断腰线点是否移动。当确认可靠后，记下 3 点上的读数 a_3。

(2) 标定新的腰线点。丈量腰线点 3 至拟标腰线点 4 之间的水平距离 $l_{3\text{-}4}$，按式(9-12)计算 3、4 点间的高差 h_{34} 及在点 4 处水准仪视线与腰线点 4 之间的高度差(小钢尺上的读数)b_4，即：

$$b_4 = a_3 + h_{34} = a_3 + l_{3\text{-}4} \times i \tag{9-13}$$

用式(9-13)计算 b_4 时，a_3 在视线以上时为正，在视线以下时为负；坡度 i 以上坡为正，下坡为负；计算后，水准仪前视点 4 处，以视线为准。根据 b 值标出腰线点 4 的位置。若 b_4 为正，腰线点 4 在视线以上；若 b_4 为负，则腰线点 4 在视线以下。

算出 b_4 后，水准仪前视 4 点处，立上小钢尺并上、下移动，使水准仪视线刚好读到 b_4，则小钢尺零点高度位置就是腰线点 4 的位置(或在帮壁上做视线记号，再根据 b_4 的正、负垂直向下或向上量距离 b_4，确定出腰线点 4)。最后，将腰线点 4 标出并固定。注意，在岩巷帮壁上设点时先要打孔、钉木楔，再在木楔上做出点位标志，这时就需先在腰线点位置上方 15 cm或 20 cm 处先做记号，等木楔钉好后，再将腰线点的标志在木楔上定出。标设腰线点 5、6 时的计算和操作同点 4 的标定方法一样。

二、隧道施工控制测量

隧道施工控制测量包括隧道施工平面控制测量和隧道施工高程控制测量。隧道施工平面控制测量在隧道内只能敷设成支导线形式，其形状完全取决于隧道的形状；隧道施工高程控制测量一般采用水准测量形式，也可以采用三角高程测量的形式。

(一) 隧道洞内施工导线测量

1. 地下导线的特点

(1) 由于受坑道的限制，其形状通常形成延伸状。地下导线不能一次布设完成，而是随着坑道的开挖而逐渐向前延伸。

(2) 导线点经常布设在坑道顶板，采用点下对中。

(3) 随着隧道的开挖，先敷设边长较短、精度较低的施工导线，指示隧道的掘进；而后敷设高等级导线，对低等级导线进行检查校正。

(4) 地下工作环境较差，对导线测量干扰较大。

2. 地下导线的布设

地下导线的类型有附合导线、闭合导线、方向附合导线、支导线以及导线网等。地下隧道导线往往不是一次全面布网，而是随着地下隧道掘进而逐步敷设。如图 9-13 所示，当由隧道口处开始掘进时，随着隧道掘进而先敷设低等级的导线(如图 9-12 中虚线所示)，用以控制隧道中线的标定，随着隧道掘进每 30～100 m 延长一次。当隧道掘进到 300～500 m 时，再敷设高等级基本控制导线，用来检查前面已敷设的低等级导线是否正确，所以应使其起始边(点)和最终边(点)与低等级导线边(点)相重合。当隧道继续向前掘进时，以高等级导线所测设的最终边为基础，向前敷设低等级导线和放样中线。

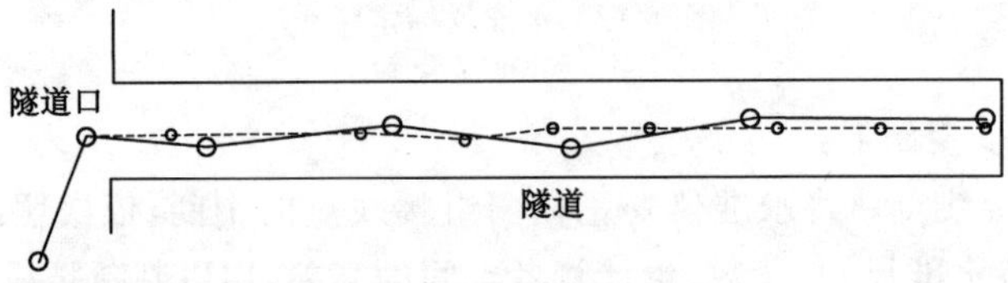

图 9-13　隧道导线的发展

3. 布设地下导线应注意的问题

(1) 地下导线应尽量沿线路中线(或边线)布设，边长要接近等边，尽量避免长、短边相接。导线点应尽量布设在施工干扰小、通视良好且稳固的安全地段。大断面的长隧道可布设成多边形闭合导线或主副导线环。有平行导坑时,单导线应与正洞导线联测,以资检核。

(2) 在进行导线延伸测量时,应对以前的导线点做检核测量,在直线地段只做角度检测,在曲线地段还要同时做边长检核测量。

(3) 由于地下导线边长较短,因此进行角度观测时,应尽可能减小仪器对中和目标对中误差的影响。当导线边长小于 15 m 时,在测回间仪器和目标应重新对中。

(4) 边长测量中,采用钢尺悬空丈量时,除加入尺长、温度改正外,还应加入垂曲改正。当采用电磁波测距仪时,应经常拭净镜头及反射棱镜上的水雾。当坑道内水汽或粉尘浓度较大时,应停止测距,避免造成测距精度下降。洞内有瓦斯时,应采用防爆测距仪。为保证测距精度,边长很短时应采用钢尺量边。

(5) 由洞外引向洞内的测角工作宜在夜晚或阴天进行,以减小折光差的影响。

(6) 凡是构成闭合图形的导线网,都应进行平差计算,以便求出导线点的新坐标值。

(7) 对于螺旋形隧道,不能形成长边导线,每次向前引伸时,都应从洞外复测。复测精度应一致,在证明导线点无明显位移时,取点位的均值。

(二) 隧道洞内高程控制测量

洞内高程控制测量的目的,是由洞口高程控制点向洞内传递高程,即测定洞内各高程控制点的高程,作为洞内施工高程放样的依据。

隧道洞内施工导线测量应注意的问题:

(1) 洞内应每隔 200～500 m 设立一对高程控制点。高程控制点可选在导线点上,也可根据情况埋设在隧道的顶板、底板或边墙上。

(2) 三等及以上的高程控制测量应采用水准测量,四、五等可采用水准测量或光电测距三角高程测量。

(3) 当采用水准测量时,应进行往返观测;采用光电测距三角高程测量时,应进行对向观测。

(4) 高程导线宜构成闭合环。

(5) 洞内高程控制测量采用水准测量时,除采用常规的方法外,有时为避免施工干扰还采用倒尺法传递高程。

(6) 应用倒尺法传递高程时,规定倒尺的读数为负值,则高差的计算与常规水准测量方法相同(图 9-14):

$$H_{AB}=a-b \tag{9-14}$$

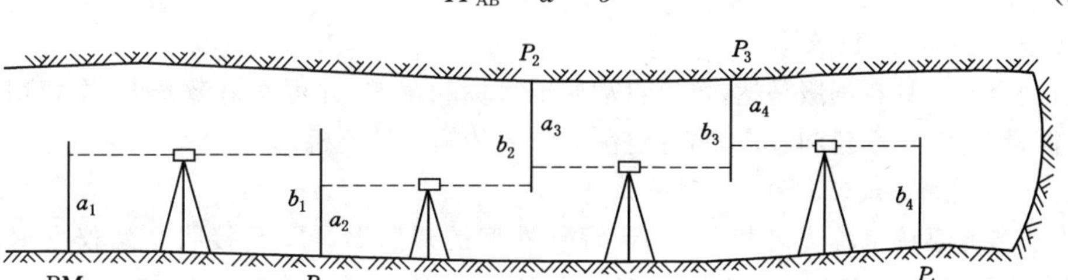

图 9-14 洞内倒尺法传递高程示意图

三、隧道盾构施工测量

（一）概述

隧道盾构法施工是以盾构在地下暗挖隧道的一种施工方法。盾构是一个既可以支承地层压力，又可以在地层中推进的活动钢筒结构。盾构的前端设有支撑和开挖土体的装置，盾构的中段设有顶进所需的千斤顶，盾构尾部拼装预制的管片或现浇挤压混凝土衬砌环。在我国地下铁道施工中，盾构法已在北京、上海、广州、南京等地取得了成功的经验。与传统地铁施工方法（如明挖法、盖挖法、浅埋暗挖法等）相比较，盾构法的优点是安全、速度快、不影响地面交通、不受气候条件影响和适用于各种不同软硬程度的含水或不含水的不同地层（盾构可按不同地质、水文地质条件进行有针对性的专门设计），它是加速发展城市地下铁道的有效手段。而盾构法施工中的测量工作，是确保工程施工安全、质量、高效的一项重要的保障工作。

（二）盾构施工的坐标系统

1. DTA 坐标系

DTA 坐标系是盾构施工坐标系统，它是以线路设计中线为参照的一种三维坐标。只要将盾构始发站开始的线路设计资料输入，掘进中任意里程点的平面坐标和高程以及线路的平面、纵剖面状态通过计算机处理后，均为已知并可显示出来。

盾构机掘进中某一时刻的里程位置，是通过设置在导线点上的激光自动全站仪、自动跟踪盾构机上的光靶进行测量获取的。

2. TBM 坐标系

TBM 坐标系是盾构机本身的一种局部坐标系统，它主要用来检测盾构机的姿态，也是三维坐标。

（三）VMT 导向系统

在掘进隧道的过程中，为了避免隧道掘进机（TBM）发生意外的运动及方向的突然改变，必须对 TBM 的位置和 DTA（隧道设计轴线）的相对位置关系进行持续的监控测量。TBM 能够按照设计路线精确地掘进，对掘进各个方面都有好处（计划更精确，施工质量更高）。这就是 TBM 采用“导向系统”（SLS）的原因。德国 VMT 公司的 SLS-T 系统就是为此而开发，该系统为使 TBM 沿设计轴线（理论轴线）掘进提供所有重要的数据信息。

（四）导向系统的基本组成与功能

导向系统是由自动全站仪、电子激光系统、计算机及掘进软件和电源组成。其组成如图 9-15 所示。

1. 自动全站仪（TCA）

自动全站仪具有伺服马达，可以自动照准目标和跟踪，并可发射激光束，主要用于后视定向，测量距离、水平角和竖直角，并将测量结果传输到计算机。

2. 电子激光系统（ELS）

电子激光系统也称光靶板，是一台智能性型的传感器。ELS 接收全站仪发射的激光束，测定水平和垂直方向的入射点。偏角由 ELS 上激光的入射角确认，坡度由该系统内的倾斜仪测量。ELS 在盾构机体上的位置是确定的，即对 TBM 坐标系的位置是确定的。

3. 计算机及掘进软件

计算机及掘进软件是自动导向系统数据处理和自动控制的核心，通过计算机分别与全

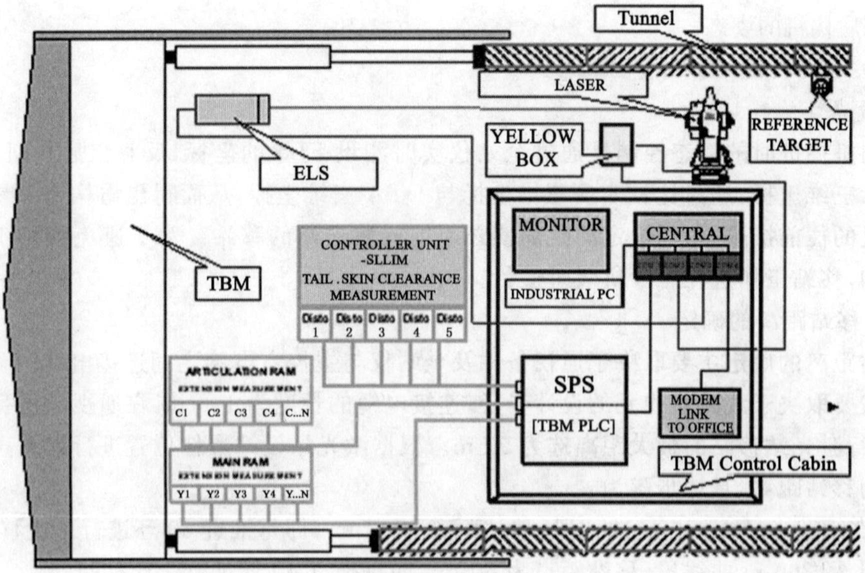

图 9-15　导向系统组成

站仪和 ELS 通信接收数据。盾构机在线路平、剖面上的位置计算出来后，以数字和图形在计算机上显示出来，如图 9-16 所示。

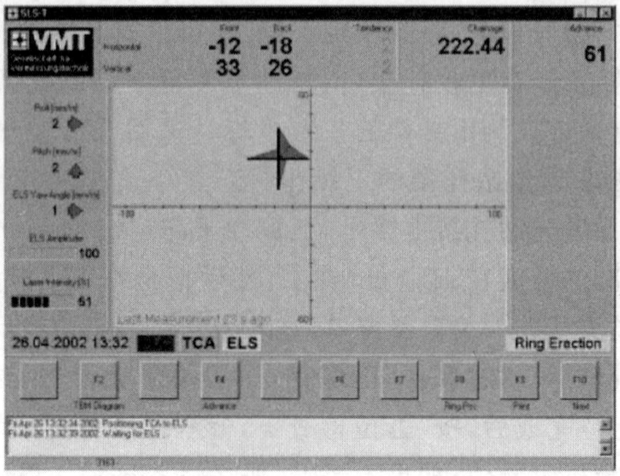

图 9-16　VMT 导向系统盾构姿态显示

（五）定向基本原理

洞内控制导线是支持盾构机掘进导向定位的基础。全站仪设置在掘进机附近（≤120 m）的一个导线点上，该点三维坐标已知，后视另一导线点定向。全站仪测量测站至 ELS 棱镜间的距离、方位角和竖直角，ELS 棱镜的三维坐标和掘进里程即可获得。ELS 接收入射的激光定向光束，可获取实时的 TBM 轴线方向，并通过计算机与已知该里程的线路设计位置（DTA）相比较，得出偏差值并显示在屏幕上，这就是盾构姿态的实时检测导向。只要掘进中控制好盾构姿态，使 TBM 轴线与线路设计中线符合在允许的偏差之内，隧道的正确掘进与衬砌就能得到保证。为保证导向系统的正确性和可靠性,在掘进一定长度或时间之后,需要通过洞内导线独立地检测盾构机的姿态。

(六)隧道洞内施工测量

1. 激光站的移站

盾构机掘进时的姿态控制是通过全站仪实时测设 ELS 的坐标,反算出盾构机盾首、盾尾的实际三维坐标,通过比较实测三维坐标与 DTA 三维坐标,从而得出盾构姿态参数。随着盾构机的往前推进,每隔规定的距离就必须进行激光站的移站。为了避免移站工作对掘进的影响,移站工作选在管片拼装时进行。

(1)移站距离的确定

移站距离的确定主要取决于通视条件及全站仪与主控室电脑之间连接电缆的长度。通视条件主要取决于线路曲线元的设计半径;连接电缆的长度为 100 m,在通视条件良好的情况下,进行激光站移站的最大距离选为 90 m。根据激光站设站最佳位置进行计算选择各线路元段的移站距离,具体步骤为:

① 直线及半径 4 000 m 曲线段,移站距离为 90 m ,即每推进 60 环进行一次移站。

② 半径 800 m 曲线段,移站距离为 60 m ,即每推进 40 环进行一次移站。

③ 半径 450 m 曲线段,移站距离为 45 m ,即每推进 30 环进行一次移站。

(2)激光站的移站

激光站的支架用角钢和钢板做成可以安装在管片螺栓的托架形式,托架的底板采用 400 mm×400 mm×10 mm 钢板,底板中心焊上仪器连接螺栓,长 1 cm。采取强制对中,减少仪器对中误差。托架安装位置在隧道右侧顶部不受行车的影响和破坏的管片上。安装时,用水平尺大致调平托架底板后,将其固定好,然后可以安装前视棱镜或仪器。

移站时,把前视棱镜安装在后视托架后,测量出棱镜中心到托架底板的高程,直接从下面的测站采用极坐标测量方式测出托架的三维坐标。然后在后视靶托架上设站,前视直接采用极坐标测量方式测出激光站托架的三维坐标。接下来把后视棱镜安装在后视靶托架上,把激光全站仪安装在激光站托架上整平,把黄盒子固定好,给全站仪接上电源,手动把全站仪瞄准后视棱镜,瞄准的精度在±10 cm 左右,然后把全站仪电源关闭。接着在主控室里启动 SLS-T,按“编辑器 F2”进入编辑器窗口,进入激光站编辑窗口,输入激光全站仪中心和后视靶棱镜中心的三维坐标。按“保存”键保存,然后关闭编辑器窗口。再按“定位 F5”键,给激光全站仪定位。定位完成后,按“方位检查 F5”键,检查激光站和后视棱镜的坐标有没有错误。如果超限,将会显示差值;如果不超限,那么将不显示。最后再按“推进 F4”键就完成了激光站的人工移站的全过程。

2. 激光站的人工检查

在推进的过程中,可能会由于安装托架的管片出现沉降、位移或托架被碰动,使激光站点或后视靶的位置发生变化,从而全站仪测得错误的盾构机姿态信息。

为了保证激光全站仪的准确定位,在 SLS-T 软件的状态为“推进”时,通过“功能键 F5”对全站仪的定位进行检查,如果测得的后视靶的值超过了在编辑器中设定的限值时,需要对激光站进行人工检查。检查方法是利用洞内精密导线点对激光站点及后视靶点位置进行测量计算,重新确定两点的三维坐标。

设站导线点尽量选择在右侧管片侧壁上的强制对中导线点,这样建测站时能够一次建站测算出两个点位的坐标,避免误差的积累。外业测量按精密导线测量的规范要求测量夹角、距离、高差,观测 6 个测回,左、右角各三测回,左、右角平均值之和与 360°的差≤±4″,边长观测 6 个测回,内业计算出新点位坐标,在 SLS-T 软件修改激光站点和后视光靶的点位坐标。当不满足上述建站条件时,从隧道内主控制导线点引测至后视靶托架上,在托架上建立测站,测定激光站点的三维坐标。往托架上引测时仰角不得大于 8°。当环片测量结果与盾构姿态相差较大时进行此项检测。

任务四 贯通测量

知识要点

一井内巷道贯通测量;两井间巷道贯通测量;立井贯通测量。

技能目标

掌握一井内巷道贯通测量方法;了解两井间巷道贯通测量、立井贯通测量方法。

一、贯通测量概述

(一) 贯通和贯通测量

当采用两个或多个相向或同向掘进的工作面掘进同一巷道时,为了使掘进巷道按照设计要求在预定地点正确接通而进行的测量工作,称为贯通测量。采用贯通方式多头掘进同一巷道,可以加快施工进度,是加快巷道建设的重要技术措施。

巷道贯通可能出现下述三种情况:

(1) 两个工作面相向掘进,叫作相向贯通,如图 9-17 (a)所示。

(2) 两个工作面同向掘进,叫作同向贯通,如图 9-17(b)所示。

(3) 从巷道的一端向另一端的指定地点掘进,叫作单向贯通,如图 9-17(c)所示。

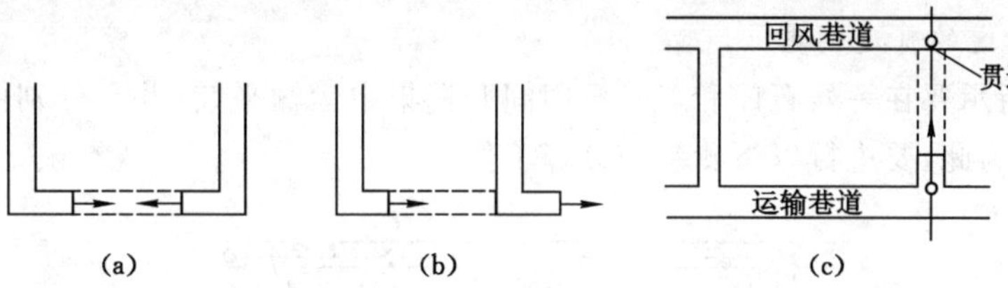

图 9-17 巷道贯通的三种情况

贯通测量的基本方法是测出待贯通巷道两端导线点的平面坐标和高程,通过计算求得巷道中线的坐标方位角和巷道腰线的坡度,此坐标方位角和坡度应与原设计相符,差值在允许范围之内,同时计算出巷道两端点处的指向角,利用上述数据在巷道两端分别标定出巷道中线和腰线,指示巷道按照设计的同一方向和同一坡度分头掘进,直到贯通相遇点处相互正确接通。

（二）贯通的种类、允许偏差

巷道贯通一般分为一井内巷道贯通、两井间巷道贯通和立井贯通三种类型。贯通巷道接合处的偏差值，可能发生在三个方向上。

(1) 水平面内沿巷道中线方向上的长度偏差，这种偏差只对贯通在距离上有影响，而对巷道质量没有影响。

(2) 水平面内垂直于巷道中线的左、右偏差 $\Delta x'$。

(3) 竖直面内垂直于巷道腰线的上、下偏差 Δh。

后两种偏差 $\Delta x'$ 和 Δh 对于巷道质量有直接影响，又称为贯通重要方向的偏差。

对于立井贯通来说，影响贯通质量的是平面位置偏差，即在水平面内上、下两段待贯通的井筒中心线之间的偏差。

二、一井内巷道贯通测量

（一）概述

一井内巷道的贯通是指贯通测量的外业工作全部在一个矿井内完成，即通过测量一条井下导线，就可以联测到贯通点的两端。因此，一井内巷道的贯通质量主要取决于井下导线测量和井下高程测量的精度。其主要工作内容如下：

(1) 了解巷道贯通的资料及贯通精度要求。

(2) 选择最短测量路线和最佳测量环境。

(3) 确定测量方案，即选择导线测量等级、仪器、误差估算、人员组织等。例如对于贯通精度平面要求小于±0.3 m 的巷道，则贯通导线测量相遇点 K 的点位估算中误差不应大于±0.15 m，其平面测量方案一般对于 1 km(指贯通导线测量总长度)以下的贯通可以选择井下Ⅱ级导线测量，采用 6″级全站仪或 6″级电子全站仪观测；同样条件下对于 1～4 km 的贯通则应当选择井下Ⅰ级导线测量，采用 2″级全站仪或 2″级电子全站仪观测。

(4) 井下导线测量和井下高程测量。

(5) 根据井下导线测量和井下高程测量成果计算贯通测量要素，包括贯通距 L、指向角 β、贯通倾角 δ 等；

(6) 贯通测量工作的实施。

（二）水平巷道的贯通测量

如图 9-18 所示要在一号石门和二号石门间开掘集中运输平巷，并且分别由 A、B 两点相向开掘贯通。为此，要进行以下测量和计算工作：

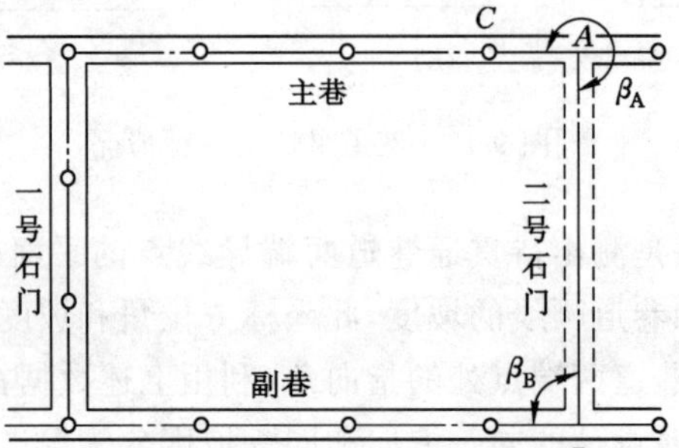

图 9-18　水平巷道贯通示意图

1. 准备工作

由掘进点 A 至 B 布设井下全站仪导线和水准路线或三角高程测量路线，具体测量方案和精度要求应当根据该贯通测量设计说明书进行，然后根据测量成果计算出 A、B 点的平面直角坐标(x_A, y_A)、(x_B, y_B)和其高程 H_A、H_B。

2. 计算贯通测量的几何要素

(1) 计算贯通巷道中心线的方位角 α_{AB}

$$\alpha_{AB} = \arctan\frac{y_B - y_A}{x_B - x_A} = \arctan\frac{\Delta y_{AB}}{\Delta x_{AB}} \tag{9-15}$$

(2) 计算 A、B 处的指向角

$$\beta_A = \alpha_{AB} - \alpha_{AC} \tag{9-16}$$

$$\beta_B = \alpha_{BA} - \alpha_{BD} \tag{9-17}$$

(3) 计算 A、B 间的水平距离

$$D_{AB} = \sqrt{\Delta x_{AB}^2 + \Delta y_{AB}^2} \tag{9-18}$$

(4) 计算贯通巷道的倾角

$$\delta_{AB} = \arctan\frac{\Delta H_{AB}}{D_{AB}} \tag{9-19}$$

对于水平巷道，δ_{AB}比较小，一般只是按流水坡度设计。

(5) 计算 A、B 间的斜长

$$S_{AB} = \sqrt{D_{AB}^2 + \Delta H_{AB}^2} \tag{9-20}$$

对于水平巷道来说，A、B 间的斜长与水平距离几乎相等。

3. 根据贯通几何要素标定贯通方向线

分别在 A、B 点安置全站仪，后视 C、D 点，按指向角 β_A、β_B 分别给出贯通巷道的中线，每组中线点应为 3 个，其点间距应当大于 5 m；用水准仪按倾角 δ_{AB}分别在 A、B 处给出贯通巷道的腰线，每组腰线点应为 3 个，腰线点距设计底板的高度一般为 1 m，并且应当标设到两帮。当需要安装激光指向仪时，则应当提前安置好安装架和接线盒，并按照上述方法安装。这时其中线点位置和腰线点距设计底板的高度，可以按照激光点的实际高度以书面形式告知施工队。

4. 收尾工作

随着巷道贯通的掘进，还应当及时进行中线和腰线的检查、调整和延长测量，以及贯通偏差的测定与调整等测量工作。

(三) 倾斜巷道的贯通测量

如图 9-19 所示，上、下平巷和一号下山已掘好，二号下山正由下向上开掘至 B 点，现为加快掘进速度，欲上、下同时开掘。这种贯通的特殊性在于上部开切点 P 位置是未知的，为此首先应确定 P 的位置。

确定 P 点的位置的方法主要有三种：第一种是根据 A 和 C、B 和 D 的坐标，列出直线方程，求解出交点 P 的位置。这种方法解联立方程的工作相当繁杂，一般不予采用。第二种方法是根据三角学的基本知识进行解算，由于在设计中 A、B 的坐标已知，从而可求出它们间的水平距离和方位角，这样我们就可根据正弦定理求得三角形各边的边长，从而确定出 P 点的位置。第三种是直接根据图上巷道的设计，由图上量取 P 点位置的设计坐标。

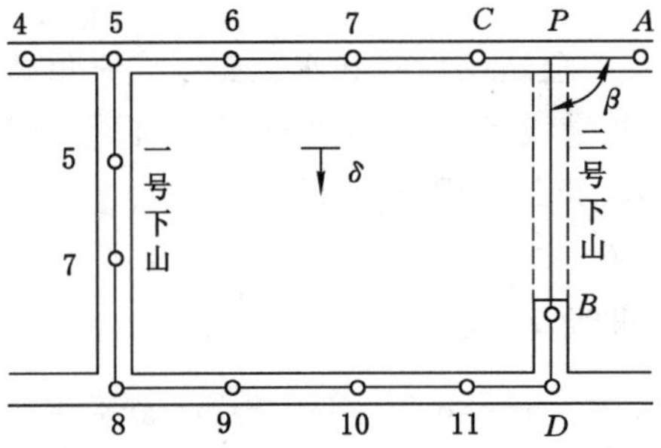

图 9-19　倾斜巷道贯通示意图

P 点确定后，即可根据已知点坐标测定出其高程 H_B，然后即可计算出贯通要素 β（指向角）、δ（倾斜角）和 L（贯通距），从而标定贯通巷道的中线和腰线。具体贯通测量的实施步骤和要求与水平巷道的贯通基本相同。

此外在井下巷道贯通中，往往有沿岩层走向方向布置的巷道，即沿导向层进行水平巷道贯通，当岩层的倾角大于 30°时，可以只标定出腰线，而不需要给中线，但这时腰线必须严格掌握，因为腰线如果偏差，不仅会影响贯通的竖直方向，而且会影响贯通的水平方向。当沿煤层顶板或底板贯通巷道时，则只需要标定出中线。

三、两井间巷道贯通测量

两井间的巷道贯通是指在巷道贯通前不能由井下的一条起算边向贯通巷道的两端敷设井下导线的贯通。其贯通路线要经过地面，一般要通过两个以上的井口。这类贯通与一井之内的贯通有较大的不同，主要考虑采用同一坐标高程系统，要顾及地面控制网的误差对贯通的影响。由于这类贯通的特点是两井都要进行联系测量，并且在两井之间要进行地面测量，而联系测量的误差都较大，测量路线较长，所以积累的误差较大。必须采用更精确的测量方法和更严格的检查措施来保证正确贯通。下面通过一个典型例子来说明如何进行这类贯通测量工作。

图 9-20 为某矿中央回风上山贯通的立体示意图。该矿用立井开拓，主、副井在－425 m 水平开掘井底车场和水平大巷。风井在－70 m 水平开掘回风巷。中央回风上山位于矿井的中部，采用相向掘进的方式施工，甲掘进队由－425 m 水平井底车场 12 号碹岔绕道起，按一定的倾角向上掘进。同时，乙掘进队由－125 m 水平的 2000 石门处向下掘进。

从井巷布置情况来看，有两个方案可供选择。

第一个方案：由主、副井向－425 m 水平进行立井的联系测量，测得－425 m 井底车场内的 III_{01}—III_{02} 这条起始边的坐标方位角、III_{02} 点的坐标和高程，并从该起始边测量导线和水准路线到中央回风上山的起坡点处。地面布设导线和水准线路连接主、副井和风井，由风井向－70 m 水平进行一井定向和导入高程测量。从传递到风井－70 m 水平的 I_{01}—I_{02} 起始边向 2000 石门布设导线和高程路线到中央回风上山的上端。

第二个方案：由主、副井的－125 m 水平向－425 m 水平进行立井的联系测量，测得－425 m 井底车场内的 III_{01}—III_{02} 这条起始边的坐标方位角、III_{02} 点的坐标和高程，并从该起始边测量导线和水准路线到中央回风上山的起坡点处。－125 m 水平则由该水平在主、副井处的车场测量导线和水准路线沿－125 m 水平巷道测量到－125 m 水平运输巷，再从 2000

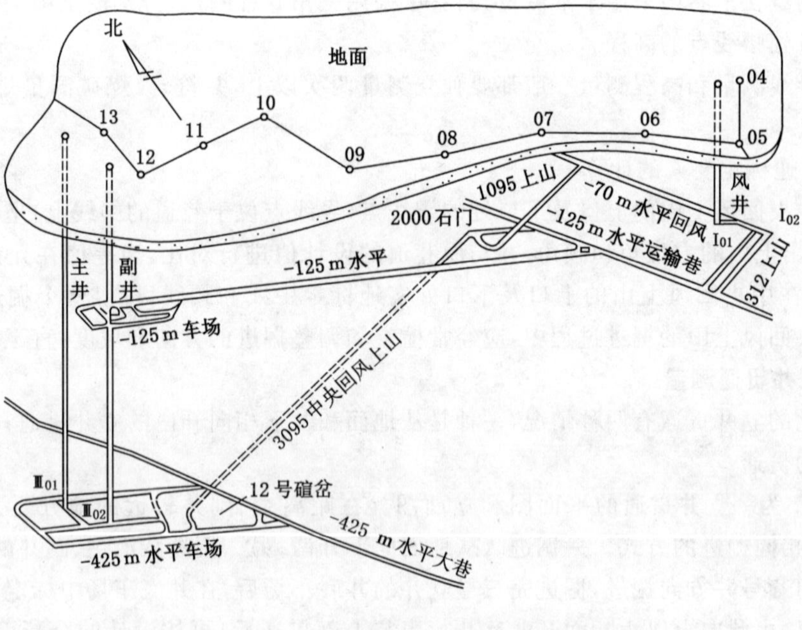

图 9-20　两井间的巷道贯通示意图

石门布设导线和高程路线到中央回风上山的上端。

两个方案各有利弊，由于－125 m 水平巷道较窄，巷道变形较大，测量条件较差，会引起较大的贯通测量误差，所以最终选择了第一方案。其施测具体方法如下：

(1) 主、副井与风井之间的地面联测

两井间的地面联测可以采用导线、独立三角锁或在原有矿区三角网中插点等方式，也可以采用 GPS 定位。因为地面比较平坦，故地面采用导线联测。先在主、副井附近建立近井点 12 号点，在风井附近建立近井点 05 号点，再在 12 号点与 05 号点之间测设导线，并附合到附近的三角点上作为检核。

地面高程测量采用的方式是在两井之间进行四等水准测量，求出近井点 12 号点和 5 号点的高程。地面测量一般需独立进行两次，取平均值进行计算。

(2) 主、副井和风井的联系测量

主、副井和风井的联系测量既可以采用陀螺定向的方式，也可以采用几何定向的方式。由于该矿没有陀螺仪，故采用几何定向的方法。主、副井的联系测量采用两井定向方法，求出井下起始边Ⅲ_{01}—Ⅲ_{02}的坐标方位角和井下起始点Ⅲ_{02}的坐标。风井的联系测量采用一井定向法，求出井下起始边Ⅰ_{01}—Ⅰ_{02}的坐标方位角和井下起始点Ⅰ_{01}的坐标。

主、副井和风井均采用长钢丝法导入高程，将 12 号和 05 点的高程传递到井下的起始点上。

矿井联系测量工作均需独立进行两次，取平均值进行计算。

(3) 井下导线测量和高程测量

从－425 m 水平井底车场的井下起始边Ⅲ_{01}—Ⅲ_{02}开始，敷设导线到中央回风下山的下口，再从风井井底的井下起始边Ⅰ_{01}—Ⅰ_{02}开始敷设导线到中央回风上山的上口。如果条件允许，导线应尽可能布设成闭合环形作为检核。

高程测量在平巷中采用水准测量，斜巷中采用三角高程测量，分别测出中央回风上山的上口及下口处腰线点的高程。

井下导线测量和高程测量一般都要独立测量两次以上，并符合《煤矿测量规程》的相关规定要求。

(4) 贯通标定要素的计算

根据中央回风上山的上口及下口处的导线点(导线点位于巷道的中线上)坐标及腰线点高程，反算出上山的方位角和倾角，并与原巷道的设计值进行对比，当差值在允许范围之内时，则分别在中央回风上山的上口及下口处实地标定中线和腰线，以供两个掘进队相向掘进。在中央回风上山的掘进过程中，应经常检查和调整掘进的方向和坡度，直至正确贯通。

四、立井贯通测量

最常见的立井贯通有两种情况，一种是从地面和井下相向开凿的立井贯通；另一种是延深立井时的贯通。

图 9-21 为一立井贯通的平面图和立面图。在距离主、副井较远的地方要开凿三号立井，并采用相向掘进的方式。一掘进队从地面向下开凿；另一掘进队沿主、副井的下部车场、运输大巷向三号井方向掘进，掘进完三号立井的井底车场后，在井底车场中标定出三号井筒的中心位置，由此向上以小断面开凿反井。当与上部贯通后，再按设计的全断面刷大成井。当然也可以按全断面相向贯通，但这样对贯通提出更高的精度要求，增大测量工作的难度。

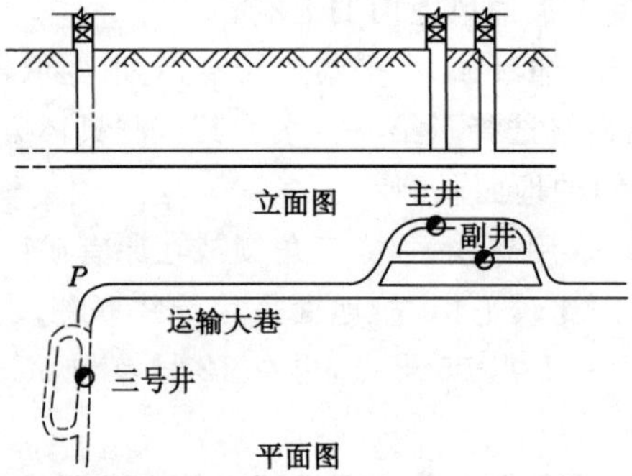

图 9-21　立井相向贯通

该贯通测量的工作内容大致如下：

(1) 进行地面联测，建立主、副井和三号井的近井点。地面联测方案可根据两井间的距离和本矿现有仪器设备条件而定。

(2) 以三号井的近井点为依据，根据设计坐标实地标定出井筒中心的位置，指示掘进人员从地面向下施工。

(3) 从主、副井进行联系测量，测定井底车场内井下导线起始边的坐标方位角和起始点的坐标。

(4) 在井下沿运输大巷测设导线，直到三号井井底车场出口 P 点。

(5) 根据三号井的井底车场设计的巷道布置图，计算由 P 点标定三号井中心位置的标定要素，并标定出三号井的中心位置。牢固地埋设好井中标桩及井筒十字中线基本标桩，此后便可开始向上以小断面开凿反井。

(6) 一般说来，在立井贯通中，高程测量的误差对贯通的影响很小，最后可根据井底的高程推算立井的深度。当三号立井的上、下两端井筒剩余 10～15 m 时，要下达贯通通知书，停止一端的掘进工作，并采取相应的安全措施。

技能训练 11　隧道中线的标定及延伸

1. 内容与要求

(1) 标定直线隧道的方向并延伸中线。

(2) 根据图纸的设计要求，用全站仪标定新开隧道的位置和掘进方向，标定隧道中线。

(3) 根据已知中线点延长隧道中线。

2. 方法和步骤

(1) 隧道开切位置、方向的标定(图 9-22)

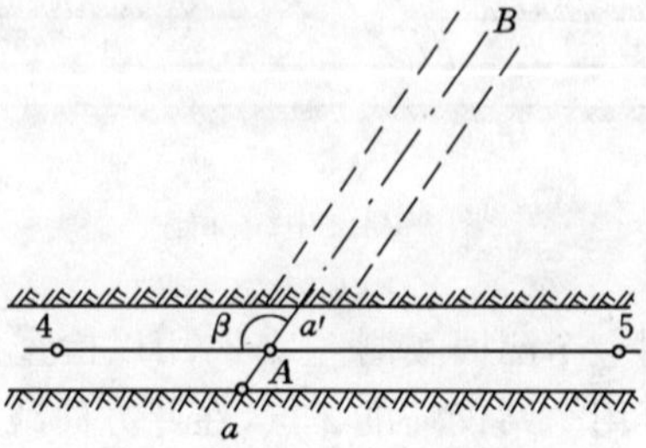

图 9-22　直线隧道中线标定

首先熟悉图纸，了解设计隧道的几何关系，检查图上的给定数据。

① 计算标定数据

$$\beta=\alpha_{AB}-\alpha_{A4}$$

$$S_{4A}=\frac{y_A-y_4}{\sin\alpha_{4A}}=\frac{x_A-x_4}{\cos\alpha_{4A}}$$

$$S_{A5}=\frac{y_5-y_A}{\sin\alpha_{A5}}=\frac{x_5-x_A}{\cos\alpha_{A5}}$$

式中　α_{AB}——设计隧道中线的坐标方位角；

x_A、y_A——设计隧道的起点坐标；

x_4、y_4、x_5、y_5——导线点坐标。

② 标定隧道的开切地点和掘进方向

a. 将全站仪安置于 4 点，瞄准 5 点垂球线，在此方向上量取 S_{4A} 定出 A 点并标设在顶板上。再量取 S_{A5} 检查 A 点的正确性。

b. 在 A 点安置全站仪，后视 4 点转 β 角值，此时望远镜视准轴所指的方向即为设计隧道掘进方向。

c. 一人手执电筒(或矿灯)在司仪者指导下沿隧道一帮移动，当电筒移到视准轴方向线上时，即在帮上打一标记，过此标记画一铅垂线，即为隧道中线。

d. 根据仪器视准轴方向，在 A 点之前或后方顶板上再标定两个中线点，即由三点组成一组中线点，表示隧道掘进的方向。

(2) 隧道中线的标定

新开掘的隧道掘进 6～9 m 后，应用全站仪正式标出一组中线点，每组中线点不得少于 3 个点，点间距离不得小于 2 m。

① 检查 A 点是否有位移或破坏。

② 经检查认为 A 点无位移后，将全站仪安置在 A 点，用盘左后视 4 点，在水平度盘上转出 β 角值，在隧道顶板上距工作面 5 m 左右给出 2′点，用盘右再给出 2″点，取其 2′、2″两点中间点为 2 点，则 2 点即为隧道中线点。如图 9-23 所示。

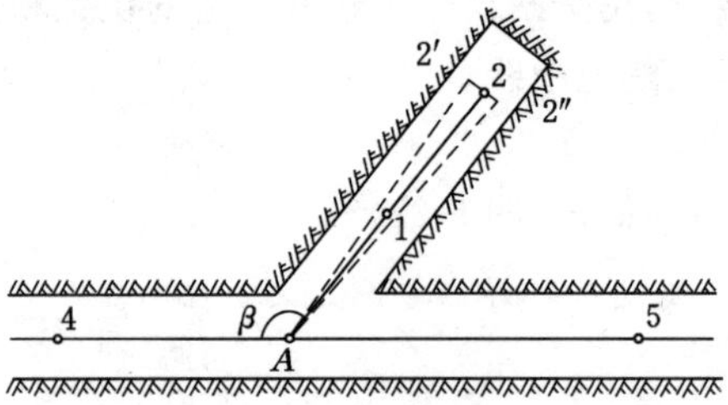

图 9-23　中线标定

③ 然后在 2 点挂垂球，用一个测回实测∠4A2，用以检查角 β 是否正确。

④ 经检查角 β 无误后，再用全站仪瞄准 2 点，在此方向线上的顶板或棚顶上标出 1 点。A、1、2 三点即为一组中线点，在三点上挂上绳线。

(3) 隧道中线的延伸

一组中线点可以指示隧道掘进 30～40 m。随着隧道的掘进，隧道中线要向前延伸才能指导隧道的掘进。

① 首先检查原中线点是否有移动，如 B 组中线点 B、1、2、3 是否在一条直线上，如图 9-24 所示。若其中有三点在一条直线上，便使用这三个点延伸。

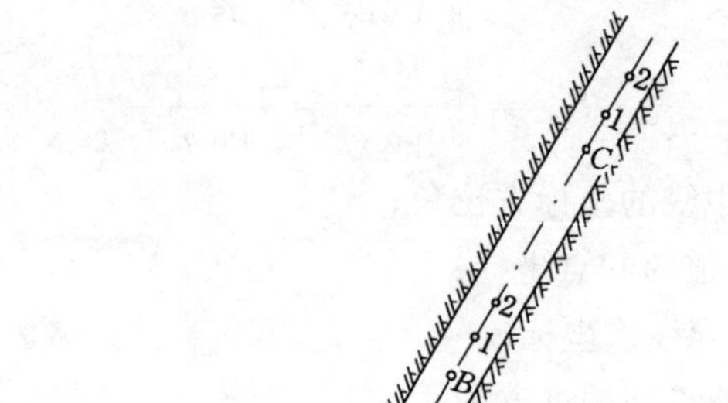

图 9-24　中线延伸

② 经检查认为无误后将全站仪安置在 B 点，用盘左后视 A 点，转 180°沿视准轴方向定出一点，取其中间点 C 为新中线点。也可用瞄直法或拉线法。

③ 用全站仪瞄准 C 点，再于此方向上定出 1、2 点，则 C、1、2 三点即为延伸的一组隧道中线。

④ 在各组中线点中选出一点作为导线点，如 A、B、C 等点，以备进行采区导线测量时检查中线的正确性。

3. 注意事项

(1) 隧道中线是控制隧道水平方向的重要指向线，因此标定时一定要细心，要做检查，发现问题及时纠正，不应以其简单而轻视。

(2) 中线点要选在不易被爆破时岩块冲击的地方，而且岩石一定要坚固，若设在棚梁上，更要注意棚子的稳固性。

思考与练习

1. 地下工程平面控制网布设形式有哪几种？

2. 何为一井定向、两井定向？

3. 井下高程导入方式有哪几种？

4. 隧道盾构施工法有哪些优点？

5. 在隧道内施工如何标定中线和腰线？

6. 图 9-25 中，水准点 A 的高程 $H_A=-54.5$ m，水准仪在后视水准尺 A 上的读数 $a=1.5$ m，新巷起点 O 的轨面高程 $H_O=-54.3$ m，坡度 $i=-3‰$，距离 $l_1=40$ m、$l_2=30$ m，腰线距轨面垂高 1 m。则：

① 计算腰线点 1、2 的高程 H_1、H_2 及其与视线的垂直距离 b_1、b_2；

② 简述标定腰线点 1、2 的方法。

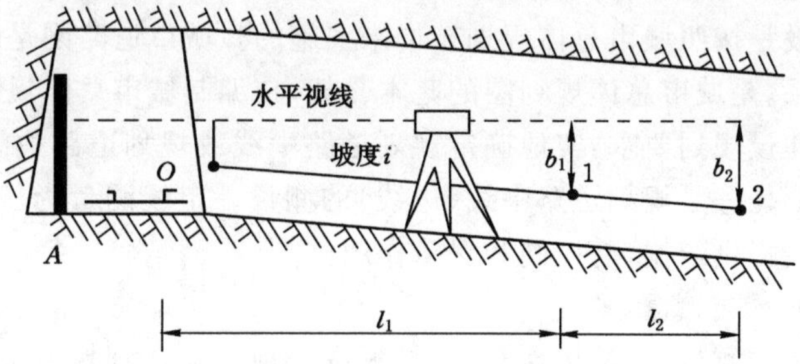

图 9-25　水准仪标定腰线

项目十　规划与市政工程测量

任务一　规划定线与拨地测量

知识要点

规划道路定线测量(简称定线测量)主要工作内容;建筑用地界址拨地测量(简称拨地测量)主要工作内容。

技能目标

了解定线测量的基本技术要求,掌握定线测量的基本方法;了解拨地测量的基本技术要求,掌握拨地测量的基本方法。

一、测量内容与要求

城乡规划测量是为服务城乡建设规划管理而进行的工程测量工作,其主要工作内容包括规划道路定线测量(简称定线测量)及建筑用地界址拨地测量(简称拨地测量)。

(一) 概述

1. 规划道路定线测量

现代化城市建设是按照城市总体规划布局来实施的。城市道路网是由城市范围内所有道路组成的一个体系,是城市总体规划图的基本骨架,在编制城市总体规划时就已拟定。定线测量指根据城乡建设规划要求,实地确定规划道路中线或规划道路边线(规划道路红线)的测量活动。其主要任务是规划道路中线(边线)的测设。定线测量为城市详细规划、拨地测量和建设工程定线提供依据,起控制和保障作用。

2. 建筑用地界址拨定测量

建筑用地界址拨定测量(简称拨地测量)是根据土地转让或划拨审批的用地位置,实地确定用地边界的测量活动。其主要任务是建设用地界桩的测设。拨地测量确定的界桩作为建筑物定位、施工放线和验线的控制桩,是建设工程施工和土地管理的法律依据。

(二) 定线测量和拨地测量工作内容

定线测量和拨地测量工作内容包括资料收集、平面控制测量、条件点测量、计算及测设、资料整理等。

1. 资料收集

(1) 定线测量应根据定线条件收集拟定线规划道路及相关规划道路定线资料。

(2) 拨地测量应依据拨地设计条件收集有关资料并核实与规划道路、已有拨地测量成果的关系。

定线测量和拨地测量应按照城市规划行政部门下达的定线、拨地设计条件进行。规划用地拨地红线图是拨地测量工作的唯一依据。

2. 平面控制测量

定线测量和拨地测量一般采用现行的《城市测量规范》作为技术指标。定线测量和拨地测量采用的平面坐标系统应符合当地测绘行政主管部门的规定。

3. 条件点测量

条件点是对实现规划条件有约束作用的点位，如指定范围内现状道路中心线、路边线、围墙或界址点等，条件点位置的选择应控制在指定范围的2/3。条件点测量完成后，为防止条件点位置选错，故强调展绘到地形图上与定线条件附图校核。

4. 计算及测设

测量结果计算前，应先熟悉定线、拨地条件，了解有关的定线测量、拨地测量资料，检查外业工作程序和手簿记录均符合要求后，再进行计算。定线测量成果和拨地测量成果应展绘到地形图上，当与定线条件相差较大时，应分析原因并与定线条件拟定人联系。

5. 资料整理

定线测量资料整理应符合下列规定：

(1) 定线测量资料应包括定线条件、定线沿革、定线成果、工作说明、工作略图、内外业测算手簿、检验报告、附图、原有定线条件及其成果等内容，并应顺序装订成册，作为归档资料的正本；定线成果宜另行装订成册，并为归档资料的副本。

(2) 定线沿革应填写本次定线条件下达日期、条件编号、规划道路起止和路宽等简明情况。规划道路网的每一条路应分别记录本次定线条件下达日期、条件编号、规划道路起止和路宽等简明情况。

(3) 定线成果宜包括中线各点点名、坐标、各线段方位角、边长、路宽、含曲线元素的成果略图等内容。

(4) 工作说明应简要说明本次定线的计算过程，着重说明计算中的难点和特殊问题的处理情况。规划道路网的工作说明可分别陈述。

(5) 工作略图应表示各相关道路及条件点与本次定线的关系。规划道路网工作略图应集中绘制。

(6) 规划道路全线废除时，应将定线条件装订进正本，并填写定线沿革，副本应撤销。

(7) 规划道路网中每条规划道路的各项资料应与路网内其他规划道路的相应资料合并后依顺序装订成册。

(8) 规划道路全线废除时，所有相关规划道路的定线测量资料应变更。

拨地测量资料整理应符合下列规定：

(1) 拨地测量资料宜包括拨地条件、拨地成果、工作说明、工作略图、内外业测算手簿、检验报告、附图等内容，并应按顺序装订成册。

(2) 拨地成果宜包括成果通知单及成果略图。成果通知单宜包括用地桩点点名、坐标、各线段边长、指示桩与用地桩点的距离等内容，成果略图宜包括用地边界及用地桩点、相邻规划道路等内容，并应标注用地面积、规划道路名称等，实钉桩点应突出表示。

(3) 工作说明应描述控制点布设、条件坐标计算、测设等情况，未实钉的桩点应说明。

(4) 工作略图应表示用地边界、相邻规划道路、各用地桩点的拨地情况、曲线半径、规划道路名称、各路段方位角和路宽等内容。

(三) 定线测量和拨地测量基本技术要求

定线、拨地测量应按照城市规划行政主管部门下达的定线、拨地设计条件进行。规划用地拨地红线图是拨地测量工作的唯一依据。

定线、拨地测量采用的坐标系统和高程系统应符合当地测绘行政主管部门的规定，一般采用《城市测量规范》(CJJ/T 8—2011)作为技术标准。平面控制测量可在城市等级控制网的基础上布设三级导线或导线网或采用 GPS 技术布设相应等级的控制点。直接采用已有平面控制点测设时，应校核平面控制点间的角度和边长并记录。控制点的校核限差应符合表 10-1 的规定。边长小于 50 m 的实测边长与条件边长之差应在±20 mm 之内。

表 10-1 控制点的校核限差

检测角与条件角较差 /(″)	实测边长与条件边长的相对误差	校核坐标与条件坐标的点位较差 /mm	高差较差 /mm
30	1/4 000	50	$\pm 10\sqrt{n}$

注：$\sqrt{n}$ 为测站数。

定线、拨地测量宜采用 1∶500～1∶2 000 比例尺地形图作为展绘底图。

二、规划定线测量

(一) 定线方法

定线测量方法一般分为图解法和解析法。

1. 图解法

在地形图的两底图上，量取道路中心线或红线与邻近地物点的相对关系的图解数据，然后在实地直接依据这些图解数据来确定所在位置，这种在图上量取数据的方法称为图解法。

图解法定线的精度取决于设计红线用的地形图的精度、比例尺大小、图纸伸缩以及图幅拼接精度等因素。一般来说，其定线精度较低。这种方法仅适用于一般地区线路工程的初测及其占地、房屋拆迁的定线测量。

2. 解析法

目前一般采用解析法，解析法是将规划道路中线上的特征点的坐标及特征点间的方位角、距离等设计数据(通常称为定线条件)作为定线的依据。通过计算和测量手段，将中线放样到实地，并用坐标数据来表示整个线路的确切位置。根据作业方法的不同，解析法定线测量又分为解析实钉法和解析拨定法。

(1) 解析实钉法

根据规划红线图上所提供的定线条件，在实地直接定出特征点的位置，随后测定这些点的点坐标。解析实钉法是在实地直接定线，适用于通视条件较差或道路尚未成形地区。当线路较长或通视条件较差、障碍物较多的地区作业较困难，且精度也不高时，一般只适用于建筑控制线的钉界。

在具体工作过程中，采用解析实钉法时，应根据定线条件中所列规划道路中线与现状地物的相对关系，实地用仪器定出路中线位置；然后联测中线的端点、转角点、交叉点及长直线加点的坐标；再计算确定各线段的方位角。

(2) 解析拨定法

适用于通视条件较好或基本控制点密度较小的地区，作业过程一般为前期准备工作、控制测量、地物点测量、条件坐标推算、条件点测设和检核。在具体工作过程中，采用解析拨定法时，应根据定线条件，布设导线测定条件中指定的地物点坐标，以推算中线各主要点坐标及各线段的方位角。如果定线条件拟定的是规划道路中线主要点的设计坐标，则直接作为条件进行检核，再计算确定中线各分段的距离和方位角，然后用导线将各主要点及每间隔150～300 m 的直线加点测设于实地。对于各直线加点，应选择两点作为基准线来进行验直，采用作图方法求得最或是直线，量取改正数现场改正点位。

(二) 定线条件

定线条件即每条规划道路的起止、走向、转折、路宽等审批认可的详细规划方案，并以文字加略图表述作为定线测量的依据。拟定的定线条件必须严密，不能模棱两可、互相矛盾。由于各规划道路的具体情况不同，其定线条件也各不相同。

(1) 根据道路中线与地物的相对关系确定定线条件。例如，规划道路中线与现状道路的中线重合或平行，或与沿线的建筑物墙面平行等。

(2) 根据规划设计部门提供的规划道路中线各主要点(起点、折点、交叉点和终点)的设计坐标(包括解析坐标或图解坐标)。

有些城市的规划部门并不提供规划道路中线的设计坐标和定线条件，仅提供大比例尺标有规划道路红线的蓝图，图上仅绘规划红线的位置、走向、路宽、曲线半径等。测绘部门须根据红线蓝图判别和确定定线条件，计算求出中线上各特征点的坐标。确定和判别定线条件的方法有：

① 量测中线的图解坐标。在红线蓝图上量取规划道路中线上点的坐标，计算出中线方程并推算出各特征点(如交叉点、折点)的图解坐标，采用图解坐标定线。

② 实测建筑物或现状道路中线坐标。在图上判明规划道路中线与沿线的建筑物平行或与道路的中线平行，应在实地采集建筑物或道路中线上点的坐标，然后确定规划道路中线的直线方程和推算各特征点的坐标，采用实测坐标定线。

③ 中线图解坐标与建筑物实测坐标相结合。若单用中线图解坐标，由于地形图精度关系，则不能满足与有关建筑物的相关位置。若单用实测建筑物坐标又不能控制道路全线的方位，在此情况下宜采用图解和实测相结合的方法，才能满足规划设计意图。

(三) 定线实施

当规划道路为已建道路时，已有等级导线点的，不实定中线；无等级导线点的，则实定中线，其中线点以后需与等级导线联系。

当规划道路尚未形成，对于建设急需的道路应实定中线；对不急需、中线点又不易保存的线路，可暂时不实定，只测求中线主要点的坐标与各线段的方位角。

规划中线不能通视时，可在规划红线内能通视的地方用平行移轴法实定轴线，略图上注明轴线与中线的间距，也可直接定出红线。

全线定完后，中(轴)线点应顺序编号，主要中(轴)线桩位应进行加固或换埋标石，并绘点之记。

三、拨地测量

(一) 拨地方法

拨地测量方法与定线测量方法类似。

1. 解析实钉法

根据拨地条件中用地边界与规划道路或指定地物的相对关系，按给定的距离、夹角等测设各界桩，然后利用导线采用极坐标法检核各桩点坐标。

2. 解析拨定法

首先用导线测定拨地条件中指定地物点的坐标，或利用邻近原有拨地界桩的坐标，计算各界桩的条件坐标，然后根据计算的测设数据用导线将界桩测设于实地并检核。

(二) 拨地实施

当拨地定桩遇障碍物时，障碍物在边界上的，可平行移轴求得；障碍物在桩位上不能实钉的，可在用地边界上钉指示桩。指示桩与应钉桩位的距离应在有关资料中注明。

四、质量控制与成果归档

(一) 校核测量

在定线、拨地测量过程中，应进行校验测量。校验测量包括控制点校验、图形校验和坐标校验。

定线、拨地测量时，直接利用已有的控制点应进行角度、边长等校验；拨地测量时，规划道路中线转角、交角与边长也应校验，直线上的三点应验直，确保点位无误后方可使用。

图形校验和坐标校验要求有效和适当。定线、拨地测量的条件点坐标可在地形图上展点校验。定线、拨地测量的精度要求见表 10-2。

表 10-2　定线、拨地测量校验限差

类别		检测角与条件角较差/(″)	实量边长与条件边长较差相对误差	校核坐标与条件坐标计算的点位较差/cm
定线	主干道	30	1/4 000	5
	次干道、支路	50		
拨地		60	1/2 500	

(二) 成果归档

定线、拨地测量成果的整理归档一般应包括：

(1) 定线条件或拨地条件。

(2) 外业观测、计算资料。

(3) 点之记(定线测量资料)。

(4) 条件坐标成果表。

(5) 技术总结及略图。

任务二　规划监督测量

知识要点

规划监督测量中的放线测量；规划监督测量中的灰线验线测量；规划监督测量中的±0层验线测量和验收测量。

技能目标

了解规划监督测量的主要工作内容；掌握规划监督测量的基本方法。

一、规划监督测量的主要内容

规划监督测量是根据建设用地规划许可证、建设工程规划许可证件及规划管理部门的要求，实地验证建筑物位置、高程等与规划核准数据符合性的测量活动。其主要工作内容包括建设工程的放线测量或灰线验线测量、±0层验线测量和验收测量。

1. 规划监督测量的准备工作

规划监督测量的前期准备应依据城市规划主管部门出具的条件，收集有关的定线测量、拨地测量等资料，制订测量方案。

2. 控制测量

规划监督测量一般采用现行的《城市测量规范》作为技术指标，采用的平面系统和高程基准应符合当地测绘行政主管部门的规定。

规划监督测量的平面控制测量与定线测量和拨地测量工作平面控制测量一致。规划监督测量的高程控制测量，若采用水准测量方法时，技术指标不应低于图根水准测量的规定。水准线路高程闭合差可按$\pm 10\sqrt{n}$ mm（$\sqrt{n}$为测站数）执行。若采用电磁波测距三角高程测量方法时，线路长度不应大于4 km，测距边长不应大于500 m，技术要求应符合图根电磁波测距三角高程测量的规定。

3. 条件点（验测点）测量

规划监督测量中条件点（验测点）的选择应依据城市规划主管部门出具的条件和现场实际情况选定。

条件点是指用于计算拟建建（构）筑物与周边地物关系的待测点。条件点的测设，应在两个测站上用两个不同的起始方向按照极坐标法或两组前方交会法测量。交会距离宜小于100 m，交会角宜在30°～150°之间。两次测量坐标限差为±5 cm。在平坦地区用极坐标法可不测垂直角。

验测点是指施工单位所放建（构）筑物首层外墙皮的拐点。验测点的测量方法和精度与条件点相同。

二、放线测量

1. 放线测量的工作内容

放线测量通常包括建筑物定位测量、施工放线测量两项内容。

(1) 建筑物定位测量

建筑物定位测量根据建筑规划定位图，在施工现场测设出建筑物外廓轴线(灰线)交点的定位桩(角桩)，作为施工放线的依据。规划放线测量通常是指该项工作。

(2) 施工放线测量

施工放线测量是根据定位桩和建筑物底层施工平面图，测设出所有建筑物定位桩，该项工作一般由施工单位实施。

2. 放线测量工作流程

(1) 前期准备：依据规划部门下发的放线条件，收集有关工程的资料及已有拨地成果，制订测量方案。

(2) 条件点测量：该项测量工作步骤与要求同规划定线测量。

(3) 计算建筑物放线桩条件坐标。

(4) 实地钉桩并进行校核测量。

(5) 编制拟建建(构)筑物条件坐标成果表、工作说明、略图及后续的资料。

(6) 检查验收并提交放线测量成果。

3. 放线测量内业计算

放线测量内业计算应符合下列规定：

(1) 应依据城市规划主管部门出具的条件、条件点坐标和施工图等资料，计算建(构)筑物外墙角点坐标。

(2) 计算拟建建(构)筑物各轴线交点坐标时，应保证外墙角点满足城市规划主管部门出具的条件。

(3) 桩点应编号，且同一工程的桩点编号不应重复。

(4) 拟建建(构)筑物放线不满足规划条件时，应经城市规划主管部门调整后再予放线。

4. 放线成果资料整理

放线测量成果资料整理应符合下列规定：

(1) 应编制放线测量成果表，且内容包括点号、点间距离、坐标等；非正式桩点可只提供相关距离，成果表内绘制拟建建(构)筑物放线示意图。

(2) 资料内容包括放线测量通知单、放线测量成果表、工作说明及工作略图、内业计算簿、外业测算簿、工程测量交桩书、检验报告表和平面设计图，并应按顺序装订。

(3) 工作说明宜描述控制测量、条件点的施测情况、桩点测设情况、作业中的特殊问题等。

(4) 工作略图按比例绘制，内容包括拟建建(构)筑物略图、规划道路名称、拟建建(构)筑物与四至关系等，实钉桩点宜标识。

三、验线测量

1. 验线测量的主要工作内容

规划验线测量分为两个阶段：灰线验线测量和±0 层验线测量。

(1) 灰线验线测量

灰线验线是在建筑工程完成施工放线后、基坑开挖前，为确保建设单位放线正确无误，对施工放线是否符合建设工程规划许可要求进行检验。

灰线验线测量应按规划管理部门审批的放线附图和相应的建筑施工图，再结合拟建建

(构)筑物与四周主要建(构)筑物和道路中心线的距离对拟建建(构)筑物的灰线进行验线测量。当拟建建(构)筑物的灰线不能满足要求时,应督促建设单位调整或报请规划主管部门调整。灰线验线测量的主要工作内容有条件点的测量、验测点的测量、拟建建(构)筑物四至距离的计算和建设工程测量成果报告书的编制。

(2) ±0 层验线测量

±0 层验线测量是在建筑工程施工至底层地面设计标高后(管线工程覆土、线路工程浇筑前),为确保建设单位按灰线验线结果正确施工,对建筑区外廓轴线位置及±0 层标高进行的检验。

±0 层验线测量应在拟建建(构)筑物基础施工完成后直接测量建(构)筑物基础主要角点坐标和±0 层的地坪高程,并与放线或灰线验线成果和经规划部门审批的建筑施工图进行比对,判断建(构)筑物基础部分与经规划部门审批的施工图的位置和地坪高程是否一致。

±0 层验线测量的工作内容包括条件点的测量、验测点的测量、四至距离的计算及建设工程测量成果报告书的编制。

2. 灰线验线测量内业计算

灰线验线测量内业计算应符合下列规定:

(1) 计算前应熟悉规划条件,了解有关资料,外业工作程序和手簿记录应符合要求。

(2) 应依据城市规划主管部门出具的条件、条件点坐标、验测点坐标和施工图等资料,计算建(构)筑物与四至的关系。

(3) 建(构)筑物每侧计算的数据应与规划许可证附图标注的数据对应。

(4) 验线测量宜检测涉及有四至距离的细部点位,也可验测外廓轴线点并根据施工图推求细部点位进行计算。

(5) 四至周边建筑未建时,可不计算间距,当有需要时,可依据其设计坐标计算。

(6) 桩点对应编号,同一工程的桩点编号不应重复,建(构)筑物的位置不满足规划条件时,应上报。

3. 灰线验线测量成果资料整理

灰线验线测量成果资料整理应符合下列规定:

(1) 应编制验线测量成果表,内容包括点号、点间距离、坐标等。

(2) 验线示意图宜绘制在成果表内,也可单独绘制,内容应与规划许可证附图相对应。

(3) 资料内容包括验线测量通知单、验线测量成果表、工作说明及工作略图、内业计算簿、外业测算簿、检验报告表和平面设计图,并应按顺序装订。

(4) 工作说明描述控制测量、条件点的施测情况、验测点测设情况、作业中的特殊问题等;工作略图宜按比例绘制,内容包括建(构)筑物略图、规划道路名称、拟建建(构)筑物与四至关系等。

四、验收测量

验收测量主要工作内容包括建筑物外部轮廓线的测量、主要角点距四至的距离测量和建筑物的高度测量等。其中,建筑物外部轮廓线测量主要包含轮廓线本身及规划许可证附图中标注的建筑外轮廓点位测量,具体测量方法及精度要求同定线条件点测量。主要角点距四至的距离测量与放线同,建筑物每侧应计算的数据与规划许可证附图中标注的位置、数据一一对应。建筑物的高度测量包括高度、层数及建筑物室外地坪的高程测定,可采用三角高程测量法或实量法。

根据需要，验收测量还可能包括建设工程现状地形测量、地下管线探测、建筑面积测量等。

规划监督测量成果应进行外业抽查和100%内业检查，做好质量检查记录并对发现的问题及时采取相应措施。

规划验收测量成果的整理归档一般包括如下内容：

(1) 规划许可证附件。

(2) 工程竣工测量成果报告书。

(3) 工作说明及略图。

(4) 条件坐标计算簿。

(5) 计算簿、外业观测簿。

(6) 检查报告和附图。

任务三　市政工程测量

知识要点

市政工程测量工作内容；立交桥测量。

技能目标

了解市政工程测量的主要内容；了解立交桥测量的基本方法。

一、市政工程测量的任务

1. 市政工程测量

市政工程主要分为道路交通工程、河湖水系工程、地下管线工程、架空杆线工程、街道绿化工程等。普通市政工程主要包括道路、桥梁、河道、堤防、管线工程。市政工程测量是指市政工程建设的设计、施工、竣工和运营阶段的工作。

市政工程测量工作内容一般包括控制测量、地形图测绘、中线测量、纵横断面测量、施工放样、变形监测等。

2. 市政工程测量的任务

市政工程测量的主要任务包括规划阶段的设计测量，建设阶段的施工测量、竣工测量，运营阶段的变形监测等。

(1) 设计测量

对于道路、管线、地下人行通道等带状工程，主要工作是中线测设，带状地形图和纵横断面测绘，并将测绘成果作为工程平面布置及高程、坡度等设计依据。

对于广场、立交桥、交通枢纽等非带状工程，主要是1∶500或者1∶2 000比例尺的地形图测绘和方格网高程图测绘。

(2) 施工测量

施工测量主要是中线桩位恢复和校测，以建筑物主要轴线和细部放样作为施工的依据。

(3) 竣工测量

竣工测量主要是细部点测定、竣工图编制。

(4) 变形监测

在建设和运营过程中，对重要桥梁、堤防和地质条件不良地段的工程建筑物进行变形监测，为鉴定工程质量、安全运营和工程研究等提供资料。

二、市政工程测量的控制测量

市政工程控制网的等级划分，GPS网、三角网和边角组合网依次为二、三、四等和一、二级；导线网则依次划分为三、四等和一、二、三级。

1. 平面控制

主要线路施测 1∶500、1∶1 000 比例尺带状地形图时，附合导线等级不应低于三级，技术要求应符合表 10-3 的有关规定；施测 1∶1 000 比例尺带状地形图时，附合导线长度与平均边长可放宽至表 10-3 规定的 2 倍。

山地线路电磁波测距导线测量的主要技术指标应符合表 10-3 的规定；导线超长时，全长闭合差不应大于 520 mm。施测 1∶5 000 比例尺带状地形图的线路或困难地区，导线相对闭合差可放宽至表 10-3 规定的 2 倍；导线超长时，全长闭合差不应大于 1 040 mm。

表 10-3　山地线路电磁波测距导线测量的主要技术指标

附合导线长度/m	测回数 DJ_6	测距仪器、方法与测回数	方位角闭合差/(″)	导线相对闭合差
1 000	1	Ⅱ级、单程、1	$\pm 60\sqrt{n}$	≤1/2 000

注：$\sqrt{n}$ 为测站数。

高速公路、城际快速路和其他精度要求高的线路，导线测量宜按一、二级导线的精度要求施测。规划市区和城镇范围外跨省市、跨区县的线路，宜符合现行行业标准《公路勘测规范》(JTGC 10—2007)的规定。

2. 高程控制

市政工程线路水准测量应符合下列规定：每 300 m 左右宜留设一个临时水准点，桥梁、隧道两端以及较大构筑物等处应按需要留设水准点，水准点的位置应设在施工范围以外，标志应明显、牢固、使用方便。

可采用水准测量方法或电磁波测距三角高程测量方法，主要技术指标应分别符合表 10-4 和表 10-5 的规定。

表 10-4　线路水准测量的主要技术指标

仪器类型	标尺类型	视线长度/m	观测方法	附合路线闭合差/mm
DS_3	单面	100	单程、后一前	$\pm 30\sqrt{n}$

注：$\sqrt{n}$ 为附合路线长度，km。

表 10-5 线路电磁波测距三角高程测量的主要技术指标

垂直角观测仪器类型	对向观测测回数		垂角较差与指标差较差/(″)	测距仪器、方法与测回数	对向观测高差较差/mm	附合路线闭合差/mm
DJ_2	三丝法	中丝法	≤10	Ⅱ级、单程、1	$\pm60\sqrt{n}$	$\pm30\sqrt{n}$
	1	2				

注：$\sqrt{n}$为测距边长度，km。

精度要求较高的市政工程的水准测量可按四等水准测量要求或根据需要另行设计。

三、立交桥测量

市政桥梁中的立交桥是高等级公路和交通繁忙城市道路不可缺少的组成部分，一般具有线形结构复杂、施工精度高的特点。立交桥施工测量的工作内容一般包括桥址地形图测绘、桥梁施工控制网建立、桥梁施工放样及桥梁竣工测量等。

1. 桥址地形图测量

为了桥址选择布置桥梁主体建筑物和附属建筑物，在桥址勘测中首先要进行地形图测绘，桥址地形图比例尺一般为 1∶500。桥址地形图应能全面正确地反映桥址区地形地貌，同时应满足局部或个别建筑物设计应用的特别需求，并应将现有各种地下管线资料绘注于地形图上。也可收集测区已有地形图资料，将立交桥周围道路状况及详细地表信息补测到已有地形图中，更新制作桥址地形图。当委托单位有要求时，可补测没有资料的地下管线检修井与其他需要的内容，必要时应进行地下管线探测与坑探，且坑探应经委托单位开挖后施测。同一立交桥桥址范围较大时，可分幅测绘，但应拼接成一张桥址地形图。

桥址地形测绘主要有两类：桥址方案平面图和桥址平面图。此外，有时需要测绘特殊需要的地图。

桥址方案平面图要求能满足选择桥址、桥头引线、概略布设桥头建筑物、导流设施和施工场地轮廓线的需要，踏勘过程中初步研究比较后有价值的各个桥址方案线都能在图上表示出来。桥头引线的延伸要结合线路选线达到各个桥址方案连接线的共同比较点。桥址方案线尽量用一张图测绘，多幅图可以连拼在一起且坐标系统应一致，以便于显示各个桥址方案的总体布局，比较桥头引线长度及其通过地段工程的困难程度。

桥址平面图是供桥梁平面设计应用的地形图，一般只对推荐的主要桥址方案或初测选定的桥址进行测绘，有时亦用于桥址平面控制网布网设计和选点。

2. 立交桥施工控制测量

(1) 平面控制

立交桥施工首级控制网主要控制桥轴线，次级网在首级网基础上布设，用于控制桥墩位置。首级控制网可布设成边角网、精密导线网、GPS 控制网。

建立平面控制网的目的是测定桥轴线长度和据以进行墩、台位置的放样；同时，也可用于施工过程中的变形监测。根据桥梁跨越的宽度及地形条件，平面控制网多布设成如图 10-1 所示的形式。

选择控制点时，应尽可能使桥的轴线作为三角网的一个边，以利于提高桥轴线的精度。如不可能，也应将桥轴线的两个端点纳入网内，以间接求算桥轴线长度。对于控制点的要求，除了图形刚强外，还要求地质条件稳定、视野开阔，便于交会墩位，其交会角不致太大或太小。

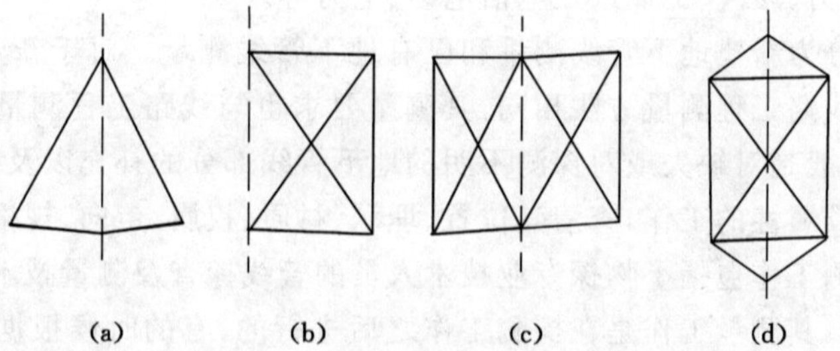

图 10-1　桥梁控制网布设形式

(2) 高程控制

高程控制网的目的是统一桥的高程基准面，也用于施工中高程控制点及变形监测需要。高程控制网的实测方法一般采用水准测量和测距三角高程测量。高程控制一般布设成附合路线。

高程控制网一般采用水准测量的方法建立，为了在高程变化时易于检查，则每岸至少设置两个水准基点。

水准基点是永久性的，必须十分稳固。除了它的位置要求便于保护外，根据地质条件可采用混凝土标石、钢管标石、管柱标石或钻孔标石。在标石上方嵌以凸出半球状的铜质或不锈钢标志。

桥梁水准点与线路水准点应采用同一高程系统。与线路水准点联测的精度不需要很高，当包括引桥在内的桥长小于 500 m 时，可用四等水准联测，大于 500 m 时可用三等水准进行测量。但桥梁本身的施工水准网则宜用较高精度，因为它是直接影响桥梁各部放样精度的。

3. 立交桥施工放样

立交桥墩台施工放样主要是墩台定位和轴线测设。立交桥的墩台一般不在线路中线，需要计算墩台中线坐标，然后进行墩台中心定位和轴线测设。在施工放样阶段，需要做好高程控制及施工放样检验。

任务四　地下管线工程测量

知识要点

地下管线测量的基本工作过程；地下管线测量的基本方法。

技能目标

了解地下管线测量的基本工作过程；掌握地下管线测量的基本方法。

一、城市地下管线测量概述

地下管线指埋设于地下部分的管线，这些管线包括两大类：地下电缆和地下管道；主要包括地下给排水、热力、燃气、工业以及电信电缆、电力等。

地下管线测量分为新建地下管线测量和已有地下管线测量。对于新建地下管线测量，其探测方法大致与线路工程测量方法相同，其测量要求也与线路工程测量要求一致。对于已有的地下管线，一般是对缺失或对探测不明的地下管线部分的补充以及事后补救，是确定地下管线空间位置及属性的工作，查清其位置、埋深、材质、权属、走向、规格、性质等属性。

地下管线的探测工作包括了物探专业技术人员的管线探查及测量技术人员的地下管线测绘，二者相互配合，其测量工作是在探测工作之后进行的，有的时候根据需要还要建立地下管线信息管理系统。其探查的主要工作是通过探测仪器查明地下管线的属性、埋深等属性并标记在地面上；然后对地面上标记的管线点的平面位置及高程进行测量，工作完成后绘制成图纸。

二、城市地下管线测量的任务分类

地下管线按照探测任务对象大致分为四类：住宅小区或者厂区管线探测、市政公用管线探测、专用管线探测及施工场地管线探测。

(1) 住宅小区或者厂区探测：需要根据要求，其探测范围要略大于小区和厂区探测范围，同时注意与市政公用管线的区分与接边。

(2) 市政公用管线探测：根据城市规划管理部门及建设部门的要求探测主干道、道路、广场等区域，探测清晰各种管线和附属设施之间的关系及连接。

(3) 专用管线探测：指根据某一种专业管线的设计规划要求，进行其单种管线探测，为某一部门服务，如城市自来水管网的探测。

(4) 施工场地管线探测：根据规划和管理部门的要求在施工场地进行，这些区域包括开挖和开挖后可能会波及的周边范围的区域，一般在施工之前进行探测来躲避可能会在施工过程中对现有管线造成的破坏。

三、城市地下管线探测

1. 地下管线探测的主要工作过程

地下管线探测的主要工作过程包括：资料收集与踏勘、仪器检查与试验、技术设计、现场调查与仪器探测、控制测量、细部(管线点)测量、地下管线图的编绘、报告编写及管线数据库的建立。

对已有地下管线资料进行收集、分类、整理，同时搜集各种比例尺地形图及有关的技术资料，通过对已有资料的分析对比，可以为实地探测管线以及数据采集提供必要的参考依据，极大地提高工作效率及质量。地下管线探测应收集的已有数据资料主要包括：

(1) 项目区 1∶500、1∶1 000、1∶2 000 比例尺地形图。

(2) 项目区已有或新建地下管线设计图。

(3) 地下管线的施工图及技术说明。

(4) 地下管线的竣工图及技术说明。

(5) 原有专业管线图及综合管线图。

(6) 测区邻近控制点坐标及高程。

2. 地下管线探查方法

地下管线包括明显管线点和隐蔽管线点，对于明显管线点要进实地的调查，隐蔽管线点要进行物探调查和开挖验证，实际工作中要根据工作需要常常进行几种方法的结合。

(1) 实地调查法:通常适用于明显管线点的探测,明显管线点是暴露在地面上的地下管线,需要对其调查、测量并且记录。查清其属性、规格、材质、性质、流向、权属单位、附属单位的名称等,之后测量其明显管线点的平面位置、高程、埋深等。

(2) 物探调查法:适用于隐蔽点的管线探测,使用物探专用的仪器设备对埋藏于地下的隐蔽管线点进行探测,探测其位置、埋深并追踪定位,测量地下管线在地面的投影位置。

(3) 开挖调查法:这种方法直接将地下管线上的土层挖出来,此时管线暴露出来,直接测量其位置、埋深并且调查属性,这适用于管线无法用物探方法查明、相对复杂的情况。

3. 地下管线测量

(1) 控制测量

地下管线以城市基本控制网为依据,城市等级控制点密度不足时,应按《城市测量规范》(CJJ/T 8—2011)和《卫星定位城市测量技术规范》(CJJ/T 73—2019)的要求加密等级控制点。

(2) 管线点测量

地下管线点探测完成之后,根据物探人员标记在地面上的标志和编号对管线点进行测量工作,地下管线点测量的平面坐标测量主要使用GPS-RTK测量、全站仪测量方法进行量测,高程测量主要以水准测量为主。

管线测量过程中,应对成果质量进行检查,测量成果质量检查应在过程控制的基础上随机抽取,数量不得少于测区内管线点总数的5%;检查时应复测管线点的平面位置和高程,并按下列公式分别计算管线点的平面位置测量中误差 m_{cs} 和高程测量中误差 m_{ch}。

$$m_{cs}=\pm\sqrt{\frac{\sum_{i=1}^{n}\Delta s_i^2}{2n}} \tag{10-1}$$

$$m_{ch}=\pm\sqrt{\frac{\sum_{i=1}^{n}\Delta h_i^2}{2n}} \tag{10-2}$$

式中　Δs_i——重复测量管线点平面位置较差;

Δh_i——重复测量管线点高程较差;

n——重复测量点(边)数。

测量成果质量检查还应符合现行国家标准《测绘成果质量检查与验收》(GB/T 24356—2009)的相关规定。质量检查时的平面位置测量中误差不应大于50 mm,高程测量中误差不应大于30 mm。

(3) 地下管线图测绘

地下管线图包括综合管线图和专业管线图两种,属于地图中的专题地图,综合管线图包含地形信息和所有种类的管线信息,而专业管线图包含地形信息和一种单一的专业管线信息,这是二者的不同之处,其测绘方法类似于大比例尺地形图测绘,只不过是对地下的管线、空间及附属设施部分进行测量,其更新方法也与大比例尺地形图更新方法类似。

地下管线图要表示的内容包括综合管线图或者专业管线图,管线及地面上的构筑物或者建筑物,横穿或者附近区域的公路、铁路、桥梁、河流等,还有主要的地形特征需要表示出来,如果没有这些资料的情况或者其比例尺精度不能满足的情况下需要补充测绘这些内容。

技能训练 12　市政设施放样

1. 实习目的

规划道路定线测量(简称定线测量)是根据城乡建设规划要求,实地确定规划道路中线或道路边线(规划道路红线)的测量活动。在实训基地内有一模拟的规划道路,现以组为单位完成定线测量的任务,通过实训掌握城市规划道路定线测量的基本过程。

2. 仪器工具

每实训小组全站仪 1 台、棱镜 2 个、规划设计图纸 1 份、记录表格 1 份。

3. 实习步骤

(1) 根据规划设计图纸,确定道路中心线坐标,道路中线坐标取里程桩坐标。

(2) 采用全站仪极坐标法进行拨地测量,确定规划道路中线位置,并在点上钉上木桩。

4. 基本要求

每实训小组平均由 5 名同学组成,其中立尺员 1 名、记录员 1 名、观测员 1 名、计算员 1 名,轮流操作。

5. 上交资料

每人上交实验记录表格 1 份。

思考与练习

1. 城镇定线与拨地测量中,用于展绘的基础图比例尺宜采用(　　)。

A. 1∶2 000～1∶5 000　　B. 1∶500～1∶2 000

C. 1∶1 000～1∶5 000　　D. 1∶500～1∶5 000

2. 定线中(轴)线点、拨地界址点相对于邻近高级控制点的点位中误差不应大于(　　)。

A. 1 cm　　B. 2 cm　　C. 5 cm　　D. 10 cm

3. 定线与拨地测量可采用的方法有(　　)。

A. 图解实钉法　　B. 解析实钉法

C. 解析拨定法　　D. 图解拨定法

E. 拨角放线法

4. 定线工作的主要内容包括(　　)。

A. 控制测量　　B. 校核测量

C. 条件点计算及整理　　D. 内业计算资料整理

E. 条件点测量

5. 拨地工作的主要内容包括(　　)。

A. 控制测量　　B. 条件点测量

C. 拨地点坐标计算及测设　　D. 水准测量

E. 校核测量

6. 拨地测量中的界桩可用于(　　)。

A. 作为建筑物定位的控制桩　　B. 作为建筑物验线的控制桩

C. 标定用地的范围　　D. 变形监测的控制点

E. 作为建筑物施工放线的控制桩

7. 市政工程是指城市建设工程，主要是(　　)工程。

A. 道路　　B. 桥梁　　C. 房屋　　D. 园林　　E. 管道

8. 市政工程的测绘内容包括(　　)。

A. 地形测量和拨地测量　　B. 竣工测量

C. 施工放样及测量复核　　D. 控制测量

E. 地籍测量

9. 在定线和拨地测量过程中，应进行校核测量。校核测量包括(　　)。

A. 控制点校核　　B. 图形校核

C. 坐标校核　　D. 高差校核

E. 条件校核

项目十一　园林施工测量

任务一　园林施工测量认识

知识要点

园林工程测量基本内容、要求及特点。

技能目标

了解园林工程测量的主要内容；了解园林工程测量的基本要求及特点。

一、园林工程简介

园林工程是指在园林、城市绿地、风景名胜区及保护区中除大型建筑物的建造，如宾馆会议中心、度假中心等大型建筑工程以外的室外工程，主要包括土方工程、园林建筑设施工程、园林道路工程、水景工程、假山工程、种植工程等。园林土方工程一般指园林中的地形改造工程，包括凿水筑山场地平整、挖沟埋管、开槽铺路等。园林建筑设施工程一般指的是园林中的小型建筑工程，如游憩设施（亭、廊、榭、厅、阁、斋、轩、舫、下沉广场、园椅、园凳、园桌、景墙、雕塑及小型古建筑物等）、服务设施（餐厅、酒吧摄影部、售票房等）、公共设施（电话、导游牌、路标停车场、标志物、果皮箱、饮水站等）、管理设施（大门、围墙、办公室、变电站等）。园林道路工程是指园林中的主园路、次园路、游步道、园桥道路工程等。水景工程是指园林中水系规划、小型水闸驳岸、护坡、水池、喷泉等与水景相关的工程。假山工程是指人工造山和置石工程。种植工程是指园林中的植物栽种工程，包括植树、栽花铺草等（种植工程是绿化工程的前期部分，绿化工程还包括后期的养护管理部分）。除了上述这些土建、绿化等工程外，园林工程还包括给排水、电力等工程。随着技术和经济的不断发展，园林工程的范围还扩展到如园区的录像监控系统、火灾自动报警系统、背景音乐及紧急广播系统、紧急求助系统等智能化系统，以及热力、燃气等公用基础设施地下管网系统等。

二、园林工程测量的主要内容

园林工程测量包括规划设计阶段的测量和施工阶段的测量。园林规划设计测量的主要任务是为规划设计提供基础图件而进行的地形图测绘与工程专用图测绘，并为规划设计提供必要数据的专项测绘工作等。其具体内容有各种比例尺的地形图测绘，道路、渠道等线路工程的中线测量与纵横断面图测量。需要说明的是，在园林工程竣工后，一般还需要测绘相关的竣工图。

园林施工测量主要指的是在园林工程施工过程中的放样工作，主要包括场地平整、园林工程施工过程中的测量放样。

园林工程测量中的地形图测绘、园林道路工程测量及园林建筑工程测量，其方法与之前的项目中介绍的测量方法一样，本项目中不再赘述。本项目主要针对园林施工土地平整、园林假山工程、园林水体工程、园林绿化工程等特色项目施工过程中的测量工作进行介绍。

三、园林工程施工测量的原则

园林工程施工测量的原则和测图工作的原则相同，也是"先整体、后局部""先控制测量、后碎部测量"。在施工现场，根据工程的定位精度要求，进行相应精度等级的控制网布设。平面控制网根据地形情况可以采用GPS网、导线网、建筑基线或建筑方格网方法建立。在园林施工中，一般用三、四等水准测量建立高程控制点，水准点的密度应尽可能满足安置一次仪器即可测设所需高程点。

如果园林工程施工的区域不是特别大，而且在施工现场仍有过去测绘地形图时的测量控制点可利用，没有特殊情况时就可不用重新施测控制网。

四、园林工程施工放样测量的精度

园林工程施工放样测量的精度要求取决于园林建(构)筑物的种类、大小和用途等因素。一般房屋、桥梁等大型园林建(构)筑物的放样精度要求较高，而花台、水池、小路及种植点等小型园林地物的放样精度要求较低。

五、园林工程施工测量的特点

园林工程的施工是根据放样所测设的位置来进行的，放样的质量将直接影响园林建(构)筑物的尺寸和位置的准确性。如果放样发生差错，将直接影响工程的进度和质量。因此，在放样工作中必须进行一系列的检查和校核工作。

由于放样工作与工程质量及施工进度有着密切的联系，因此测量人员必须了解设计的内容、性质及其对测量工作的精度要求，熟悉设计图纸上的尺寸和高程数据，了解施工的全过程并掌握施工现场的变动情况，使放样工作能够与施工密切配合。就测量放线工作自身而言，在实施前应做好以下的准备工作：

(1) 熟悉设计图纸：按图施工的原则确定了施工测量的依据是施工设计图纸。因此，在实际施工前应熟悉和校核施工设计图及有关资料，了解设计意图和施工内容，明确放线的定位条件及各种园林地物地貌在图中的具体位置及放线方法。

(2) 现场交底：在工程现场接受设计人员的设计交底，落实定位条件及用地的基本情况。

(3) 制订施工测量方案：根据设计要求定位条件、现场地形和施工方案等因素制订施工测量方案，同时在工程施工组织计划下确定方案的实施进度。

(4) 仪器及数据的准备：在实际测设前，首先应对工程中所使用的仪器和工具进行检查检验，必要时进行相应的参数设置或仪器校正，以确保仪器处于正常的工作状态之中。一般情况下，在测设工作开始之前，还应对起算数据进行检核。

园林工程施工现场工种多，交叉作业频繁，伴随着大量土石方的填挖工程而引起地面坡度的较大变化，同时又有动力机械工作产生的震动，因此，各种放样标志必须埋设稳固、妥善保护，经常检查校核，如有不符，应及时纠正。

任务二　园林土地平整测量

知识要点

园林土地平整。

技能目标

了解园林土地平整的基本原理;掌握园林土地平整的基本方法。

一、园林土地平整工程认识

园林建设中,常将原来高低不平的地面平整成按设计要求的比较平坦或具有一定坡度变化的斜面,用于铺装广场、运动场地和较平缓的种植地段,如草坪等。在平整场地的过程中,主要的工作是土方计算。它可以为设计提供必要的数据,又是进行工程投资预算和施工组织设计等项目的重要依据。园林场地平整前首先要对平整地区进行测量,但在有大比例尺地形图的地区,应尽可能在图上进行平整土地的设计与计算,然后进行放样,以便施工。

二、土地平整测量基本方法

平整场地的放样就是要求在施工场地确定零点位置和填挖边界线,园林场地平整因施工条件、规格与要求各异,根据当地的实际情况,可以采用不同的测量方法。最常用的是方格水准测量法、断面法、等高面法等。

1. 方格水准测量法

方格水准测量是在待平整土地上先建立方格网,然后用水准测量的方法求出每一方格各桩点的地面高程,然后定出设计高程与填挖高、计算土方,最后根据施工图进行施工放样。这种方法适用于地形起伏不大或地形变化比较规律、需要平整面积较大的地区。

(1) 建立方格网

方格网的布设,通常是在地块边缘用标杆定出一条基准线,在基准线上每隔一定距离打一木桩,如图 11-1 中的 A,B,C,…;然后在各木桩上作垂直于基准线的垂线(可用经纬仪或全站仪测设,用卷尺根据勾股定理及距离交会的方法来作垂线),延长各垂线,在各垂线上按与基准线同样的间距设点打桩,这样就在地面上组成了方格网。方格网的大小是根据地块、地形、施工方法而定的。一般人力施工采用 10 m×10 m～20 m×20 m;机械化施工可采用 40 m×40 m～100 m×100 m。为了计算方便,各方格点应对照现场绘出草图,并按行列编号。如图 11-1 所示,第一个方格左上角的桩号为 A_1,第二个方格左上角的桩号为 A_2,第 16 个方格的右下角的桩号为 E_5。

(2) 测量各方格网点的高程

如图 11-1 所示,若方格网范围不大,将仪器大约安置在地块中央,整平仪器,依次在各方格点上立标尺,测量其桩点地面高程。如果面积较大或桩点间高差较大时,可在方格网内测设一条闭合水准路线。如图 11-1 中的Ⅰ、Ⅱ为测站点,在一个测站上可同时测量若干个桩点的地面高程,利用 C_2、B_4、C_5、D_4 等桩点构成闭合水准路线。根据需要引测水准点的高程到 C_2(或其他)桩顶,或假定 C_2 桩顶的高程,测量后按等外水准测量的方法推算 B_4、

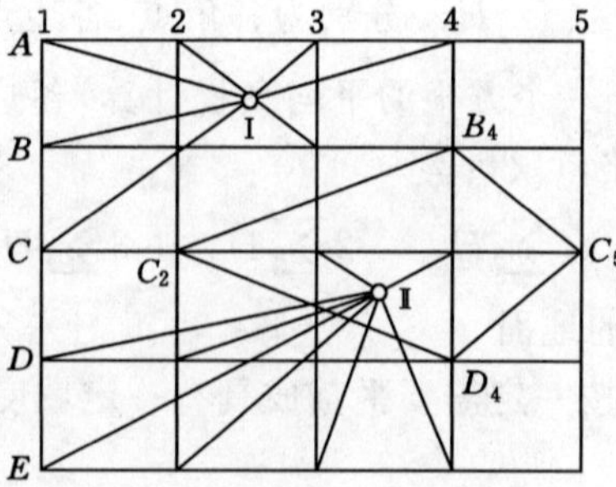

图 11-1　方格法水准测量

C_5、D_4 等桩顶的高程。然后将转点的高程加后视读数获得视线高程，用每站的视线高程分别减去各桩点的前视读数，即得各桩点的地面高程。若方格点正处在局部凹凸处，可在附近高程有代表性地进行地面立尺。如附近无水准点，则可假定某一方格点的桩顶高程作为起算高程。水准尺的读数可读至厘米。

(3) 计算设计高程

根据平整土地的要求不同，计算设计高程的方法也不同。

① 平整成水平地面

为了使填方与挖方的土方量平衡，先将每一方格 4 个角点高程相加除以 4 得每一方格的平均高程，再将全部方格的平均高程相加除以方格总数，即得设计高程。如图 11-2 所示，桩号(1)、(10)、(11)、(9)、(3)各点为角点，(4)、(7)、(6)、(2)为边点，(8)为拐点，(5)为中点。

如果已求得各桩点的地面高程为 $H_i(i=1,2,\cdots,11)$，则设计高程可按以下各式计算。

设各个方格的平均高程为$\overline{H_i}(i=1,2,\cdots,5)$，则有：

$$\overline{H_1}=1/4(H_1+H_4+H_5+H_2)$$
$$\overline{H_2}=1/4(H_2+H_5+H_6+H_3)$$
$$\vdots$$
$$\overline{H_5}=1/4(H_7+H_{10}+H_{11}+H_{18})$$

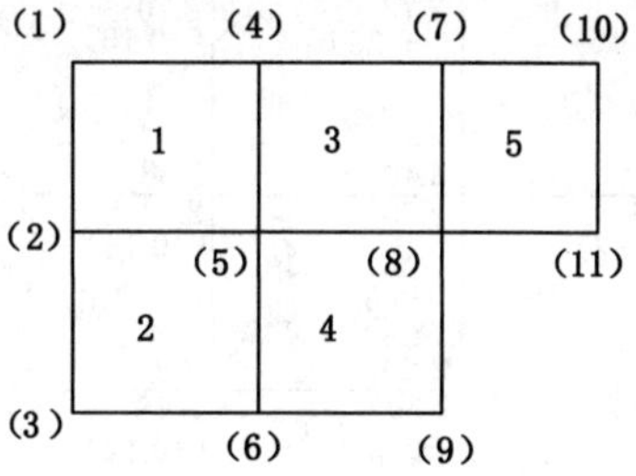

图 11-2　设计高程计算

地面设计高程 H_O(即设计高程)为：

$$H_O=1/(4\times5)(\sum H_{角}+2\sum H_{边}+3\sum H_{拐}+4\sum H_{中})$$

式中，$\sum H_{角}$、$\sum H_{边}$、$\sum H_{拐}$、$\sum H_{中}$ 分别为各角点、各边点、各拐点和各中点高程总和，前面的系数是因为各角点参与一个方格的平均高程计算，各边点参与两个方格的平均高程计算，其余类推；如有 n 个方格，可得：

$$H_0 = 1/(4 \times n)(\sum H_{角} + 2\sum H_{边} + 3\sum H_{拐} + 4\sum H_{中})$$

② 平整成具有一定坡度的地面

在园林用地中，常将地面按一定需要平整成具有一定坡度的斜平面，仅举例说明其设计步骤。

a. 算平均高程

在图 11-3 中，可以计算各点的平均高程为：

$$\begin{aligned} H = & [(2.60+2.40+3.20+2.60+3.60)+2\times(2.56+2.48+2.40+2.48+2.70+ \\ & 2.90+3.20+2.70)+3\times2.40+4\times(2.60+2.50+3.00+2.60+2.88)]\times \\ & 1/(4\times11)=2.70\ (\mathrm{m}) \end{aligned}$$

b. 横坡的设计

设纵坡为 0.2%、横坡为 0.1%，则得纵向每 20 m 坡降值为 20 m×0.2%＝0.04 m，横向坡降值为 20 m×0.1%＝0.02 m。

c. 算各桩点的设计高程

首先选择零点(即填挖边界点)，其位置一般选在地块中央的桩点上，如图 11-3 中的 d 点，并以地面的平均高程为零点的设计高程。这样无论将地块整成向哪个方向倾斜的平面，它的总填挖方量仍然平衡。零点确定后，根据纵、横方向及坡降值计算各桩点的设计高程。

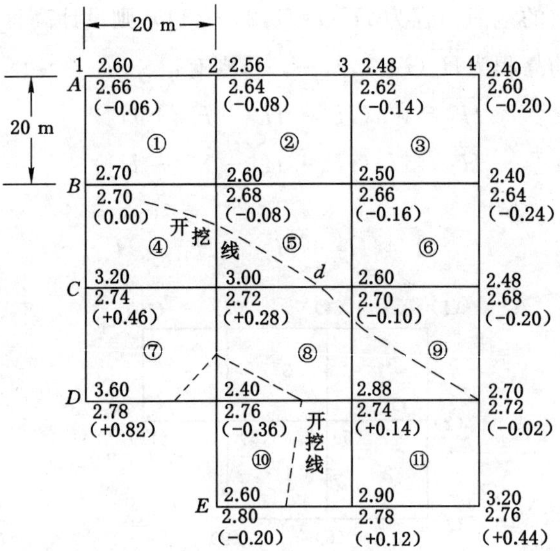

图 11-3 平整成一定坡度地面

(4) 计算施工量、确定开挖线

各桩点的施工量为：

施工量 h＝桩点地面高程－设计高程

相减得正数为挖深，得负数为填高。将各桩点的施工量标注在各桩点的下方(即设计高程的下方)。各方格边上施工量为零的各点的连线即为开挖线。零点位置可以目估定位，也可按比例计算决定，计算公式如下：

$$x=\frac{l}{h_1+h_2}\times h_1$$

式中，x 为零点距离填(挖)方格点的距离；l 方格边长；h_1、h_2 为方格两边的填挖数，h_1、h_2 取绝对值计算。

(5) 计算土方量

通过计算各桩点的施工量，可确定各桩点的填挖量。因挖方量应与填方量相等，所以计算土方量公式为：

$$\begin{cases}V_{挖}=S(\sum h_{角挖}/4+\sum h_{边挖}/2+3\sum h_{拐挖}/4+\sum h_{中挖})\\ V_{填}=S(\sum h_{角填}/4+\sum h_{边填}/2+3\sum h_{拐填}/4+\sum h_{中填})\end{cases}$$

式中，h 为各桩点的施工量；S 为一个方格的面积。

图 11-3 中的填挖土方量分别为：

$$V_{挖}=400[(0.44+0.82)/4+(0.12+0.46)/2+(0.28+0.14)]=410\ (\mathrm{m}^3)$$

$$V_{挖}=400[(0.06+0.20+0.20)/4+(0.08+0.14+0.24+0.02+0.20)/2+3\times0.36/4+(0.08+0.16+0.10)]=426\ (\mathrm{m}^3)$$

在平整成具有一定坡度的地面中，如果零点位置选择不当，将影响土方的平衡，一般当填、挖方绝对值差超过填、挖方绝对值平均数的 10%时，需重新调整设计高程，进行验算。

2. 断面法

在地面起伏较大的地区，可用断面法在地形图上进行填挖土方量的估算，此法计算简便且能迅速取得填挖土方量。如图 11-4(a)所示，$ABCD$ 为计划平整场地的边线，其设计高程为 67 m。

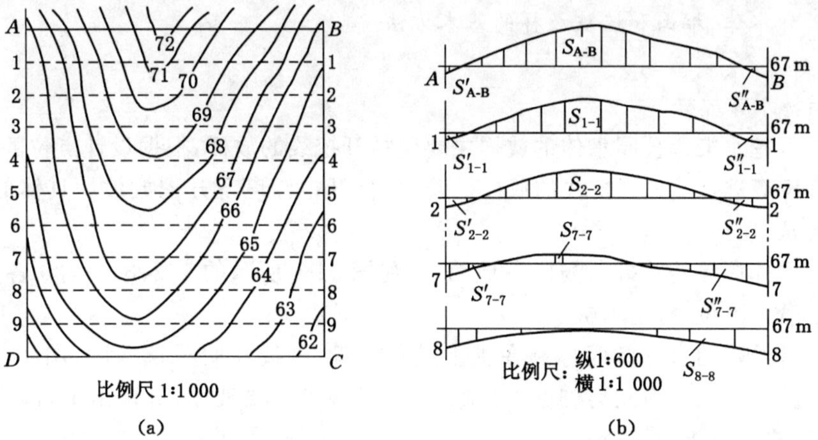

图 11-4　断面法估算土方量

用断面法估算土方量时可分以下几步进行：

(1) 选择计算的断面位置

根据 ABCD 场地边线内的地形图，每隔一定间距（图中为 10 m）从左到右画出垂直于左、右边线的等距平行线 1-2，2-2，…，9-9。

（2）根据画出的平行线，分别绘出断面图

各平行线的起算高程均为 67 m，如图 11-4(b)所示。

（3）计算每个断面的填挖面积

高于 67 m 的地面与 67 m 等高线所围成的面积为该断面处的挖土面积，低于 67 m 的地面与 67 m 等高线所围成的面积为该断面处的填土面积。土方的计算一般采用平均断面法，分别计算两相邻断面间的填挖方量。

计算出每相邻两断面间的填、挖土方量后，可以求出 ABCD 场地部分的总挖方，如果没有待平整区域的地形图，则可以用仪器现场实测断面图。方法是在待平整的土地边缘或中间设置一条基线，在基线上按一定桩距设置桩号，用水准测量的方法测定其高程，在每个桩号上安置仪器，测出横断面方向上每个坡度变化点与桩号之间的水平距离和高差，最后绘出各个桩号的横断面图。

3. 等高面法

等高面法最适合于园林建筑中大面积的自然山水地形的土方估算。它是沿等高线取断面，等高距即为相邻两断面间的高，计算方法与断面法相同。

任务三　园林水体、堆山和植被放样

知识要点

园林水体放样；园林堆山放样；园林植物种植放样。

技能目标

掌握园林水体、堆山和植被放样的基本方法

一、园林水体放样

挖湖或开挖水渠等公园水体的放样主要包括开挖线的放样，根据设计点位的坐标，可用全站仪、RTK 等进行实地开挖线的放样，其次包括开挖深度及开挖放坡。具体的放样过程可按下列方法进行：

首先把水体周界的转折点测设在地面上，如图 11-5 所示的 1，2，3，…，30 各点，然后在水体内设定若干点位，打上木桩。

根据设计给定的水体基底标高在桩上进行测设，画线注明开挖深度，图 11-5 中的①、②、③、④、⑤、⑥各点即为此类桩点。在施工中，各桩点不要破坏，可留出土台，待水体开挖接近完成时，再将此土台挖掉。

水体的边坡坡度同挖方路基一样，可按设计坡度制成边坡样板置于边坡各处，以控制和检查各边坡坡度。

二、园林堆山放样

图 11-6 所示为一座拟堆造假山的设计等高线，先用极坐标法测设出设计等高线的各转折

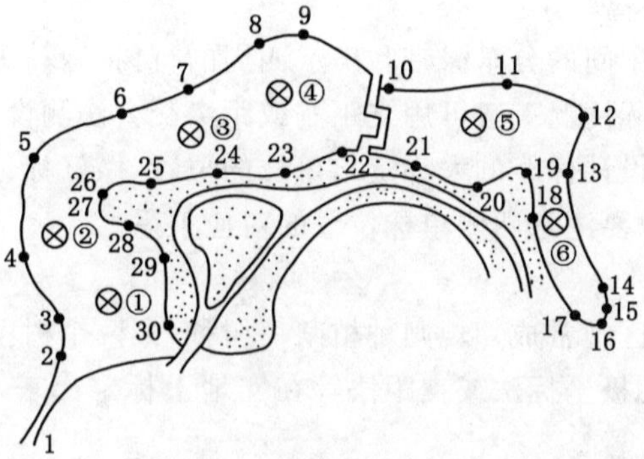

图 11-5　公园水体放样

点，如图中的 1，2，3，…，9 各点，然后将设计在同一等高线上的各点连接，并用白灰撒接或绳索加以标定，再利用附近水准点测出 1～9 各点应有的标高。若高度允许，可在各桩点插设竹竿画线标出。若山体较高，则可在桩的侧面标明上返高度，供施工人员使用。一般情况堆山的施工多采用分层堆叠，因此堆山的放样常随施工过程的推进而逐层打桩测设，直至山顶。

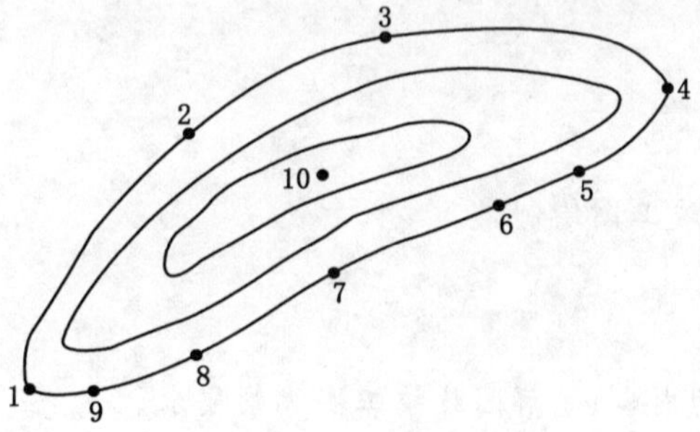

图 11-6　公园堆山放样

三、园林植物种植放样

园林植物的种植也必须按设计图的要求进行施工。园林植物种植的形式不同，其放样的方法也不同。

1. 园林植物种植形式

(1) 孤植型

孤植型种植就是在草坪、岛上或山坡上等地的一定范围内只种植一棵大树，其种植位置的测设方法视现场情况可用极坐标法、支距法、距离交会法等。定位后以石灰或木桩标志，并标出它的挖穴范围。

(2) 丛植型

丛植型种植就是把几株或十几株甚至几十株乔木、灌木配植在一起，树种一般在两种以上。定位时，先把丛植区域的中心位置用极坐标法、支距法或距离交会法测设出来，再根据中心位置与其他植物的方向距离关系，定出其他植物种植点的位置，最后撒上石灰标志。树种复杂时可钉上木桩并在桩上写明植物名称及其大小规格。

(3) 行(带)植型

道路两侧的绿化树、中间的分车绿带和房子四周的行树、绿篱等都是属于行(带)植型种植。定位时,根据现场实际情况一般可用支距法或距离交会法测设出行(带)植范围的起点、终点和转折点,然后根据设计株距的大小定出单株的位置,做好标记。若是道路两侧的绿化树,一般要求对称,放样时要注意两侧单株位置的对应关系。

(4) 片植型

在苗圃、公园或游览区常常成片规则种植某一树种(或两个树种)。放样时,首先把种植区域的界线视现场情况用极坐标法或支距法等在实地上标定出来,然后根据其种植的方式再定出每一植株的具体位置。

2. 行道树定植放样

道路两侧的行道树,要求种植的位置准确、株距相等。一般是按道路设计断面定点。在有路牙的道路上,以路牙为依据进行定植点放样。无路牙则应找出道路中线,并以之为定点的依据,用皮尺定出行距大约每 10 株钉一木桩,作为控制标记,每 10 株与路另一侧的 10 株一一对应(应校核),最后用白灰标定出每个单株的位置。

任务四　园林工程竣工测量

知识要点

园林竣工测量;园林竣工图绘制。

技能目标

了解园林竣工测量的内容;了解园林竣工图编绘要求。

竣工测量是指工程竣工后,为编绘竣工总平面图,对实际完成的各项工程进行的一次全面测量。

在园林工程施工过程中,有时会出现由于设计时没有考虑到的问题而使设计有所变更,使得设计总平面图与竣工总平面图不完全相符,为了确切地反映工程竣工后的现状,为工程验收和以后的管理、维修、扩建、改建等工程提供依据,需要进行竣工测量和编绘竣工总平面图。

一、竣工测量

在每个单项工程完成后,应由施工单位进行竣工测量,并提交工程的竣工测量成果,为该工程的验收及日后的管护提供必备的基础资料。竣工测量内容如下:

(1) 园林建(构)筑物:要求测定其角点坐标、各种管线进出口的位置和高程,并附房屋编号、结构层数、面积和竣工时间等资料。

(2) 园林道路及附属设施:应测定其起止点、转折点、交叉点的坐标和曲线元素以及桥涵等附属设施的平面位置和高程。

(3) 地下管网:测定其窨井、管线转折点的平面坐标,井盖、井底、沟槽和管顶等的高程也要一一测定,并附注管道及窨井的编号、名称、管径、管材、间距、坡度和流向。

(4) 架空管网:一般应测定架空管网的转折点、交叉点的平面坐标,支架间距与基础面高程等。

(5) 其他:竣工测量完成后,应提交完整的资料,具体包括工程的名称、施工依据及施工成果,作为编绘竣工总图的依据。

竣工测量的方法与地形图测量相似,其不同之处主要是竣工测量需要测定许多园林建(构)筑物细部点的平面坐标和高程,要求图根点的密度要大一些,而且细部点的测量精度通常要求精确到厘米。

二、编绘竣工总平面图

编绘竣工总平面图时,需要在施工过程中收集一切有关的资料,包括设计总平面图、系统工程平面图、纵横断面图及变更设计的资料、施工放样资料及施工检查测量与竣工测量资料等。编绘竣工总平面图的方法步骤如下:

1. 编绘前的准备

(1) 确定竣工总平面图的比例尺。在通常情况下,要求竣工总平面图的比例尺为 1∶500 或 1∶1 000,但有时由于工程的性质及具体的特殊要求,也可采用更大或更小的比例尺。

(2) 绘制底图。编绘时,先在图纸上精确绘制坐标方格网,再将设计总平面图上的图面内容按其设计坐标用铅笔展绘在图纸上,以此为底图,用红色数字在图上表示出设计数据。

2. 竣工总平面图的编绘

每项工程竣工后,根据竣工测量成果,用黑色线条在底图上绘出该工程的实际形状,并将其坐标和高程标注于图上。黑色与红色数据之差,即为施工与设计之差,随着施工的进展,在底图上将铅笔线都绘成黑色线。经过整饰和清绘,即成为完整的竣工总平面图。

竣工总平面图的符号应与原设计图的符号一致。原设计图上没有的图例符号,可使用新的图例符号。竣工总平面图上一般要用不同的颜色表示不同的工程对象。对于大型较复杂的园林工程,如果将所有的园林建筑物、水景、道路、绿化和各种地上地下的管线等均绘在同一幅图上,会使图面线条太密,内容太多,不容易辨认。为了便于用图,可采用分类编图,如综合竣工总平面图、管线竣工总平面图、道路竣工总平面图等。

3. 检查验收

竣工总平面图编绘完成后,应经原设计单位及施工单位技术负责人审核。

技能训练 13　土地平整测量

1. 实习目的

通过实训掌握土方量计算的基本原理与方法,并对不同方法的计算结果进行比较。

2. 仪器工具

每组实训水准仪 1 台、塔尺 1 把、全站仪 1 台、棱镜 1 支、记录表格若干。

3. 实习步骤

(1) 在实训区域内按 10 m×10 m 的边长确定方格网。

(2) 利用水准仪及塔尺确定各格网顶点的高程。

(3) 根据设计高程及坡度,利用方格网法确定开挖线及开挖深度。

(4) 利用全站仪测量平整区域内的高程点。

(5) 利用全站仪测量的高程点，应用等高线（三角网）根据设计标高计算填挖方量及确定开挖线位置。

4. 基本要求

每个小组平均由 5 名同学组成，其中立尺员 1 名、记录员 1 名、观测员 1 名、计算员 1 名，轮流操作。

5. 上交资料

每人上交实验记录表格 1 份。

思考与练习

1. 简述场地平整的一般过程。
2. 在挖湖工程中，如何确定挖掘深度？又如何确定湖岸的开挖坡度？
3. 简述堆山测设的一般方法。
4. 如何进行规则种植区林木种植的测设？

项目十二　地质工程测量

任务一　地质填图测量

知识要点

地质点的认识；地质填图测量的方法。

技能目标

了解地质点的基本概念；掌握地质填图测量的基本方法。

一、地质点的测量

地质点一般包括露头点、构造点、岩体和矿体界限点、水文点、重砂点等，这些点就是地质工作的观察点，是地质图的重要内容，是填绘地形图的重要依据。地质点的分布通常是分布在天然的具有一定地质意义的岩石露头上，需要采用适当的方法将地质点测绘在地形图上。地质点的位置是地质人员在实地观察后确定的，地质点要做标记，并编号。已经布置的地质点，要用红色(或白色)油漆在岩石上或天然的目标上画出十字形标志。测定地质点一般采用极坐标法。

地质填图测量是将野外地质调查的地质观察点测绘在地形图上，或将图上设计的坑探(钻探)工程位置在实地标定出来。对于小比例尺地质图，地质点位置是直接由地质人员利用罗盘或目估的方法标定在图上。但对于大、中比例尺地质图，地质点点位需要由测量人员用仪器测绘到图纸上，在地质工程测量中，称这一项工作为地质点测量。

在图上标定地质点位置的精度要求，与相应比例尺地形图中测定地物点的精度相同，即要求地质点相对附近图根点的平面位置中误差在图上距离不超过$\pm(0.6\sim0.8)$ mm、高程中误差不得大于1/3等高距。

二、测前准备工作

地质点测量之前，应准备好作为底图的地形图和控制点等资料，地质人员应进行野外调查，事先了解地质点的分布情况，并将要测量的地质点进行编号、设立标志。同时将这些点概括地标绘在地形图上并进行编号。这些内容测量之前都应了解清楚，拟订出工作实施计划。

三、测站点的选择

在进行地质点测量时，要充分利用图区已有的控制点(包括经过定测的钻孔和剖面控制点)作为测站点，如果控制点不足够应用时，应再设置测站点，并根据具体条件和施测地质点的方法来考虑设置测站点的方法。测站点的设置方法可采用经纬仪导线法、图解交会法、GPS定位法等。设置测站点一般应事先有计划地进行，也可以在测定地质点时随时设置。设置测站点的各项限差应符合相关规范的要求。

当矿区地形地质图采用0.5 m等高距时，测站点的高程应用等外水准测量方法直接测定；当地形地质图的等高距大于或等于1 m时，测站点高程可用三角高程测量方法来测定。如需补充控制点，则可从邻近控制点用支导线引测，往、返测定，引测时的量距规定为：对于1∶1 000～1∶500比例尺，用钢尺量距；对于1∶10 000～1∶2 000比例尺，用视距法量距。引测的边长和点数要严格按照规范要求，

四、地质点的测定

测定地质点可采用测站法、交会法、GPS定位法等一般的地形测图中的碎部测量方法。

地质点测量精度应符合相应比例尺的地质地形图对重要地物点的要求，规范规定地质点测定对附近图根点平面位置中误差：在平地、丘陵地不超过图上0.6 mm，山地不超过图上0.8 mm。

当矿区采用航测方法成图时在岩层裸露或是能根据地面目标准确地判释地质点位的地区，可以直接在地质调绘片上确定地质点的位置，并在航测内业成图中一并求出各地质点的高程。用于判释地质点的地质调绘片，一般应采用裱板的放大片。地质调绘可由地质人员和测量人员配合完成。所有地质点都应在实地观察选取，并由两名调绘员在立体镜下刺定点位。地质构造线与地层界线应在野外根据实地影像特征描绘，再在室内立体镜下详细观察修正，处理好地形起伏、地层产状和地层界线三者之间的关系。对于不能准确判刺的地质点，均需用仪器实测其位置。

五、地质点测量成果资料

地质点测量完成后，应上交以下成果资料：

(1) 测站点观测手簿及计算资料。

(2) 地质点观测手簿。

(3) 展绘地质点的地形图或平面图。

六、地质点测量的质量检查

测完的地质点应保证点位精度，防止粗差出现，因此，展绘在地形图上的地质点，其位置应与地形图相适应，也就是按其点位读出的高程应与地形图相对应。为了保证野外施测质量，在实地应进行5%～10%的散点抽查。

任务二　勘探工程测量

知识要点

勘探网的建立；勘探工程测量主要方法。

技能目标

了解勘探网建立的基本方法；掌握勘探工程测量的基本方法。

一、勘探线、勘探网的测设

在地质勘探过程中，各种勘探工程如探槽、探井、探巷和钻孔等一般都是沿着一定直线方向布设的，这些直线叫勘探线。勘探线又彼此交叉构成一定形状的格网，称为勘探网。

1. 勘探线、勘探网的布设形式

为有效地揭露地质构造，勘探工程的布设要求有一定的方向，一般是平行于矿体走向或者垂直于矿体的走向。平行于矿体总体走向的勘探线称为横向勘探线，垂直于矿体总体走向的勘探线称为纵向勘探线。纵、横勘探线相互交叉构成勘探网。勘探网的形状和密度由矿体的种类及产状确定。一般有正方形、矩形、菱形和平行线型。如图 12-1 所示。

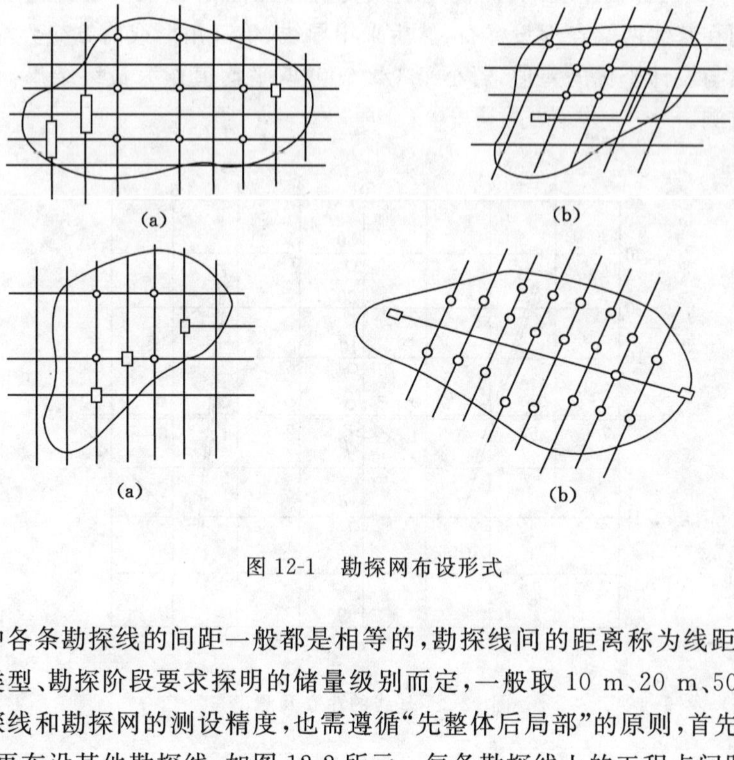

图 12-1　勘探网布设形式

勘探网中各条勘探线的间距一般都是相等的，勘探线间的距离称为线距。线距的大小要根据矿床类型、勘探阶段要求探明的储量级别而定，一般取 10 m、20 m、50 m 的整倍数。为了控制勘探线和勘探网的测设精度，也需遵循“先整体后局部”的原则，首先在矿区中布设一基线，然后再布设其他勘探线，如图 12-2 所示。每条勘探线上的工程点间距称为点距，它是根据不同储量级别所规定的相邻工程在矿层面上的间距而定的。一般黑色金属矿比有色金属矿勘探线的间距要大；大面积沉积矿比脉状勘探线间距要大；勘探储量的级别越高，勘探线的间距要求越小。

整个勘探网中的勘探线应按顺序统一编号。编号时可将矿区最边缘一条勘探线编号为零号勘探线，向一侧按顺序增加。如考虑到以后会进一步加密勘探线，开始可先按偶数编号；或顾及矿区的扩展，而以矿区中心附近的一条勘探线为零号勘探线，按奇、偶顺序分别向两侧编号，如图 12-2 中的 MN 为基线，基线两端点 M、N 应与控制点连接。勘探网上点的编号以分数形式表示，分母代表线号，分子代表点号，以通过基线 P 的零点为界，西边的勘探线用奇数号表示，东边的则用偶数号表示；以基线为界，以北的点用偶数号表示，以南的点用奇数号表示。如“0/2”表示基线以东第一条勘探线的交点。

勘探矿区矿体的走向不同时，可分别设几个纵、横勘探线方向不同的勘探网。各勘探网之间的关系可由矿区控制网联测后得到。

2. 勘探线、勘探网的测设

(1) 基线的测设

在已建立测量控制网的情况下,根据地质勘探工程的设计坐标和已知测量控制点的坐标反算测设数据,直接将地质勘探工程测设到实地上。

在尚未建立控制网的勘探区,应首先布置勘探基线作为布设勘探网的控制。由地质人员和测量人员实地确定基线的方向和位置,基线一般由三点组成,如图 12-2 所示,*A*、*B*、*C*、*D* 为已知控制点,*M*、*N*、*P* 为设计的基线上三点,首先利用控制点和 *M*、*N*、*P* 三点的设计坐标将 *M*、*N*、*P* 三点标设于实地,测设完基线要检查三点是否在一条直线上,如果误差在允许范围内,则在基线两端点埋设标石,然后采用导线、单三角形或前方交会等方法,重新测设其坐标,求出与设计坐标的差值,若小于 1/2 000,取平均值作为最终结果,否则应检查原因,必要时应重测。

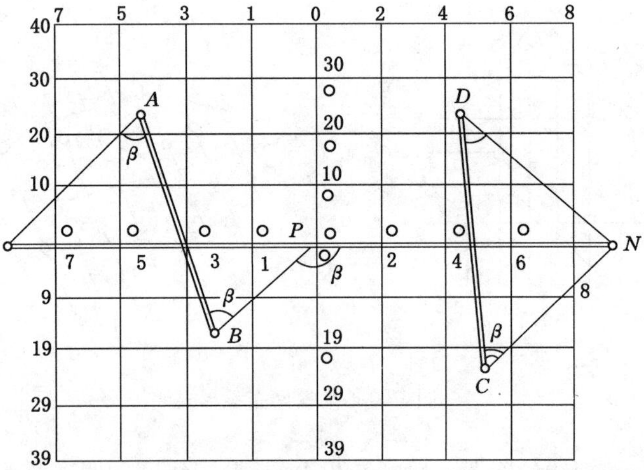

图 12-2　基线的建立及测设

(2) 勘探线、勘探网的测设

勘探线、勘探网的测设就是将基线与勘探线上的工程点测设于实地。常规的测设方法是:在基点 *P* 安置经纬仪,定出基线方向,按设计给定的勘探线间距,采用钢尺量距或精密视距的方法定出各勘探线在基线上的交叉点,如图 12-2 中的$\frac{0}{2}$、$\frac{0}{4}$、$\frac{0}{6}$、$\frac{0}{8}$和$\frac{0}{1}$、$\frac{0}{3}$、$\frac{0}{5}$、$\frac{0}{7}$等所示,然后分别在这些点上安置经纬仪,依据设计给定的勘探线上工程点的点距,采用点位测设的方法,将其测设于实地,即得到第一组勘探线;同样的方法,可将另一组勘探线上工程点测设于实地。将勘探线上工程点测设于实地后,应埋设标志并进行统一编号。

现在多采用全站仪坐标法,具体做法是在一控制点上安置全站仪,将已知点坐标、需放样点的坐标输入全站仪,利用全站仪坐标放样功能进行测设。利用全站仪放样可以减少设站次数,从理论上讲,只要在仪器站能看见的地方都可以一次完成,减少了人工计算,减少了出错的机会。

(3) 高程测设

高程测设分为基线端点、基点的高程测量和勘探线、勘探网高程的测量。基线端点和基点的高程，应在点位测设于实地后，用三角高程测量的方法与平面点位同时测定。实际高程与设计高程之差如在规定限差之内，取其平均值即可，否则应查找原因。勘探线、勘探网高程的测定，可采用三角高程或水准测量的方法进行，并布置成闭合或附合水准路线，以便检核。

随着全站仪的普及应用，勘探网的测设可不再布设控制基线，而只在勘探区已有控制点的基础上，用测距导线建立一些加密控制点，均匀分布于勘探区内。然后在这些点上用极坐标法测设勘探工程点。这样不仅提高了测设精度，而且还提高了测设速度。

二、物探网的测设

物探是地球物理勘探或地球物理探矿的简称。它包括电法勘探、磁法勘探、地震勘探及重力勘探等。在进行物探工作时，首先布设物探网。

如图 12-3 所示，物探网一般是由平行的测线与基线相交而成的规则网形，基线间距为 500～1 000 m，测线间距为 20～200 m，同一物探网中基线和测线各自的间距应相等。基线与测线的交点为基点，基线的两个端点称为控制基点，基线的起始基点应布设在勘探区中央的制高点上。

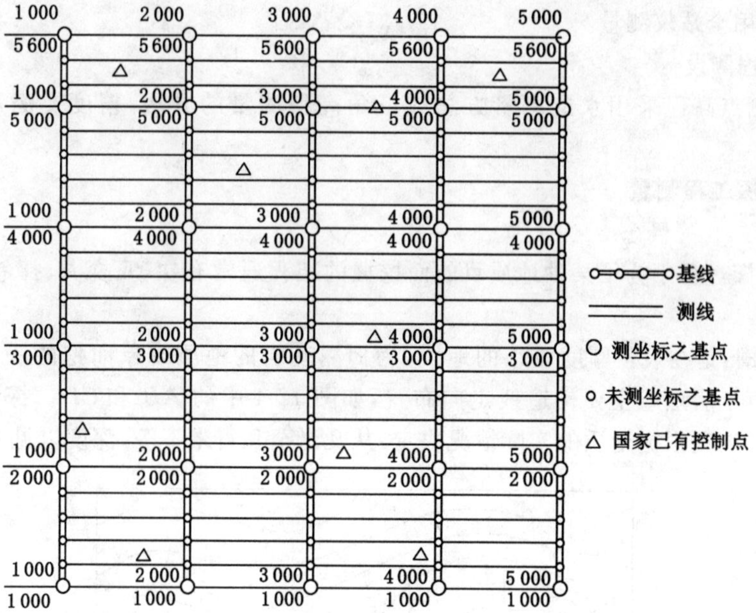

图 12-3　物探网的设计

物探网的编号一般用分数形式表示，分母表示线号，分子表示点号，从物探网西南角的基点开始，向北、向东按顺序编号，为了避免向西南角扩展时出现负数编号，一般起始点编号不为 0，而是一个较大的正整数，如图 12-3 中为 1 000。如果物探网较小时，编号也可用序号来表示。

物探网的测设包括基线测设、测线测设和高程的测设。

(1) 基线测设

基线测设包括起始基点、控制基点的测设和基线的测设。

起始基点和控制点的测设首先应求出测设数据，如果起始基点、控制基点给出了坐标，利用给出的坐标和已知点的坐标计算出测设数据；如果起始基点、控制基点没有直接给出坐标，可以利用物探网设计图纸，从图上量取测设数据。然后用极坐标法、角度交会或距离交会等方法测设，基点测设于实地后，应埋设标石，应用单三角形或者前方交会等方法重新测定其坐标，并与设计值比较，应满足相关规范的要求，否则应重新施测。

基线的测设就是将基线上的全部点测设于实地，当控制基点测设后，将经纬仪安置在基线一端的控制点上，瞄准另一端的控制点定向。沿视线方向，用钢尺量出各基点的距离，实地标出各基点，定以木桩，并编号。

(2) 测线的测设

测线的测设就是将测线上的每个测点按设计要求测设于实地。传统的方法常用经纬仪视距导线法，它对于不同的地形条件和不同的比例尺都适用。具体方法是：在基线点上安置仪器，以相邻基线点定向，然后再转动经纬仪 90°，则望远镜的视线方向即为测线方向。在测线方向上用视距法测设各测点，并插旗编号。根据测线上的地形情况和视距的允许长度确定转站点。现代的方法是采用全站仪测设测线上各点。方法与经纬仪基本相同，不同之处为距离采用全站仪测量。

(3) 高程测设

基点、测点高程采用水准测量方法或三角高程测量的方法，精度要满足相关规范的要求。

三、坑探工程测量

1. 坑探工程的概念

地质勘探过程中为了某种地质目的而挖掘的工程通常有探槽、探井、探巷等，称为坑探工程。

(1) 探槽：是在表土厚度较小的地段，为揭露基岩的地质现象而挖的一条长槽形的工程，一般垂直于岩层或主要构造线走向布置，如图 12-4 中的 *AB* 和 *CD*。探槽宽度通常在 1 m 左右，长度则根据地质的实际情况决定，从几米至几百米不等，深度以见基岩为止。

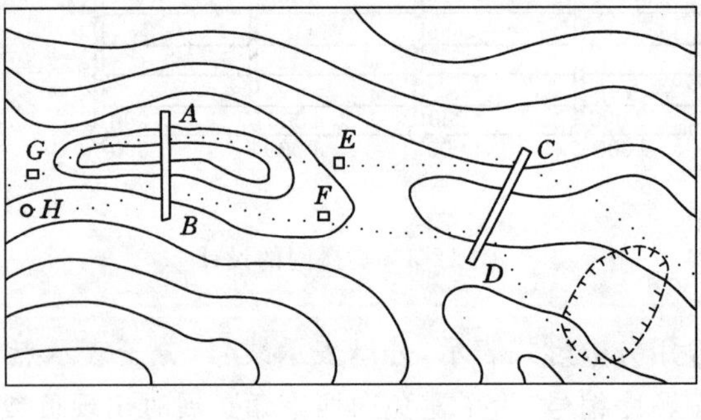

图 12-4　探槽和探井

(2) 探井:是垂直地表向下挖掘的圆形或方形小井的工程,其深度因地表覆盖层的厚度而异,一般在 30 m 以内。如图 12-4 中的 E、F、G、H 均为探井。

(3) 探巷:是由地表向岩层或矿体挖掘的小坑道工程,有倾斜和水平两种,一般长度在 20 m 以内,如图 12-5 所示。

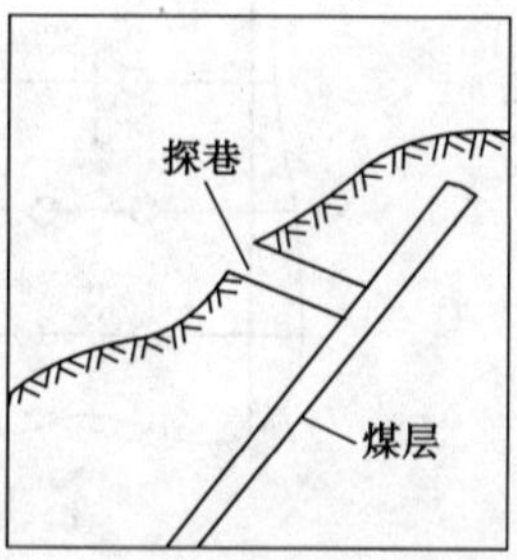

图 12-5　探巷

2. 坑探工程测量方法

坑探工程测量的主要任务是:根据地质设计的要求,将图上设计的工程位置测设到实地上,以此作为施工的依据;施工结束后,再测定其平面位置和高程,展绘于图上。所以,坑探工程测量分为工程位置的布设和定测两个工序,均可用经纬仪、全站仪、GPS 进行。

(1) 坑探工程位置的布设

坑探工程位置的布设,一般在现场依据地形图用目估法进行,当精度要求较高时,可根据控制点,用极坐标法或角度交会法等进行布设(具体步骤参照本书后面所述)。

(2) 坑探工程位置的定测

坑探工程位置的定测是以控制点为依据,用经纬仪视距导线或经纬仪测角交会法进行,并计算出平面坐标和高程。次要的槽、井可用视距导线点作为测站点,用极坐标法测定其方向、距离和高程,然后用量角器将工程位置直接展绘于图上。探井的位置以井口中心为准;探槽则应测定两个端点及其转折点的位置,探巷除测定坑口位置外,还需测定坑道的方向、长度和倾角。

测定在图上的坑探工程位置点,对其附近测量控制点的位置中误差不得超过图上 0.2 mm,最大误差不得超过 0.4 mm;次要槽、井等可放宽 2 倍。其高程对附近测量控制点的高程中误差不得超过地形地质图基本等高距的 1/7。

3. 钻探工程测量

钻探是勘探工程中重要的勘探手段,钻探工程是通过机械回转钻进,向地下钻成直径小而深度大的钻孔,并从孔内取得岩芯和矿芯实物,如图 12-6(a)所示,作为观察分析的资料。依据这些资料来探明地下矿体的范围、深度、厚度、倾角及其变化情况。它是当前探矿的主要技术手段。随矿体种类、矿体类型及勘探储量计算等级的要求不同,钻孔布设的形式和密度也就不同,但一般都是布设成勘探线[图 12-6(b)]或勘探网[图 12-6(c)]。

目前主要采用勘探线。勘探线是一组与矿体走向基本垂直的直线,一般都是沿勘探线布孔。勘探初期钻孔一般较稀,随着勘探工程的逐步深入,钻孔也要逐步加密,有时也在必要地段布设加密钻孔。钻孔的位置是预先设计好的,其设计坐标是已知的,是测设钻孔地面位置的原始数据。

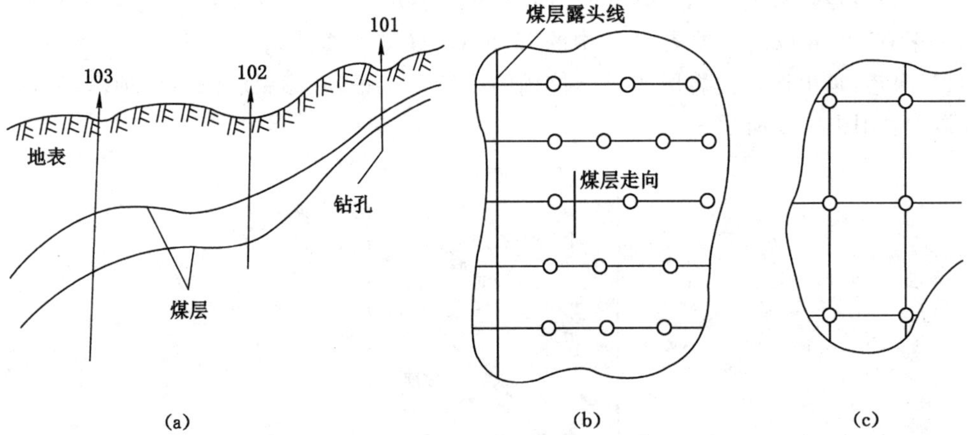

图 12-6　钻探工程测量

钻探工程测量的主要任务是钻孔位置测量，按孔位测量的工作程序又分为初测、复测和定测三个步骤。

(1) 初测

初测也称布孔，一般由地质人员、钻机人员和测量人员共同商量进行，但主要由地质人员决定。由测量人员根据钻孔位置的设计数据，利用附近的控制点将钻孔测设于实地，供平整钻机安置场地之用。

测设钻孔位置，根据控制点的分布和地形条件等因素，常用方法有极坐标法、交会法。随着电子测量仪器的普及，现在大多采用全站仪法、GPS-RTK 法测设。

(2) 复测

钻孔位置标定后，即可平整钻机场地，但在清理平台的过程中，钻孔的初测标桩往往会遭到破坏，因此，在清理钻机场地之前，必须对标定的钻孔桩加以保护，一般的做法是：在标定的孔位桩周围钉几个控制桩，或利用初测建立的校正点。如图 12-7 所示，P'为孔位桩，1、2、3、4 为控制桩(校正点)。控制桩(校正点)1、2、3、4 供复测钻孔用的，因此又叫复测桩。复测桩应设置在平整场地的影响之外，另外还要根据初测桩测出复测桩的高程。

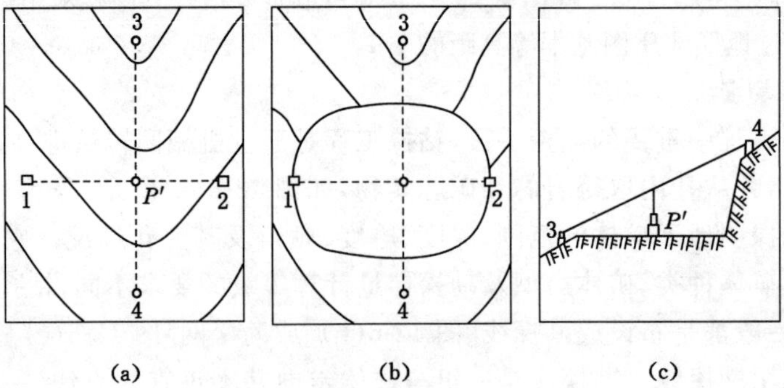

图 12-7　机台位置图

钻孔位置的复测是在平整机台后进行，根据校正点，按校正点与孔位间的几何关系，以垂球投影法对孔位进行校核，其偏差不得超过图上的 0.1 mm。若平整机台后，表示孔位的木桩已经丢失，此时可利用校正点重新标出孔位。如发现校正点有怀疑或者是其木桩已丢失，则应按布孔时的操作方法重新测定孔位。

复测时除校核钻孔位置外，还应采用三角高程法测定出平整机台后孔位的高程。

(3) 定测

钻探完毕封口后，测量人员应测定钻孔位置。钻孔位置以封孔标石中心或套管中心为准。钻孔坐标的测定，可根据控制点的分布情况决定。当钻孔的密度较大时，可与已知控制点组成两端有已知边的三角锁和线性三角锁；当钻孔的密度较小时，可用测角交会法或独立三角形法测定其坐标位置。在平坦地区也可用经纬仪量距导线法测定。孔口高程，一般采用等外水准测量(地形地质图 0.5 m 等高距时)或三角高程测量。

钻探资料是计算矿产储量的重要依据，所以钻孔位置的定测精度要求较高，其中心位置对附近测量控制点的位置中误差不得超过图上 0.1 mm(孔位初测可放宽为 2～3 倍)。其高程对附近测量控制点的高程中误差不得超过地形地质图基本等高距的 1/10。

定测工作十分重要，如果把钻孔位置定错，那就要直接影响到地质资料的正确性。如果把穿过透水层、封孔质量又不好的钻孔位置定错，在将来的巷道掘进中遇到这种钻孔时，就可能导致严重的透水事故，故应特别注意。

任务三　地质剖面测量

知识要点

地质剖面测量的方法；地质剖面线的绘制。

技能目标

了解地质剖面测量的方法；掌握地质剖面线的绘制方法。

一、地质剖面测量概述

地质剖面测量，通常是沿着勘探线方向，测定位于该方向线上的地形特征点、地物点、勘探工程点(钻孔、探井、探槽)以及地质点的平面位置与高程，并按一定的比例绘制成横剖面图。

地质剖面测量的目的在于提供勘探设计、工程布设、储量计算和综合研究资料，正确地设计勘探工程的位置和加密勘探工程的位置都需要剖面图作为设计依据，以便有效地掌握工程间相互关系和矿体变化情况。在储量计算中，各个剖面的间距和同一剖面线上各勘探工程间的间距，是控制矿体位置和大小的基本数据。剖面测量贯穿在地质普查和勘探的整个过程中。普查剖面等精度要求不高的剖面可以在已有的地形地质图上切绘，对于精度要求高的剖面图必须实测。

地质剖面测量的比例尺，是指展绘剖面图的水平比例尺。水平比例尺又叫横比例尺，依其展绘各测点至剖面线端点的距离而定。为了真实显示剖面与地表交线(即剖面地形线)的形状,在地质剖面图上展绘测点高程所采用的纵向(垂直)比例尺,一般与横比例尺一致。但是,有时地形起伏较小,为了突出显示剖面与地表交线(即剖面地形线)的形状,纵向(垂直)比例尺与横比例尺不一致,可把纵向(垂直)比例尺放大为横比例尺的1～2 倍。

地质剖面测量的比例尺常常要大于矿区地形地质图比例尺,通常是根据矿床类型、矿床成因和勘探储量级别等因素决定的。对于矿层薄、面积小和品位变化大的稀有贵重的矿种,剖面图的比例尺要大些,剖面比例尺通常为 1∶500～1∶2 000;大面积沉积矿的矿体,剖面图的比例尺要小些,剖面比例尺常为 1∶2 000～1∶10 000。而特种工业原料地质勘探剖面图的比例尺更大,可采用 1∶200。

进行地质剖面测量时应采用矿区统一的坐标和高程系统,使勘探线剖面图与矿区地形图以及地面、地下的勘探工程测量取得一致。此外,勘探线的标定和勘探线上的工程位置、地物点的位置和地形点的测定都应符合规范的精度要求,以便使用剖面法计算矿产储量时不致产生不允许的误差。

地质剖面测量的顺序,首先进行剖面定线,建立剖面线上的起点、转点和终点,并在其间加设控制点,然后进行剖面测量,最后展绘地质剖面图。

二、剖面线端点的测设

剖面定线是在实地布设剖面线的端点和定向点,测设剖面线端点的目的是确定剖面线的位置和方向,剖面线一般就是勘探线。布设时根据剖面端点的设计坐标和附近测量控制点的坐标,计算测设数据,然后在已知点上安置仪器,采用极坐标法将端点测设于实地。测设完毕,应立即测量端点的平面坐标,并用三角高程或等外水准测量端点的高程。

剖面端点对附近测量控制点的位置中误差不得超过图上 0.1 mm,高程误差不得超过地形地质图基本等高距的 1/20。两端点的方位与设计方位的最大偏差不得超过下式的规定:

$$\Delta\alpha'' = \frac{0.4 \times M}{D} \cdot \rho'' \tag{12-1}$$

式中 M——地形图的比例尺分母;

D——两端点间的水平距离,m;

ρ''——206 265″。

三、剖面线控制测量

剖面线控制测量的任务是在剖面线端点及定向点测量的基础上,在剖面线上建立必要数量的控制点,以及在剖面控制点之间加密测站点。

剖面线端点、定向点及剖面控制点的平面位置测定的精度不得低于图根点的要求。剖面控制点的高程一般用三角高程测量的方法测定。地形图的等高距为 1 m 或 0.5 m 时,应采用等外水准测量的方法进行测定。

为了在剖面线上设站进行剖面测量,还必须在剖面控制点的基础上加密剖面线测站点。加密测站点时可以在剖面控制点之间以量距或视距导线的方法进行。采用视距法和量距法测量剖面地形时,根据不同比例尺,测站点的间距不应超过表 12-1 的规定。

表 12-1 不同比例尺剖面测量基本要求

剖面横比例尺	1∶500	1∶1 000	1∶2 000	1∶5 000
视距/m		200	350	500
量距/m	100			

(1) 在地形起伏不大、通视良好的地区，可将经纬仪(最好是全站仪)架设在任一端点上，经对中、整平后，瞄准另一端点，直接在剖面线上选定剖面控制点的位置，并以木桩标记，然后用测定端点的方法精确测出控制点的平面坐标和高程，并同时计算出剖面端点到各控制点的距离和高差及各控制点之间的距离和高差。

(2) 在地形起伏较大、通视不好的地区，应在图上沿剖面线设计控制点的位置，并依据设计坐标，按极坐标法或交会法将剖面控制点测设到实地，然后再测定其实地点位的平面坐标及高程。

在第一种情况下测定剖面控制点时，点位应可沿剖面线前、后移动，并选在视野开阔的地方。在第二种情况下，当在图上量取剖面控制点的设计坐标时，要估计到该点的位置是否便于观测。

对未建立控制网的地区，可先进行剖面测量，待控制网点建立后，再测端点及剖面控制点的坐标和高程。

四、剖面测量方法

剖面测量的任务是测定剖面线上地形点、地物点、地质点及勘探工程点的位置和高程。对于尚未建立测量控制网的矿区，只能从基点起沿剖面方向逐站进行测量，与经纬仪支导线形式相当。对于设置了剖面控制点的剖面线，为施测剖面点而设置的测站点，则必须起闭于相邻剖面控制点。进行剖面测量时，剖面线端点、定向点、控制点均可设站，根据剖面图的比例尺、精度要求、设备和地形条件，可采用全站仪数字测图法、经纬仪视距法等。剖面点的密度，取决于剖面图的比例尺、地形条件等，通常是剖面图上间距为 1 cm 测一剖面点。

首先将经纬仪安置在剖面端点上，照准剖面另一端点或中间的控制点，然后沿视线方向按照测量地形点的同样方法测出地形坡度变化点、地物点、工程点及地质点的水平距离与高程。当视线过长或不通视时，应迁站到控制点或根据端点在前进方向的适当位置增设测站点，继续测量，直至测到剖面末端为止，如图 12-8 所示。

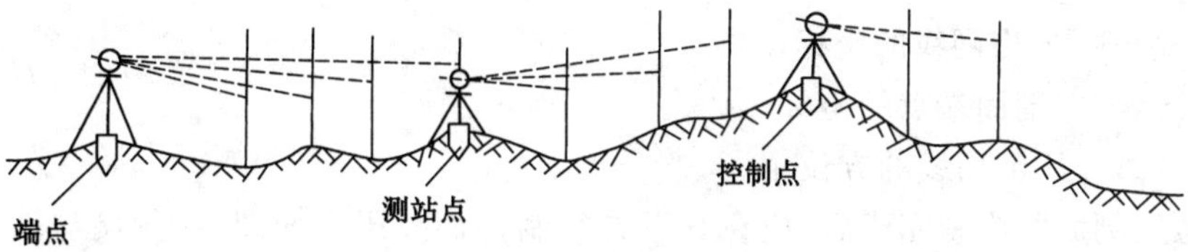

图 12-8 剖面测量

测站点应选在通视良好、便于设站的地方。剖面测完后，应及时做检核计算。同一剖面两端点间测量的水平距离总和与由剖面两端点坐标反算值的相对闭合差，以及由一端点测至另一端点的高程闭合差，应不超过表 12-2 的规定。

表 12-2　不同比例尺剖面测量误差基本要求

剖面横比例尺	1∶500	1∶1 000	1∶2 000	1∶5 000
长度相对闭合差	1/700	1/400		
高程闭合差（等高距）	1/3			

五、剖面图的绘制

剖面测量完成后，即可着手绘制剖面图。剖面图是根据剖面线上各点高程和各点到起始端点的水平距离绘制的。绘图之前，应检查整理观测记录，求出剖面线上各控制点、测站点、地形地物点、勘探工程点及地质点到起始端点的水平距离，并求出各点的高程。剖面图的比例尺一般为地形地质图比例尺的1～4倍，垂直比例尺一般与水平比例尺一致，视需要亦可放大1～2倍。

传统的绘制剖面图的方法与步骤如下：

(1) 绘制剖面图时，先根据剖面线上最低点和最高点的高程，按竖直比例尺设计一组高程线绘在图纸上，高程线由许多条等间隔的相互平行的水平线组成，每条高程线为10 m或100 m的整倍数。然后在最下边的一条高程线上定出起始端点的位置，根据各点到端点的水平距离，按规定的水平比例尺将各点标出；再根据高程线的注记，分别在过各点垂直高程线的方向上定出各剖面点的空间位置，并依次将各剖面点连成圆滑的曲线，即得剖面图，如图12-9所示。地质工程点和主要地质点，在剖面上应加编号注记；在剖面上的两端还应注记剖面线的方位角；在剖面图的下面标出剖面线和坐标线交点的位置，并注上坐标值。

(2) 在剖面图上标出纵、横坐标线的作用，主要是为了在图上量取地面和地下任意点的坐标，便于在储量计算中，能将剖面图和地形地质图对照使用。展绘坐标线时，首先在平面图上量出剖面线与各坐标线交点至起始端点的距离 S_{Ax_i}、S_{Ay_i}，如图12-10所示，按水平比例尺将坐标线与剖面线的交点位置，标在剖面图的最低一条高程线上，然后由交点位置作垂线即得各坐标线在剖面图上位置，如图12-9所示。

各坐标线与起始端点的距离按下列公式计算：

$$S_{Ax_i} = \frac{x_i - x_A}{\cos \alpha} \tag{12-2}$$

$$S_{Ay_i} = \frac{y_i - y_A}{\sin \alpha} \tag{12-3}$$

式中　x_i、y_i——方格网线的坐标；

x_A、y_A——剖面端点的坐标；

α——A—B 剖面线的方位角。

(3) 地质剖面图绘制完毕后，应在其下方绘制剖面投影平面图，比例尺与剖面图相同。首先在欲绘的平面图图廓的中央，绘一条与高程线平行的直线，作为剖面投影线。将剖面图上的 x 及 y 坐标线垂直投影于直线上，依剖面线方位角绘制投影平面图的 x 及 y 坐标线，并注记相应的坐标值。然后再将剖面端点、地质工程点、主要地质点等内容直接投影到直线上，加注同样的编号或注记，如图12-9所示。

(4) 最后整饰图廓，写明剖面图的名称、编号、比例尺、绘图时间和图内用到的图例符号等。

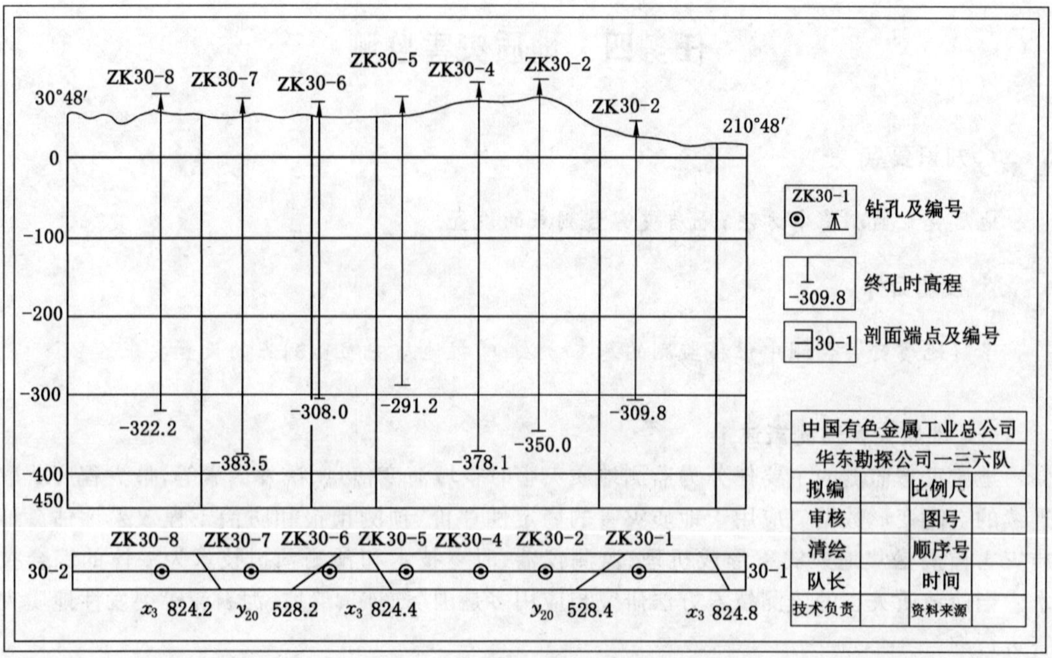

图 12-9 勘探线剖面图

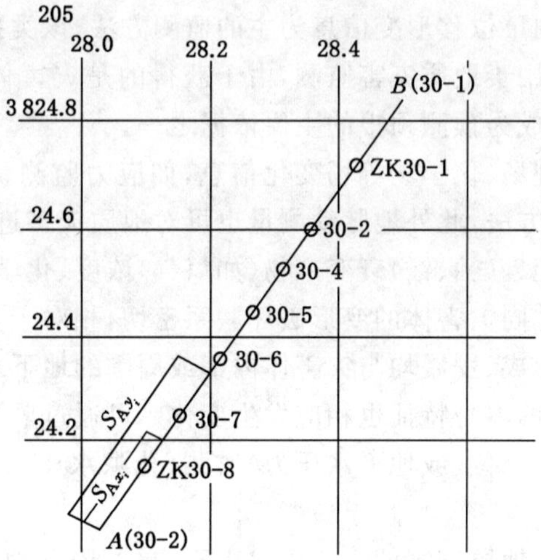

图 12-10 剖面线与坐标线交点至起始端点距离

现代剖面图绘制方法为：外业用全站仪测出剖面上各点的水平距离和高程，记录采用电子手簿或全站仪内存记录；内业采用相应的通信程序，将数据传输到计算机，经预处理后使数据格式符合绘图软件的要求，运行绘制剖面图软件，即可绘制出剖面图。

在找煤阶段，一般采用地质罗盘和测绳或皮尺进行剖面测量，这时用罗盘测倾斜角，用测绳或皮尺测量倾斜距离，利用斜距和倾斜角求出平距、高差，即可绘制剖面图。

任务四　地质灾害监测

知识要点

地质灾害监测基本方法;地质灾害监测点的设置。

技能目标

了解地质灾害监测中位移监测的基本方法;掌握地质灾害监测点的设置要求。

一、地质灾害监测概述

地质灾害监测的主要任务为监测地质灾害时空域演变信息、诱发因素等,最大程度获取连续的空间变形数据。应用于地质灾害的稳定性评价、预测预报和防治工程效果评估。地质灾害监测是集地质灾害形成机理、监测仪器、时空技术和预测预报技术为一体的综合技术。当前地质灾害的监测技术方法研究与应用多是围绕崩塌、滑坡、泥石流等突发性地质灾害进行的。

二、地质灾害监测方法

地质灾害监测包括位移监测、地质灾害体物理场及化学场等场变化信息监测、地下水位异常监测和地质灾害诱发因素监测。

变形监测主要是以测量位移形变信息为主的监测方法,该类技术目前较为成熟,精度较高,常作为常规监测技术用于地质灾害监测,由于获得的是灾害体位移形变的直观信息,特别是位移形变信息,往往成为预测预报的主要依据之一。

通过监测灾害体物理场、化学场等场变化信息,如应力监测、地声监测、放射性元素(氡气、汞气)测量、地球化学方法,此外地脉动测量也可对地质灾害进行监测。例如可对滑坡等地质灾害体所含放射性元素(铀、镭)衰变产物(如氡气)浓度、化学元素及其物理场的变化进行监测。该监测方法往往同灾害体的变形破坏联系密切,相对于位移变形,具有超前性。

大部分地质灾害的形成、发展均与灾害体内部或周围的地下水活动关系密切,同时在灾害生成的过程中,地下水的本身特征也相应发生变化。可通过监测地质灾害地下水活动、富含特征、水质特征,如地下水位(或地下水压力)监测、孔隙水压力监测和地下水水质监测等对地质灾害进行监测。

人类工程活动是现代地质灾害的主要诱发因素之一,因此地质灾害诱发因素监测也是地质灾害监测技术的重要组成部分。

三、监测点布置

监测网点布设原则主要包括以下几点:

(1) 监测网点的布设应在地质灾害隐患点调查的基础上,根据滑坡体和不稳定斜坡的形体特征、变形特征和赋存条件,考虑周边对滑坡体可能产生影响的地质体和工程等,因地制宜地进行布设。

(2) 监测网由监测线和监测点组成。监测线应根据滑坡体的变形区域和变形方位进行控制性布设。监测点应布置在滑坡体上能反映滑坡特征的位置上,滑坡体内观测点应均匀布设,滑动量较大及滑动速度较快的部位应适当多布点。

(3) 监测网点的布设应形成点、线、面、体的三维立体监测网,能全面监测滑坡体的变形方位、变形量、变形速率及发展趋势;同时,应充分考虑各种监测方法的有机结合,使监测结果可以互相补充、校核,以获得最佳的监测效果。

四、地质体位移监测的主要方法及精度要求

目前传统的地质灾害位移观测方法主要有以下几种:三角高程测量方法、数字摄影测量方法、水准测量方法、TDR 方法、InSAR 方法、GPS 方法、OTDR 方法和 GPS 数据融合技术等方法。

(1) 水准测量是传统的沉降监测技术,水准测量的特点有测量度高、操作简便、成果可靠、仪器设备普通便宜等。随着电子水准仪的普及应用,水准测量的劳动强度大大降低,数据整理也更为方便快捷,尤其是该仪器对操作技能的要求也降低了很多,这就有效地提高了成果的精度和可靠性。

(2) 三角高程测量是通过观测两点间的水平距离和天顶距(或高度角)测定两点间高差的一种方法,是一种间接测高法。

(3) 数字摄影测量就是利用摄像技术,实现真正的数字化测图。测量的精度与 DTM 的建模精度有关。

(4) GPS 能实现全天候、自动化观测,且测量精度高,成果稳定可靠。

(5) 合成孔径雷达干涉技术已成功应用到监测地面沉降,它是合成孔径雷达 SAR 与电天文学干涉测量技术相结合的技术,InSAR(包括 D-InSAR)技术主要用于建立大规模的数字高程模型(DEM)和地形制图、地形形变探测、地面沉降,还包括洋流、水文、极地研究、地震、火山灾害、地表沉降、森林研究和山体滑坡等。

滑坡作为一种对工程安全有严重威胁的不良地质作用和地质灾害,在《工程测量规范(附条文说明)》(GB 50026—2007)中特别修订增加了滑坡监测内容,要求相应的监测指标不应大于表 12-3 的要求。

表 12-3 滑坡监测精度指标

类型	水平位移监测点的点位中误差/mm	垂直位移监测的高程中误差/mm	地表裂缝的观测中误差/mm
岩质滑坡	6	3.0	0.5
土质滑坡	12	10	5

五、位移速率预警指标

根据监测点的形变信息可以得到不同时段内表面及深部各点的变形值,由于变形是动态的,因而变形速率成了反映地质灾害中稳定性及地质灾害治理是否合理的关键问题,因而位移速率是主要监测指标。一般认为监测点位移速率在仪器 3 倍观测中误差范围内视为稳定;若超过此范围,则视情况进行预警。

技能训练 14 地质勘探线放样

1. 实习目的

(1) 能熟练掌握全站仪进行放样。

（2）能使用全站仪进行勘探基线的测设。

2. 仪器工具

全站仪、棱镜、勘探基线设计图纸、50 m 钢尺。

3. 实习步骤

（1）根据设计的勘探基线点和已知坐标计算测设勘探基线所需的水平角和距离。

（2）利用全站仪对勘探基线进行放样。

（3）检查勘探基线是否在一条直线上。如果误差在允许范围内，则在基线两端点 M、N 埋设标石。然后采用单三角形或前方交会等方法，重新测定其坐标，求出它们与设计坐标的差值，若小于 1/2 000，可取平均值作为最终坐标；否则应进行检查，必要时重新施测。

（4）勘探线测设。在基点 P 安置全站仪，定出基线方向，按设计给定的勘探线间距，采用钢尺量距或精密视距的方法定出各勘探线在基线上的交叉点。然后分别在这些点上安置全站仪，依据设计给定的勘探线上工程点的点距，将其测设于实地，即得到第一组勘探线；同法测第二组勘探线。

4. 提交成果

每组实地测设 2 组勘探线。

思考与练习

1. 地质勘探工程测量的主要工作任务是什么？
2. 地质剖面图应该绘制哪些主要内容？
3. 勘探网是如何组成，又是如何布设的？
4. 地质钻探工程测量主要包括哪些内容？
5. 地质灾害监测中位移监测的方法有哪些？

项目十三　工程变形监测

各种工程建筑物都有规定的使用年限，要求在使用期限内稳定安全，并能经受住一定的外力破坏作用。从开工建设到使用结束，均希望达到设计的质量标准，确保安全使用，并尽量延长使用期限。现代工程建筑物正朝着体积大、重量大、结构复杂、内部工业机械设备多、施工周期短、使用频率高等方向发展，因此工程变形监测有着特别重要的意义。

任务一　工程变形监测概述

知识要点

变形监测的概念；变形监测的主要任务；变形监测的目的和意义；变形监测的特点和分类。

技能目标

了解变形监测的概念和主要任务；掌握变形监测的目的和意义；掌握变形监测的特点和分类。

为了掌握变形监测基础知识，需了解变形监测的概念和主要任务，从而掌握变形监测的目的与意义、特点以及分类。

一、变形与变形监测的概念

物体的形状变化称为变形。变形通常分为两类：自身的变形和相对于参考物的位置变化。

物体自身的变形主要包括伸缩、裁剪、裂缝、弯曲和扭转等。物体相对于参考物的位置变化主要包括水平位移、垂直位移（沉降）、倾斜等。

变形监测又称变形观测，是对变形体进行测量以确定其自身变形，或者通过测量确定其空间位置随时间的变化特征。工程变形监测是利用专门的仪器和方法对工程建筑物等监测对象的变形进行周期性重复观测，从而分析变形体的变形特征、预测变形体的变形态势。

对于工程变形监测来说，变形体一般包括工程建（构）筑物、机械设备以及其他与工程建设有关的自然或人工对象（如高层建筑物、重型建筑物、地下建筑物、大坝、桥梁、隧道、高边坡、滑坡体、开采沉陷区、古建筑等）。

影响工程建筑物变形的因素有外部因素和内部因素两个方面。外部因素主要是指由于建筑物负载及其自重的作用使其地基不稳定，震动或风力等因素引起的附加载荷，地下水位的升降及其对基础的侵蚀作用，地基土的荷载与地下水位变化影响下产生的各种工程地质现象以及地震、飓风、滑坡、洪水等自然灾害引起的变形或破坏。内部因素主要是指建筑物本身的结构、负重、材料以及内部机械设备的震动作用。此外，由于地质勘探不充分、设计不合理、施工质量差、运营管理不当等引起的不应有的额外变形和人为破坏也是重要因素。

二、变形监测的主要任务

工程变形监测的主要任务是周期性地对观测日标进行观测，从观测点的位置变化中了解建筑物变形的空间分布，通过对各次观测成果分析比较，了解其随时间的变化特征，从而判断建筑物的质量、变形的过程以及变形的趋势，对超出变形允许范围的建筑物、构筑物及时分析原因，采取加固措施，防止变形的发展，避免事故的发生。

三、变形监测的目的

工程变形监测的主要目的是要获得变形体的空间位置随时间变化的特征，科学、准确、及时地分析和预报工程建筑物的变形状况，同时还要正确地解释变形的原因和机理。

工程变形监测的目的大致可分为三类，第一类是安全监测，即希望通过重复观测，能第一时间发现建筑物的不正常变形，以便及时分析和采取措施，防止事故的发生；第二类是积累资料，各地对大量不同基础形式的建筑物所做沉降观测资料的积累，是检验设计方法的有效措施，也是以后修改设计方法、制定设计规范的依据；第三类是为科学试验服务，这实质上也是为了收集资料、验证设计方案，也可能是为了安全监测，只是它在一个较短时期内、在人工条件下让建筑物产生变形。

计算变形量、变形速度等数据的工作称为变形的几何分析；分析变形的产生原因、演变规律等的工作称为变形的物理分析。

四、变形监测的意义

变形监测有实用上和科学上两方面的意义。

实用上的意义主要是监测各种工程建筑物及其地质结构的稳定性，及时发现异常变化，对其稳定性和安全性做出判断，以便采取措施处理，防止发生安全事故。

科学上的意义在于积累监测分析资料，以便形更好地解释变形的机理，验证变形的假说，建立有效的变形预告模型，为研究灾害预报的理论和方法服务，验证有关工程设计的理论是否正确、设计方案是否合理，为以后修改完善设计、制定设计规范提供依据，如改善建筑物的各项物理参数、地基强度参数，以防止工程破坏事故，提高抗灾能力等。

五、变形监测的特点

物体的形状变化称为变形。变形通常分为两类：自身的变形和相对于参考物的位置变化。与工程建设中的地形测量和施工测量相比，变形测量具有以下特点：

(1) 重复性观测

这是变形监测的最大特点。重复观测的频率取决于变形的大小、速度以及观测目的。第一次观测称为初始观测周期或零周期观测。每一周期的观测方案中，监测网的图形、使用仪器、作业方法乃至观测人员都要尽可能一致。

(2) 观测精度高

相比其他测量工作，变形观测精度要求高，典型精度要求达到 1 mm 或相对精度达到 10^{-6}。但对于不同的任务或对象，精度要求有差异，即使对于同一建筑物的不同部位，观测精度也不尽相同。制定变形监测的精度取决于变形的大小、速率、仪器和方法所能达到的实际精度以及监测的目的等。

(3) 综合应用多种测量方法

由于各种测量方法都有优缺点,因此根据工程点变形测量的要求,综合应用地面测量方法(如几何水准测量、三角高程测量、方向和角度测量、距离测量等)、空间测量技术(如 GPS 技术、合成孔径雷达干涉等)、近景摄影测量、地面激光雷达技术以及专门测量手段,可以起到取长补短、相互校核的目的,从而提高了变形测量精度和可靠性。

(4) 数据处理过程的严密性

变形量一般很小,有时甚至与观测精度处在同一量级,要从含有误差的观测值中分离出变形信息,需要严密的数据处理方法。观测值中经常含有粗差和系统误差,在估计变形模型之前要进行筛选,以保证结果的正确性。变形模型一般是预先不知道的,需要仔细地鉴别和检验。对于发生变形的原因还要进行解释,建立变形和变形原因之间的关系。变形监测资料可能是由不同的方法在不同的时间采集的,需要综合地利用。再者,变形观测是重复进行的,多年观测积累了大量资料,必须有效地管理和利用这些资料。

(5) 多学科综合分析

变形观测工作者必须熟悉并了解所要研究的变形体,包括变形体的形状特征、结构类型、构造特点、所用材料、受力状况以及所处的外部环境条件等,这就要求变形观测工作者应具备地质学、工程力学、岩土力学等方面的相关知识,以便制定合理的变形观测精度指标和技术指标,特别是对变形体的变形做科学合理的物理解释。

六、变形监测分类

1. 按照变形监测的研究范围分类

按照变形监测的研究范围可分为全球性变形监测、区域性变形监测和工程变形监测。

(1) 全球性变形监测是指对地球自身动态变化(如自转速率变化、地极移动、海水潮汐、地球板块运动、地壳形变等)的监测。

(2) 区域性变形监测是指对一个城市或一个工矿厂区等区域性地域进行的监测,如三峡库区周边地表沉降监测等。

(3) 工程变形监测是指对某个具体的工程建筑物进行的监测。

2. 按照变形体产生变形的时间和过程分类

(1) 静态变形通常指在某一时间段内产生的变形,是时间的函数,一般通过周期观测得到,如高层建筑物的沉降、矿区开采沉陷。

(2) 动态变形指在某个时刻的瞬时变形,是外力的函数,一般通过持续监测得到,如地震、滑坡、塌方等。

3. 按照变形监测相对于变形体的空间位置分类

(1) 外部变形监测主要是测量变形体在空间二维几何形态上的变化,普遍使用的是常规测量仪器和摄影测量设备,这种测量手段技术成熟、通用性好、精度高,能提供变形体整体的变形信息,但野外工作量大,不容易实现连续监测。

(2) 内部变形监测主要是采用各种专用仪器,对变形体结构内部的应变、应力、温度、渗压、土压力、孔隙压力以及伸缩缝开合等进行观测,这种测量手段容易实现连续自动的监测、长距离遥控遥测,精度也高,但只能提供局部的变形信息。

4. 按照变形监测的目的分类

按照变形监测的目的可分为施工变形监测(在施工过程中对其变形的监测)、监视变形监测(在工程竣工使用后的监测)和科研变形监测(为了研究变形规律和机理而进行的监测)等。

任务二　变形监测的内容与方法

知识要点

变形监测技术的主要内容;变形监测的方法。

技能目标

掌握变形监测技术的主要内容;了解变形监测的方法。

一、变形监测技术的主要内容

1. 按照变形性质进行分类

变形体在平面位置、高程位置、垂直度、弯曲度等方面发生的变形,按照其变形性质一般可以归纳为以下几类:

(1) 位移

变形体平面位置随时间发生的移动称为水平位移,简称位移。水平位移监测就是测定变形体沿水平方向的位移变形值,并提供变形趋势与稳定预报而进行的测量工作。产生水平位移的原因主要是建筑物及其基础受到了水平应力的影响。适时监测建筑物的水平位移量,能有效地监控建筑物的安全状况,并可根据实际情况采取适当的加固措施。

(2) 沉降

变形体在高程方向上的变形,本应称为垂直位移,但由于历史的沿袭和特定情况下的需要,以及考虑与建筑学、岩石力学、土力学等相关学科之间融会贯通,常称为沉降或沉陷。建(构)筑物垂直位移监测是测定基础和建(构)筑物本身在垂直方向上的位移。当前,在建筑物施工或使用阶段进行沉降监测,其首要目的仍是为了保证建筑物的安全,通过沉降监测发现沉降异常,分析原因并采取必要的防范措施。

(3) 倾斜

倾斜是指变形体在垂直度方面的变形。倾斜一般是由于变形体不同侧变量大小不一样造成的,如基础的不均匀沉降等。

(4) 挠度

这是指变形体不同位置偏离其理论位置的变形。

(5) 裂缝

这是指变形体自身材料在拉、压应力的作用下产生的缝隙,是由于变形体各部分变形不均匀引起的,对变形体的安全危害重大。

(6) 日照变形

这是指变形体由于向阳面与背阳面温差引起的偏移量及其变化规律。

(7) 风振变形

这是指超高层建筑或其他构筑物上部结构在风的作用下产生的位移或偏振。

(8) 动态变形

这是指变形体在可变荷载作用下的变形，其特点是具有一定的周期性。

2. 按照监测方式进行分类

国内有些从事变形监测的学者将变形监测的内容分为以下四类：

(1) 位移监测

位移监测主要包括垂直位移(沉降)监测、水平位移监测、挠度监测、裂缝监测等，对于不同类型的建筑物或地区，观测项目有一定差异。

(2) 环境量监测

环境量监测一般包括气温、气压、降水量、风力、风向等。对于水工建筑物，还应监测库水位、库水温度、冰压力、坝前淤积和下游冲刷等；对于桥梁工程，还应监测河水流速、流向、泥沙含量、河水温度、桥址区河床变化等。总之对于不同的工程，除了一般性的环境量监测外，还要进行一些针对性的监测工作。

(3) 渗流监测

渗流监测主要包括地下水位监测、渗透压力监测、渗流量监测、扬压力监测等。

(4) 应力应变监测

应力应变监测主要项目包括混凝土应力应变监测、锚杆(锚索)应力监测、钢筋应力监测、钢板应力监测、温度监测等。为使应力应变监测成果不受环境变化的影响，在测量应力与应变时，应同时测量监测点的温度。应力应变的监测应与变形监测、渗流监测等项目结合布置，以便监测资料的相互验证和综合分析。

3. 按照几何量和物理量分类

按几何量和物理量的方法可进行如下分类：

(1) 有关几何量的变形监测

有关几何量的变形监测主要内容包括水平位移监测，垂直位移监测，偏距、倾斜、挠度、弯曲、扭转、震动、裂缝等监测。水平位移是监测点在平面上的移动，它可分解到某一个特定方向；垂直位移是监测点在铅垂线上的移动；而偏距、倾斜、挠度等也可归结为沉降和水平位移监测。

(2) 有关物理量的变形监测

有关物理量的变形监测主要内容包括应力、应变、温度、气压、水位、渗流、渗压、扬压力等监测。

总的来说，变形监测的内容应根据变形体的性质与地基情况来确定。对于不同类型的变形体，其监测的内容和方法有一定的差异。

二、变形监测的过程

变形监测工作通常有如下几个步骤和过程：

(1) 变形监测网的优化设计与观测方案的实施，包括监测网质量标准的确定、监测网点的最佳布设以及观测方案的最佳选择与实施。

(2) 观测数据处理，包括观测数据质量评定与平差、观测值之间相关性的估计以及粗差和系统误差检测与剔除。

(3) 变形的几何分析，包括变形模型的初步鉴别、变形模型中未知参数的估计、变形模型的统计检验和最佳模型的选择以及变形量的有效估计。

(4) 变形的物理解释与变形预报，包括探讨变形的成因，给出变形值与荷载(引起变形的有关因素)之间的函数关系，并作变形预报。

三、变形监测的方法

1. 常规大地测量方法

常规大地测量方法通常指的是利用常规的大地测量仪器测量方向、角度、边长、高差等来测定变形的方法，包括布设成边角网、各种交会法、极坐标法以及几何水准测量法、三角高程测量法等。常规的大地测量仪器有光学经纬仪、光学水准仪、电磁波测距仪、电子经纬仪、电子全站仪以及测量机器人等。其中，测量机器人目前在变形监测中使用广泛，该仪器由伺服马达驱动，在一定的范围内由机载系统软件控制，自动识别目标、测量(水平角、垂直角、距离)目标和自动检测记录观测数据，如图 13-1 所示。测量机器人的测角、测距精度高，目前徕卡 TS60 型测量机器人(图 13-2)的测角标称精度可以达到 $\pm 0.5''$，测距标称精度 $\pm (0.6\ \mathrm{mm} + 1 \times 10\text{-}6D)$；在此仪器的基础上，对仪器进行试验检测，精确确定仪器的差分改正系数，实现温度、气压、大气折光等外部条件对测量距离、角度观测值的实时差分改正，提高观测的精度；相比于普通全站仪测量机器人具有自动照准功能，随机携带变形监测程序，可实现全天候的无人值守监测，其实质为自动极坐标测量系统。

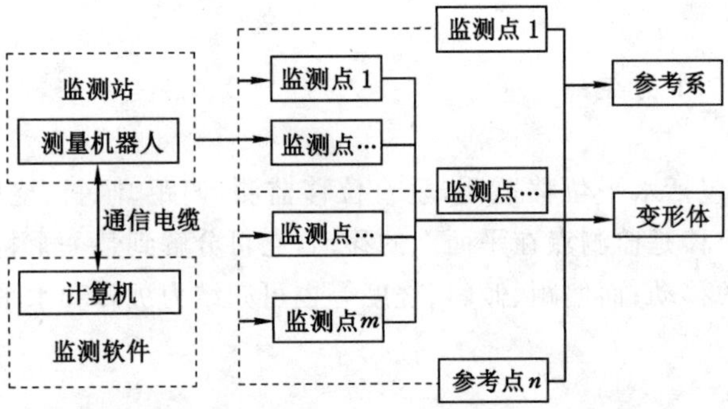

图 13-1 测量机器人变形监测系统组成

图 13-2 徕卡 TS60 型测量机器人

2. GNSS 方法

GNSS 技术在测量的连续性、实时性、自动化及受外界干扰小等方面表现出了越来越多的优越性，使用 GNSS 差分技术进行变形测量时，需要将一台接收机安放在变形体以外的稳固地点作为基准站，另外一台或多台 GNSS 接收机天线安放在变形点上作为流动站，如图 13-3 所示。GNSS 方法可以用于测定场地滑坡的三维变形、大坝和桥梁水平位移、地面沉降以及各种工程的动态变形(如风振、日照及其他动荷载作用下的变形)等。

3. 数字近景摄影测量方法

数字近景摄影测量方法观测变形时，首先在变形体周围的稳固点上安置高精度数码相机，对变形体进行摄影，然后通过数字摄影测量处理获得变形信息。与其他方法相比较，数字近景摄影测量方法具有以下显著特点：

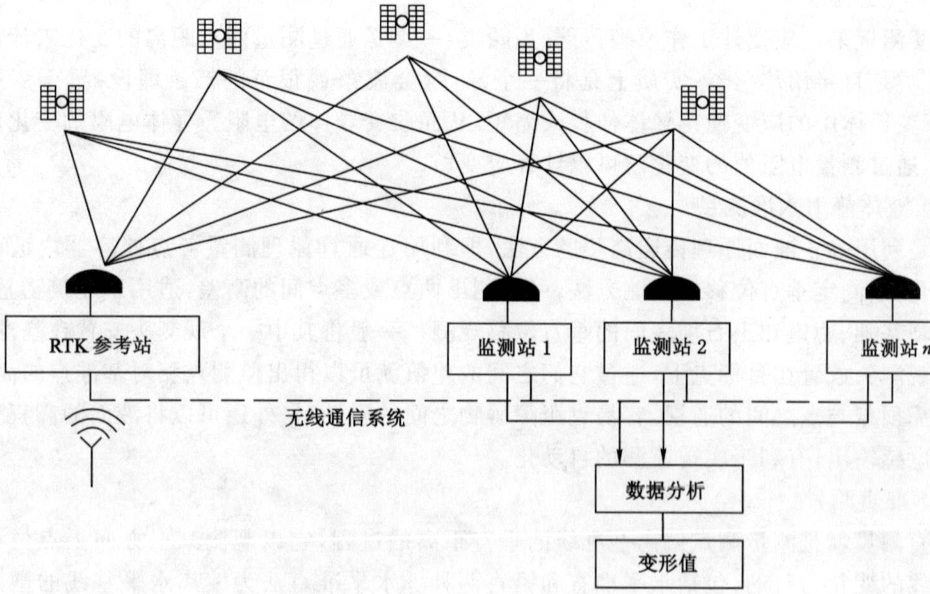

图13-3　GNSS动态变形监测系统

(1) 信息量丰富,可以同时获得变形体上大批目标点的变形信息。

(2) 摄影影像完整记录了变形体各时期的状态,便于后续处理。

(3) 外业工作量小,效率高,劳动强度低。

(4) 可用于监测不同形式的变形,如缓慢、快速或动态的变形。

(5) 观测时不需要接触被监测物体。

4. 激光扫描方法

地面三维激光扫描应用于变形监测的特点:

(1) 信息丰富。

(2) 实现对变形体的非直接测量。

(3) 便于对变形体进行整体变形的研究。

5. InSAR方法

合成孔径雷达干涉测量(InSAR)技术使用微波雷达成像传感器对地面进行主动遥感成像,采用一系列数据处理方法,从雷达影像的相位信号中提取地面的形变信息。

用InSAR进行地面变形监测的主要优点在于:

(1) 覆盖范围大,方便迅速。

(2) 成本低,不需要建立监测网。

(3) 空间分辨率高,可以获得某一地区连续的地表形变信息。

(4) 全天候,不受云层及昼夜影响。

6. 专门测量技术手段

变形测量除了上述测量手段外,还包括一些专门手段,如应变测量、液体静力水准测量、准直测量、倾斜测量等。这些专门的测量手段的特点主要有:测量过程简单,容易实现自动化监测和连续监测,提供的是局部的变形信息。

(1) 应变测量

应变测量采用应变计工作原理,可分为两类:一类是通过测量两点距离的变化来计算应变;另一类是直接用传感器,实质上是将一个导体(金属条或很窄的箔条埋设)置于变形体中,由于变形体中的应变使得导体伸长或缩短,从而改变导体的电阻。导体电阻的变化用电桥测量,通过测量电阻值的变化就可以计算应变。

(2) 液体静力水准测量

这是利用静止液面原理传递高程的方法,即利用连通管原理测量各点处容器内液面高差的变化,以测定垂直位移的观测方法,可以测出两点或多点间的高差,适用于建筑物基础、混凝土坝基础、廊道和土石坝表面的垂直位移观测。一般将其中一个观测头安置在基准点,其他各观测头放置在目标点上,通过它们之间的差值就可以得出监测点相对基准点的高差。该方法无须点与点之间的通视,容易克服障碍物之间的阻挡,另外还可以将液面的高程变化转化成电感输出,有利于实现监测的自动化。

(3) 准直测量

准直测量就是测量测点偏离基准线的垂直距离的过程,它以观测某一方向上点位相对于基准线的变化为目的,包括水平准直和铅直两种。水平准直法为偏离水平基线的微距离测量,该水平基准线一般平行于被监测的物体。铅直法为偏离垂直线的微距离测量,经过基准点的铅垂线作为垂直基准线。

(4) 倾斜测量

基础不均匀的沉降将使建筑物倾斜,对于高大建筑物影响更大,严重的不均匀沉降会使建筑物产生裂缝甚至倒塌。倾斜测量的关键是测定建筑物顶部中心相对于底部中心或者各层上层中心相对于下层中心的水平位移矢量。建筑物倾斜观测的基本原理大多是测出建筑物顶部中心相对于底部中心的水平偏差来推算倾斜角,常用倾斜度(上、下标志中心点间的水平距离与上、下标志点高差的比值)来表示。

任务三　变形监测数据处理与分析

知识要点

掌握监测数据基本量的计算以及监测曲线的绘制方法。

技能目标

掌握变形监测数据基本量的计算、监测曲线的绘制和监测报告的编写。

一、沉降监测数据处理与分析

(一) 沉降监测数据计算的基本量

1. 平均沉降量

平均沉降量即为测区内所有沉降点的沉降量的平均值。

$$S_{平}=\frac{\sum_{i=1}^{n}S_i}{n} \tag{13-1}$$

式中，n 为测区内沉降监测点的个数。

2. 基础倾斜量

设在同一轴线上有两个沉降监测点，分别为 i、j，间距为 L，在某期的监测中，沉降量分别为 S_i 和 S_j，则这两点间的倾斜量 τ_{ij} 为：

$$\tau_{ij}=\frac{s_j-s_i}{L} \tag{13-2}$$

3. 基础相对弯曲量（相对挠度）

设在同一轴线上有三个沉降监测点，分别为 i、k、j，k 到 i 和 j 的间距为 l_{ik} 和 l_{kj}，则 i 到 j 的间距 $l_{ij}=l_{ik}+l_{kj}$，在某期的监测中，沉降量分别为 S_i、S_k、S_j，则相对弯曲量 f 为：

$$f=\frac{\Delta S}{l_{ij}} \tag{13-3}$$

其中

$$\Delta S=S_k-\frac{S_i\cdot l_{kj}+S_j\cdot l_{ik}}{l_{ij}}=\frac{(S_k-S_i)\cdot l_{kj}+(S_k-S_j)\cdot l_{ik}}{l_{ij}} \tag{13-4}$$

则

$$f=\frac{(S_k-S_i)\cdot l_{kj}+(S_k-S_j)}{l_{ij}^2} \tag{13-5}$$

当 $l_{ik}=l_{kj}=0.5l_{ij}$ 时，则上式可简化为：

$$f=\frac{2S_k-S_i-S_j}{2l_{ij}} \tag{13-6}$$

（二）沉降监测数据处理分析

沉降监测数据的平差计算和分析处理是沉降监测作业的一个重要环节，应该高度重视。

1. 沉降监测数据平差计算

沉降监测平差计算应利用稳定的基准点作为起算点。某期平差计算和分析中，如果发现有基准点变动，不得使用该点作为起算点。通过各期的沉降监测数据计算出各阶段的三个基本量，即平均沉降量、基础倾斜量和基础相对弯曲量。

沉降监测数据平差计算和处理的方法很多，目前已有许多成熟的平差计算软件系统。这些软件一般都具有粗差探测、系统误差补偿和精度评定等功能。平差计算中，需要特别注意的是要确保输入的原始观测数据和起算数据正确无误。

2. 沉降监测数据分析原则

(1) 对二等和三等及部分一等变形测量，相邻两期监测点的变形分析可通过比较监测点相邻两期的变形量与测量极限误差来进行。当变形量小于测量极限误差时，可认为该监测点在这两期之间没有变形或变形不显著。

(2) 对特等及有特殊要求的一等变形测量，当监测点两期间的变形量符合式(13-7)时，可认为该监测点在这两期之间没有变形或变形不显著：

$$\Delta=2\mu\sqrt{Q} \tag{13-7}$$

式中，Δ 为两期间的变形量；μ 为单位权中误差，可取两期平差单位权中误差的算术平均值；Q 为监测点变形量的协因数。

(3) 对多期变形观测成果，应综合分析多期的累积变形特征。当监测点相邻两期间变形量小，但多期间变形量呈现出明显变化趋势时，应认为其有变形。

3. 建筑体沉降稳定判断标准

稳定标准应由沉降量与时间关系曲线判定，对重点监测工程，或最后三次监测中每次沉降量均不大于 $2\sqrt{2}$ 倍测量中误差，则认为已进入稳定阶段。二、三级多层建筑以 0.04 mm/d、高层和一级建筑以 0.01 mm/d 为稳定标准。若施工过程中沉降大于 2.0 mm/d，则应采取有效措施。

4. 沉降监测数据统计分析方法

建筑沉降分析与预报的目的是对多期沉降监测成果通过分析沉降量与沉降因子之间的相关性，建立二者之间的数学模型，并根据需要对沉降的发展趋势进行预报。

(1) 曲线图分析法

制作 P-T-S（荷载-时间-沉降量）曲线图，通过某一沉降点和其他点的沉降曲线比较，得出其离散程度并分析原因。制作 V-T-S（沉降速度-时间-沉降量）曲线图，通过某一沉降点和其他点的沉降速率比较得出其沉降快慢情况并分析原因。

(2) 回归分析法

该方法是建立沉降量与变形因子关系数学模型最常用的方法。回归模型应尽可能简单，包含的变形因子数不宜过多，对于建筑沉降而言，一般没有必要超过两个。常用的回归模型是线性回归模型、指数回归模型和多项式回归模型。当有多个变形因子时，有必要采用逐步回归分析方法，确定影响最显著的几个关键因子。

(3) 灰色建模法

该方法是沉降监测建模的一种较常用的方法。该方法要求有 4 期以上的监测数据即可建模，建模过程也比较简单。通过关联分析提取建模所需变量，对离散数据建立微分方程的动态模型。灰色模型有多种，最常用的为 GM(1,1)模型，只包括时间变量。应用灰色建模方法的前提是沉降量的取得应为等时间间隔，即应为时间序列数据。实际中，当不完全满足这一要求时，可通过插值的方式进行插补。

(三) 沉降监测成果资料

(1) 沉降观测成果表。

(2) 沉降观测点位布置图及基准点图。

(3) P-T-S（荷载-时间-沉降量）曲线图。

(4) V-T-S（沉降速度-时间-沉降量）曲线图。

(5) 建筑体沉降曲线图。

(6) 沉降监测分析报告。

二、水平位移监测数据处理与分析

(一) 利用不同周期偏离值计算水平位移

如图 13-4 所示，设工程建筑物上有一个水平位移监测点 P_1，相对于基准线 AB，其初始周期的偏离值 $L_1^{[1]}$，第 $i-1$ 周期的偏离值为 $L_1^{[i-1]}$，第 i 周期的偏离值为 $L_1^{[i]}$，则可求得监测点 P_1 第 i 周期相对于第 $i-1$ 周期的本期水平位移为：

$$\Delta L_1^{[i-1]} = L_1^{[i]} - L_1^{[i-1]} \tag{13-8}$$

目标点 P_1 第 i 周期相对于初始周期的累积水平位移为：

$$\Delta L_1^{[i-1]} = L_1^{[i]} - L_1^{[1]} \tag{13-9}$$

（二）利用不同周期坐标值计算水平位移

如图 13-5 所示，某工程建筑物上有一个水平位移监测点 P_1，其初始坐标为（$x_1^{[1]}$，$y_1^{[1]}$），第 i 周期后目标的坐标为（$x_1^{[i]}$，$y_1^{[i]}$），则可求得监测点 P_1 第 i 周期相对于初始周期的水平位移为：

$$\begin{cases} \Delta x_1^{[i]} = x_1^{[i]} - x_1^{[1]} \\ \Delta y_1^{[i]} = y_1^{[i]} - y_1^{[1]} \end{cases} \tag{13-10}$$

其合位移 ΔS_1^i 及其位移方向可以用下式计算：

$$\begin{cases} \Delta S_1^i = \sqrt{(\Delta x_1^i)^2 + (\Delta y_1^i)^2} \\ \tan\alpha - \dfrac{\Delta y_1^i}{\Delta x_1^i} \end{cases} \tag{13-11}$$

相对于第 $i-1$ 周期的本次水平位移计算公式和原理与上述相同，不再赘述。

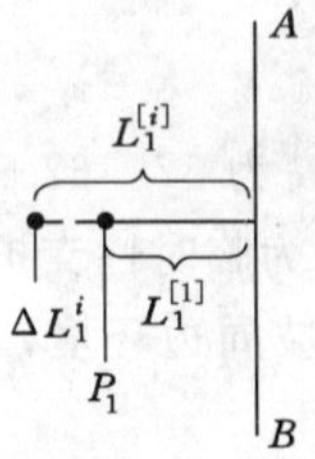

图 13-4　利用偏离值计算水平位移

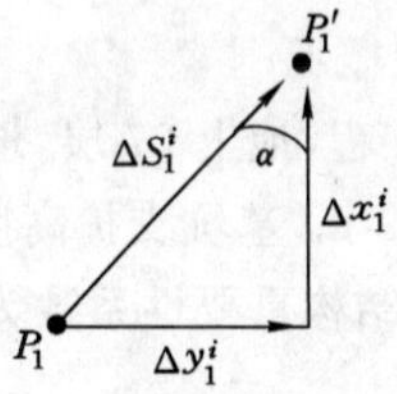

图 13-5　利用坐标值计算水平位移

（三）水平位移监测数据统计分析方法

（1）截至最后一期观测，统计得到的最大累计水平位移量为××mm（××观测点），最小累计水平位移量为××mm（××观测点），平均累计水平位移量为××mm。

（2）截至最后一期观测，统计得到的最大水平位移速率为××mm/d（××观测点，第×期至第×期），平均水平位移速率为××mm/d。

（3）从荷载-时间-位移量（P-T-S）关系曲线图分布情况看，××观测点水平位移曲线与其余观测点水平位移曲线相比存在一定离散现象，分析其原因。

（4）从位移速率-时间-位移量（V-T-S）关系曲线图分布情况看，××观测点水平位移速率明显快（慢）于其他观测点，分析其原因。

（5）从水平位移曲线变形趋势来看，各观测点水平位移曲线在××年××月以后开始逐渐趋缓，并小于规定值，表明变形体在××年××月以后开始逐步进入稳定阶段。

（四）水平位移监测应提交的成果

（1）水平位移监测点位布置图。

（2）各监测点水平位移值统计表。

（3）各监测点水平位移速率统计表。

（4）荷载-时间-位移量（P-T-S）曲线图。

(5) 位移速率-时间-位移量(V-T-S)曲线图。

(6) 水平位移监测报告。

任务四　工程变形监测实例

知识要点

通过工程实例掌握基坑监测的具体实施方法及最终监测成果。

技能目标

通过基坑监测实例掌握基坑监测的组织实施过程。

为了熟悉变形监测的内容、方法及监测成果数据处理与分析，以某基坑监测工程实例阐述工程变形监测中监测点布设、监测方法、监测数据处理和分析以及报告相应的结论。

一、工程概况

某建筑工程，地上27层，地下3层，场地平整后的现状标高为57～62.5 m，基坑开挖底面标高为51.9 m，基坑支护高度为5～10.5 m。本次基坑支护为临时性支护，基坑侧壁安全等级为一级，结构重要性系数为1.1。根据场地地质情况及边坡周边环境，本次基坑工程具有如下特点：

(1) 基坑规模大，形状不规则，基坑侧壁高度较大，施工工期较长。根据工程总平面图以及整体规划，基坑工程侧壁高度超过10 m。本次基坑侧壁安全等级为一级，结构重要性系数 $\gamma=1.1$。

(2) 本次基坑支护工程为临时性支护，基坑范围大。

(3) 地层条件复杂。根据勘察报告，基坑侧壁支护段所涉及的土层主要有填土、粉质黏土、圆砾、残积粉质黏土、强风化泥质粉砂岩、中风化泥质粉砂岩，地层较为复杂。

(4) 地下水水量较大。场地内地下水类型主要为第四系土层内的孔隙水。本次基坑工程应注意基坑坑顶及坑底的排水、截水工作，防止降雨期间雨水入渗软化土层，降低土层物理力学参数，地下水采取止水措施。

(5) 基坑周边环境较复杂。周边存在市政道路，局部地段(西南侧)坡顶周边含高层建筑物，因此对基坑的变形控制要求高。

二、监测内容和方法

(一) 监测内容

本次基坑监测采用工程测试、工程测量及目测三种手段相结合的方法进行，并对相关数据进行综合分析，排除外界因素和监测系统的偶然性误差，从而提供可靠的、科学的监测数据。本次护坡顶累计水平位移报警值为25 mm，连续三天变化速率达5 mm/d时应报警。根据《建筑基坑支护技术规程》(JGJ 120—2012)：按照基坑及边坡支护监测要求，监测内容包括：

(1) 坡顶水平位移和垂直位移监测。

(2) 地下管网、地表裂缝监测。

(3) 坡顶建(构)筑物变形监测。

(4) 锚杆拉力及预应力损失值监测。

(5) 土体及支护结构深层水平位移监测(测斜)。

(6) 地下动态水位监测。

(二) 监测点布置

如图 13-6 所示,基坑 *AB* 段长约 193 m,由于紧邻另一房地产开发项目,地下室也是三层,与本基坑工程同时出土,故此段土体可挖除至设计坑底标高,不进行支护,不进行监测;*BC* 段开挖深度约 4~6 m,采用复合土钉墙支护方案进行支护,因开挖较浅,不进行监测;*CDE* 段采用"旋挖桩+锚杆"支护方式支护,需监测;*EF*、*FGH* 段以及 *HA* 段采用"旋挖桩+锚杆+桩间止水(帷幕)"支护方式支护,也需监测。

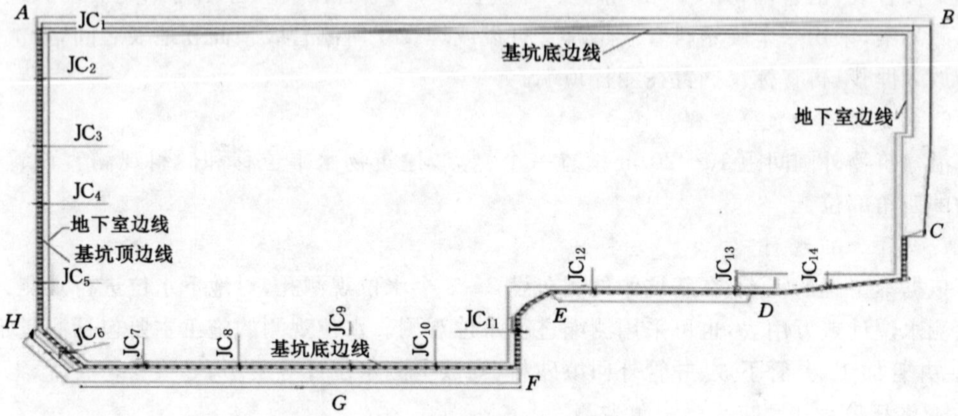

图 13-6 基坑监测点的布设

(三) 监测方法

由于基坑开挖,支护系统的位移将是引起周围地层、管线、道路及建筑物变形的主要原因,掌握其位移变化量与开挖深度的关系尤为重要。

1. 坡顶水平和竖向位移监测

常用的水平位移监测方法有:视准线法、前方交会法、极坐标法,本工程监测采用极坐标法。极坐标法是根据一个角和一段距离从一个控制点上标定其他点位的方法,本工程采用高精度全站仪作业,监测点布置在冠梁上。浇冠梁混凝土时预埋 15 cm 长的 $\phi 20$ 钢筋,钢筋头露出地面 10 mm,钢筋头磨成半球状并刻"十"字,刷上红漆,作为水平和竖直位移的观测点。

2. 深层水平位移监测

采用测斜装置对坡体的深层水平位移进行监测,测斜装置由测斜管、测斜仪、数字式测读仪三部分组成。测斜管采用 90 mm PVC 测斜管,测斜仪采用测试仪器灵敏度高(系统总精度为±4 mm/15 m)、稳定性强的 CX-03E 型钻孔测斜仪。可沿墙顶 1.0 m 处每隔 20 m 布置一个监测点。

3. 桩墙深层位移监测

维护桩深层水平挠曲可采用测斜装置进行监测，测斜装置与深层水平位移监测所用的测斜装置一样。测斜仪器布置：用测斜管埋设固定在桩墙内，可固定在桩体钢筋笼内侧，随钢筋笼一起放入桩孔内。

4. 道路沉降监测

监测点可布置在靠近基坑的边上，监测点悬在道路的两侧，不影响交通又便于保存的位置，观测点间距约 25 m。为更多获得道路沉降量的信息，将道路观测点与道路两侧的管线沉降监测点错开布设。

5. 地下管网监测

地下管网的监测包含垂直沉降和水平位移两部分。地下水管、污水管、燃气管等刚性管线，沿管网每隔 20 m 布置一个监测点，刚性接头处需增加监测点；电力、电信管网、塑料管网等柔性管线，沿管网每隔 20 m 布置一个监测点；周边管网监测方法可采用套筒式或抱箍式监测方案，采用一个硬塑料管或金属管打设或埋设于所测管线顶面和地表之间，量测时将测杆放入埋管，再将标尺搁置在测杆顶端。

6. 周边建筑物沉降监测

沿建筑物外围间距 10～20 m 设置一个测点，建筑物水平位移和倾斜观测宜设置在建筑物的四角部位。

7. 地下水位观测

依据本工程的特点，在基坑的外侧布设 2～3 个水位观测孔，对地下水位进行观测，可采用电测水位计或万用表，也可采用测绳进行水位观测。水位观测的施工主要包括测量定位、成孔、井管加工、井管下放、井管外回填砂料、安放电测水位计等工序。

8. 锚杆内力及预应力损失值监测

锚杆内力测量采用专用的锚杆测力计，钢筋锚杆可采用钢筋应力计或应变计，当使用钢筋束时应分别监测每根钢筋的受力。锚杆轴力计、钢筋应力计和应变计的量程宜为设计最大拉力值的 1.2 倍，量测精度不宜低于 0.5%F.S.，分辨率不宜低于 0.2%F.S.应力计或应变计应在锚杆锁定前获得稳定初始值。监测点主要布置在外锚头和锚杆主筋，锚杆监测总数不少于锚杆总数的 5%，且不少于 3 根。锚杆测力计可选取 GMS 型振弦式锚杆测力计。在锚杆受力前安装锚杆测力计，锚杆测力计安装在孔口的锚杆头部，锚杆测力计的电缆用保护装置引出。根据监测结果可以判断出锚杆内预应力的损失情况，若预应力损失超过 20%，需再进行一次重复张拉，补足预应力，可有效改善锚杆的长期工作性能。

三、监测精度要求及监测频率

1. 监测精度要求

沉降观测采用二等水准测量方法，线路高差闭合差应小于±0.6 mm。水平位移采用极坐标法观测，误差小于 2.0 mm。

观测基准点为 3 个，设在开挖影响范围外(暂定 200 m)，位移观测点沿基坑周围至少每隔 20 m 左右设置一个。观测精度要求：位移观测中误差小于 0.5 mm、沉降观测中误差小于 0.5 mm，水准测量闭合差小于 0.8 mm。

2. 监测预警值

对基坑使用状态进行判断首先要确定一个预警方案(即确定一系列的预警值)，对监测数据进行综合分析，根据监测数据综合分析结果和预警值对比，从而判断基坑的状态是否安全。

本工程依据国家标准《建筑基坑工程监测技术规范》(GB 50497—2019)和本基坑支护设计方案，各监测项目的报警值确定见表13-1。

表13-1　基坑监测报警值

监测类型	监测项目	监测报警值	
		累计绝对值/mm	变化速率/(mm/d)
位移监测	支护桩顶水平位移	20	5
	周边建筑物沉降监测	15	—
	周边道路沉降监测	15	—
	支护结构深层水平位移监测(倾斜)	45	3
内力监测	锚杆拉力及预应力损失监测	60%f (f为设计极限值)	—

注：当监测项目的变化速率连续3天超报警值的50%时，应报警。

3. 监测频率

本次基坑以及边坡的监测频率采取定时与跟踪相结合的方法，具体监测频率见表13-2。

表13-2　基坑监测频率

监测项目	监测频率
基点联测	水准基点每月一次
沉降、水平位移监测	土方开挖期间及土方开挖后4天内每天一次，平均每周一次
	开挖至最后一层时，建筑物的沉降与支护结构的水平位移每天观测一次，连续4天
	地下室结构浇筑期间，每2～3天观测一次
	基坑竣工后回填前，平均每周观测一次
	遇到大雨或意外险情时，每天观测一次，特殊情况适应当加密

四、监测数据分析

下面主要对周边建筑沉降、维护结构沉降、基坑支护结构顶部水平位移监测数据进行分析。

1. 周边建筑沉降分析

周边建筑沉降如图13-7及图13-8所示。由图可知，基坑周边建筑沉降总体趋于平稳，最大沉降量为2.4 mm，小于周边建筑沉降报警值15 mm。受到各种因素的影响，比如测量时的误差、降雨引起地基土浸水膨胀以及施工的进度和方法等，使得监测数据存在波动。特别是在基坑开挖初期，即2013年7月1日至2013年7月29日，周边建筑受基坑开挖影响，沉降波动较大。随着开挖的逐步进行，周边建筑沉降逐渐减小，到2013年10月下旬，沉降逐渐趋于稳定。

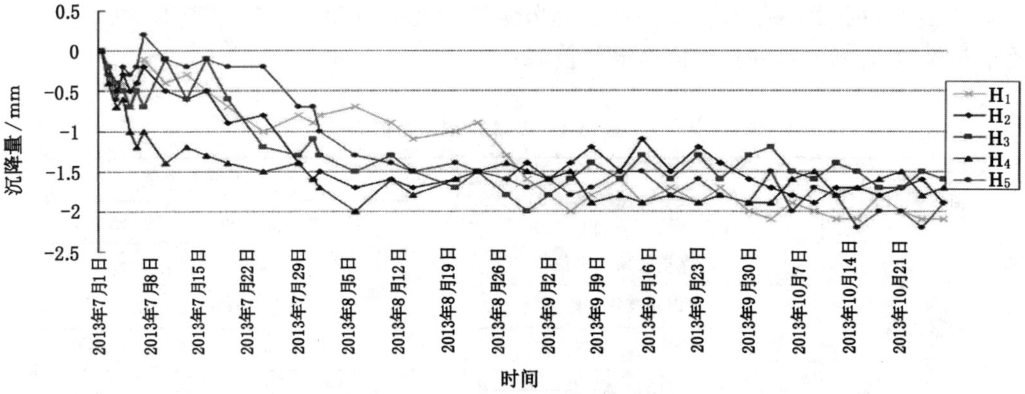

图 13-7　$H_1 \sim H_5$ 周边建筑物沉降图

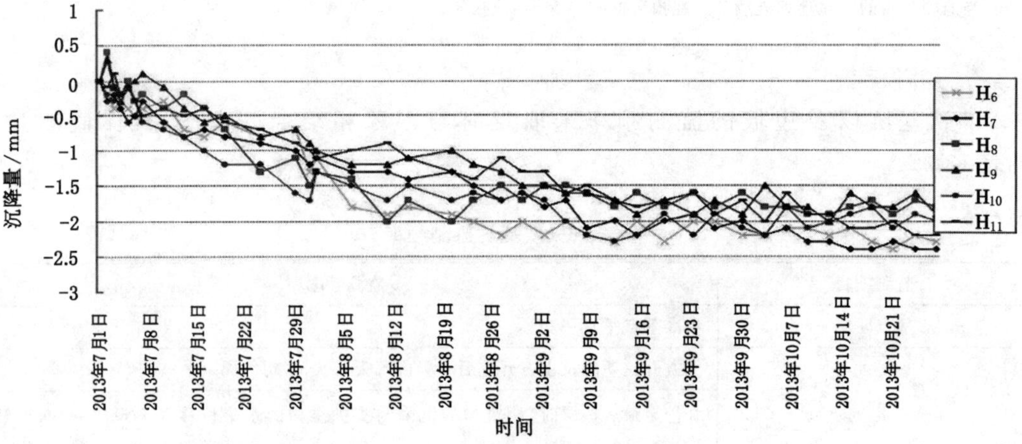

图 13-8　$H_6 \sim H_{11}$ 周边建筑物沉降图

2. 维护结构沉降分析

维护结构沉降如图 13-9、图 13-10、图 13-11 所示。由图可知，由于受到各种因素的影响，比如测量时的误差、降雨引起地基土浸水膨胀以及施工的进度和方法等，使得监测数据存在波动。维护结构最大沉降值在 JC_{12} 测点位置，最大值为 2013 年 10 月 11 日监测到的 14 mm。基坑开挖初期，即 2013 年 7 月 1 日至 2013 年 7 月 27 日，沉降很小，基本稳定。2013 年 7 月 27 日至 2013 年 10 月 14 日，维护结构沉降量持续稳定地增加。到后期，沉降稍微有点波动，但保持平稳。维护结构的沉降与基坑形状和支护形式有关，总体来说沉降随时间变化平缓，沉降基本稳定。

3. 基坑支护结构顶部水平位移分析

基坑支护结构顶部水平位移如图 13-12、图 13-13、图 13-14 所示。基坑支护结构顶部水平位移最大值位置在测点 JC_{12}，最大位移值为 13 mm，小于报警值 20 mm。JC_9、JC_{11}、JC_{12}

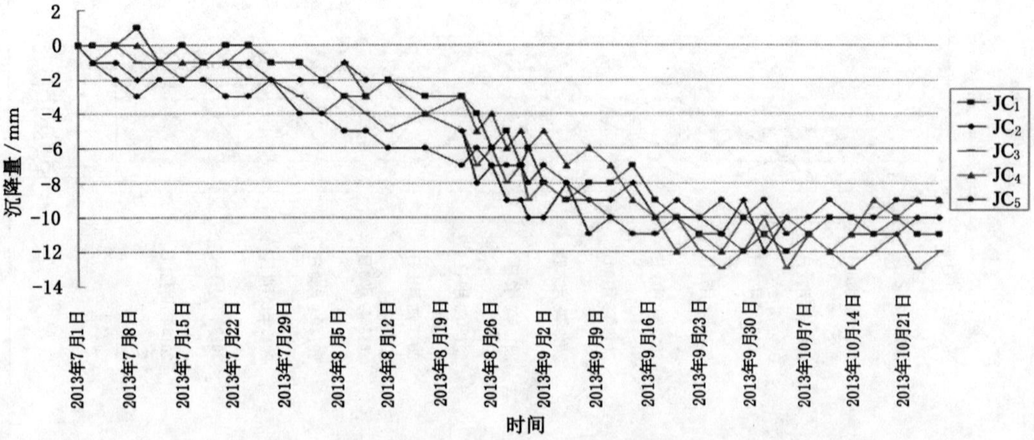

图 13-9　*AH* 段维护结构沉降

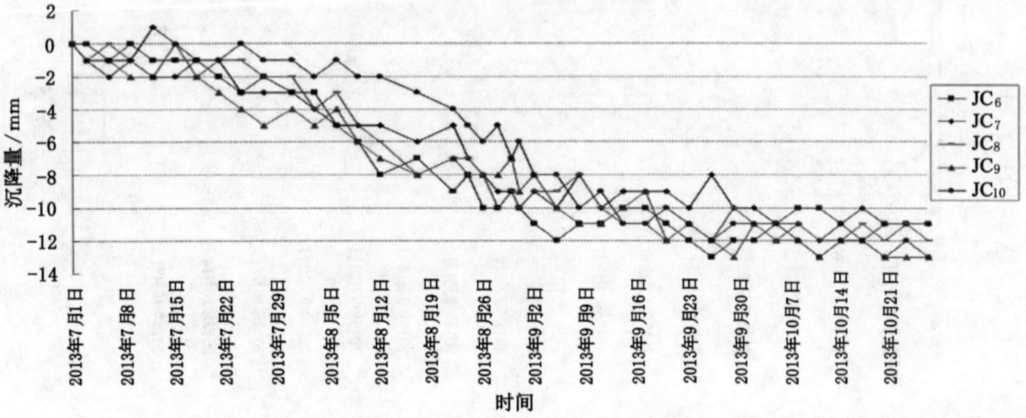

图 13-10　*HGF* 段维护结构沉降

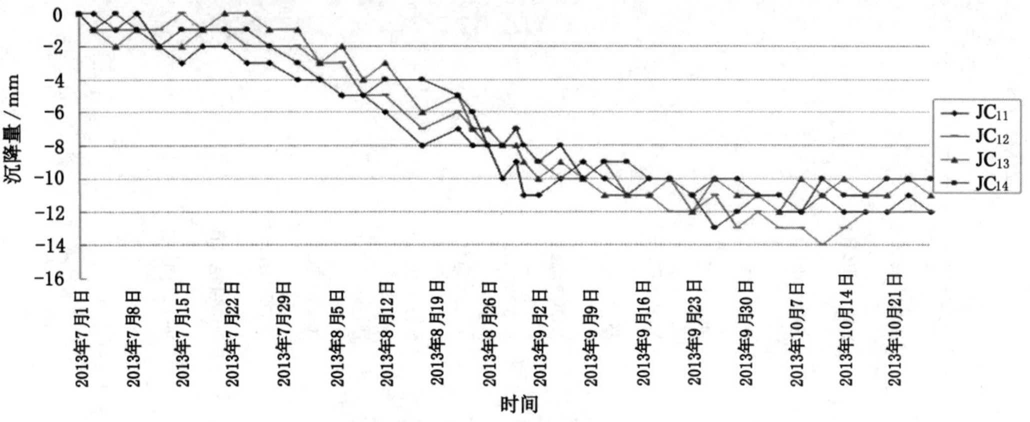

图 13-11　*FEDC* 段维护结构沉降

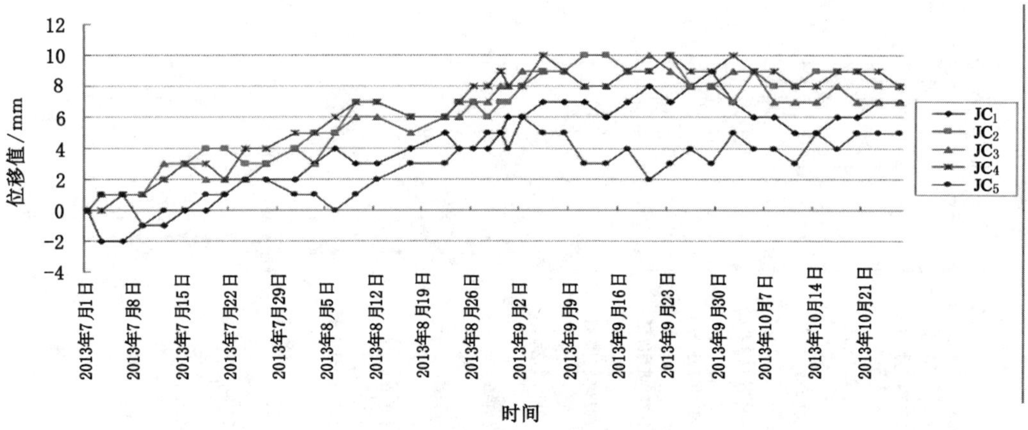

图 13-12　*AH* 段基坑支护结构顶部水平位移

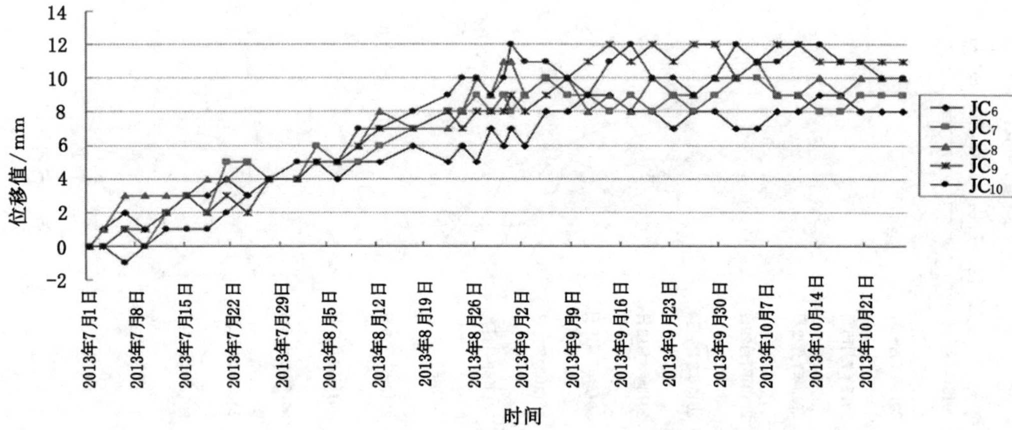

图 13-13　*HGF* 段基坑支护结构顶部水平位移

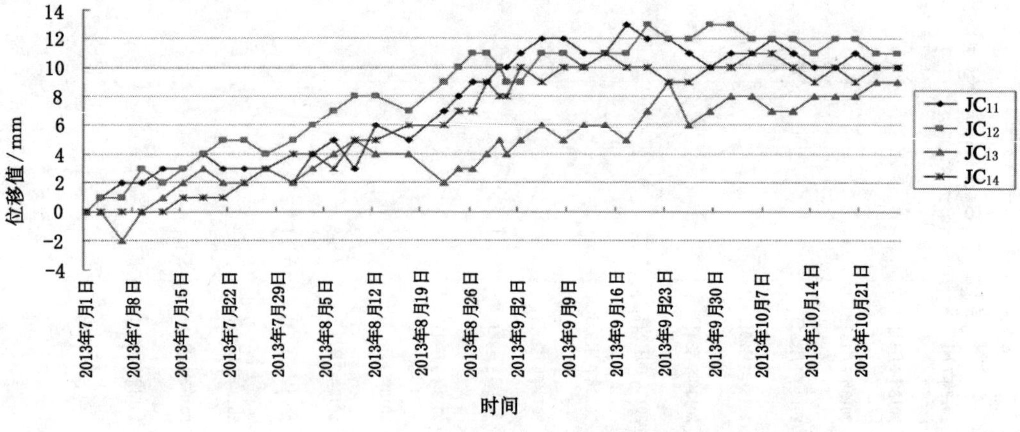

图 13-14　*FEDC* 段基坑支护结构顶部水平位移

三个测点支护结构顶部水平位移偏大，可能与这段基坑形状不规则、存在阳角有关。虽然在开挖初期，支护结构顶部水平位移稍有波动，但从整个过程的趋势来看，支护结构顶部的水平位移是平稳增加的，到最后也大多趋于稳定。这说明支护结构设计方案是合理的，效果是良好的，满足了设计和环境的要求。

五、结论与建议

通过对基坑周边建筑沉降数据、围护结构沉降数据和基坑支护结构顶部水平位移数据分析。周边建筑沉降值较小，虽然初期波动较大，但后来趋于稳定，最大值 2.4 mm，不超过报警值 15 mm。维护结构沉降值较大，最大值达到了 14 mm。总体来说维护结构沉降随时间变化平缓，最后趋于稳定。支护结构顶部水平位移最大值达到了 13 mm，也是总体趋于稳定，但在基坑形状不规则的地方和存在阳角的地方，顶部水平位移值相对其他地方较大。综合周边建筑沉降、维护结构沉降和支护结构顶部水平位移值监测数据来看，支护结构设计和监测方案是合理的，效果是良好的，满足了设计和环境的要求。

思考与练习

1. 产生变形的原因有哪些？

2. 简述变形监测的目的和意义。

3. 变形监测的特点有哪些？

4. 变形监测技术的主要方法有哪些？

5. 设在同一轴线上有三个沉降监测点，分别为 i、k、j，k 到 i 和 j 的间距为 $l_{ik}=15$ m 和 $l_{kj}=20$ m，在某期的沉降监测中，沉降量分别为 $S_i=18$ mm、$S_k=25$ mm、$S_j=21$ mm，计算平均沉降量 $S_{平}$、基础倾斜量 τ_{ij}（mm/m）和相对弯曲量 f（mm/m）。

参考文献

[1] 陈秀忠,常玉奎,金荣耀.工程测量[M].北京:清华大学出版社,2013.
[2] 邓军,崔书珍.工程测量[M].北京:中国建材工业出版社,2014.
[3] 高井祥.测量学[M].徐州:中国矿业大学出版社,2010.
[4] 高井祥.数字测图原理与方法[M].徐州:中国矿业大学出版社,2010.
[5] 高小六,江新清.工程测量(测绘类)[M].2 版.武汉:武汉理工大学出版社,2017.
[6] 顾孝烈,鲍峰,程效军.测量学[M].4 版.上海:同济大学出版社,2011.
[7] 李金生.工程变形监测[M].武汉:武汉大学出版社,2013.
[8] 李天和.工程测量(非测绘类)[M].郑州:黄河水利出版社,2006.
[9] 马真安,吴文波.地形测量技术[M].武汉:武汉大学出版社,2011.
[10] 孙虎,桑丹,杜祝遥.工程测量技术[M].武汉:华中科技大学出版社,2018.
[11] 覃辉,马超,朱茂栋.土木工程测[M].5 版.上海:同济大学出版社,2019.
[12] 王启春,汪佑武.变形监测与沉陷工程技术[M].徐州:中国矿业大学出版社,2018.
[13] 岳建平,天林亚.变形监测技术与应用[M].北京:国防工业出版社,2007.
[14] 张坤宜.测量技术基础[M].武汉:武汉大学出版社,2011.
[15] 张正禄.工程测量学[M].武汉:武汉大学出版社,2005.